上海高水平地方高校建设计划上海大学一流研究生教育培养质量提升项目(2021GY15)资助

转子–密封系统非线性动力学

Nonlinear Dynamics Analysis of Rotor-Seal System

魏　塬　徐业银　张恩杰　武祥林　焦映厚　陈照波　等著

U0257557

上海大学出版社

·上海·

图书在版编目(CIP)数据

转子-密封系统非线性动力学 / 魏塬等著. —上海：
上海大学出版社,2023.9
ISBN 978 - 7 - 5671 - 4822 - 2

Ⅰ.①转… Ⅱ.①魏… Ⅲ.①转子—轴承系统—非线
性振动—动力学—研究 Ⅳ.①TH13

中国国家版本馆 CIP 数据核字(2023)第 185498 号

责任编辑　王悦生
封面设计　柯国富
技术编辑　金　鑫　钱宇坤

转子-密封系统非线性动力学

魏　塬　徐业银　张恩杰　武祥林　焦映厚　陈照波　等著
上海大学出版社出版发行
(上海市上大路 99 号　邮政编码 200444)
(https://www.shupress.cn　发行热线 021 - 66135112)
出版人　戴骏豪
*
南京展望文化发展有限公司排版
上海华业装潢印刷厂有限公司印刷　　各地新华书店经销
开本 787mm×1092mm　1/16　印张 12.5　字数 277 千
2023 年 9 月第 1 版　2023 年 9 月第 1 次印刷
ISBN 978 - 7 - 5671 - 4822 - 2/TH・13　定价　66.00 元

前言 | PREFACE

密封结构是航空发动机和燃气轮机等旋转机械的关键零部件,其在航空、运输、化工、纺织、电力等领域有着普遍的应用。密封单元是转子机械的关键部件,其可靠性、稳定性以及安全性对整个工程系统的稳定和安全运行有着重要的影响。随着我国国民经济领域以及国防事业的不断发展,各行业对旋转机械的研究,尤其是对密封-转子系统研究的要求也不断提高。随着旋转机械的不断发展,密封装置也在推陈出新,发展高效的密封结构成为该领域的重要研究内容之一。

工业旋转机械是高维、非线性和强耦合的复杂动力学系统,对于其轴系动力学设计问题的研究,存在两个难点:一是多源激励下系统动力学建模尤其复杂,二是此高维耦合动力学系统的求解方法与理论仍不完善。密封力等非线性因素作用是导致轴系失稳的重要原因之一。本书较为系统地介绍了不同的密封类别、转子-密封系统动力学的基本概念、计算分析的基本方法,对了解转子-密封领域的基础知识、研究方法、系统非线性动力学建模与求解以及轴系动力学设计具有重要意义。

本书主要内容如下:第 1 章为绪论,介绍了密封的应用,以及迷宫密封、刷式密封、指尖密封等几种主要密封类型及非线性动力学的研究现状。第 2 章对刷式密封力进行分析与建模,再对转子-刷式密封系统非线性周期振动以及倍周期与鞍结分岔稳定性参数域进行研究。第 3 章以弯曲变形理论为基础,建立了考虑了刷式密封的流动力和转子之间相互作用的密封力模型,构建了立式 Jeffcott 转子-刷式密封系统的非线性动力学模型。研究了转子转速、安装间距、系统阻尼和转子质量等主要参数对系统非线性动力学特性的影响。第 4 章建立了考虑刷丝干涉和偏心率的非线性密封力模型,采用了短轴承假设下的非线性油膜力模型,通过分岔图、轴心轨迹、相图、庞加莱(Poincaré)映射以及瀑布图来分析系统的稳定性、失稳特征和模式、分岔规律和动力学响应等动态特性。第 5 章使用广义谐波平衡法对转子-滑动轴承-刷式密封系统进行了解析分析,求解了转子-轴承-密封系统的解析解,对转子-轴承-密封系统的稳定性和分岔特性进行了解析确定,得出了转子-轴承-密封系统的解析动力学特性。第 6 章提出了一种非线性密封力模型。将齿腔流场划分为射流区和环流区,并将转子轨迹设置为随时间和转角变化的非规则环形,分析了密封结构参数、密封介质属性、工况参数和不平衡量等对迷宫密封性能及转子系统动力学响应及稳定性的影响。第 7 章建立了转子-密封-轴承-基础系统的动力学模型,详细对比分析了基础振动形式、频率及幅值对系统动力学特性的影响。第8章考虑了可倾瓦滑动轴承非线性油膜力和迷宫密封激振力的影响,建立了周向拉杆转子-可倾瓦滑动轴承-迷宫密封系统的动力学模型,分析了拉杆转子结构参数及一些常见故障对周向拉杆转子-可倾瓦滑动轴承-迷宫密封系统动力学特性及稳定性的影响规律。第9章推导了考虑挤压效应的转子-密封雷诺方程,建立了修正的移动源方程,进一步发展了转子-密封耦合系统动力学理论,提出了考虑轴颈倾角和速度倾斜度的动力学特性系数分析方法,最后给出了转子-密封的试验测试原理与理论验证方法。

本书第1章、第3章和第4章由上海大学魏塬撰写;第2章和第5章由西安交通大学徐业银撰写;第6章和第7章由上海宇航系统工程研究所张恩杰撰写;第8章由石家庄铁道大学武祥林撰写;第9章由西北工业大学解忠良和北京航空航天大学殷图源撰写。全书由魏塬负责统稿并最终定稿。

本书部分章节的内容来自作者在哈尔滨工业大学攻读博士学位期间的研究成果,本书的出版得益于哈尔滨工业大学焦映厚教授和陈照波教授的指导,以及上海高水平地方高校建设计划上海大学一流研究生教育培养质量提升项目(2021GY15)优秀教材建设的资助,特此致以衷心的感谢。在撰写过程中,徐凡弈、马博文、郭佳等研究生参与了本书章节的整理工作,在此一并感谢。同时,对上海大学出版社编辑及相关工作人员对本书出版的辛勤付出谨致诚挚的感谢。

由于作者水平和时间所限,文中难免存在不当之处,敬请广大读者批评指正。

作　者

2023 年 9 月

目录 | CONTENTS

第1章 绪 论

1.1 概述

旋转机械是大型设备中不可缺少的一环,广泛应用于航空航天、船舶运输、军工、能源、化工等领域。转子是各种转动机械中旋转部件的通称,转子动力学是旋转机械动力学内容的核心问题。随着我国现代化进程不断向前发展,对于旋转机械的应用也在逐渐增加,尤其是制造业,其大部分产品都与此相关。在 2021 年由国务院印发的《中华人民共和国国民经济和社会发展第十四个五年规划和 2035 年远景目标纲要》中,强调了航空航天技术的深入发展以及燃气轮机试验装置的攻关突破,这也说明了转子动力学仍是技术攻关的关键点所在。目前我国正向"加强原创性引领性科技攻关"的方向持续迈进,向更深入研究转子动力学的方向发展。而转子在实际工作状态下一般呈现出非线性的特点,因此对转子系统进行非线性动力学特性的研究是非常必要的。

在船舶、矿业领域,燃气轮机是重中之重,它是航空发动机的衍生品,主要用于提供动力,其内部结构如图 1.1 所示。在航空发动机及燃气轮机不断发展、不断国产化的今天,如何提高其效率、比功,如何使其更加的清洁,符合愈加严格的环保要求,是广大研究者与

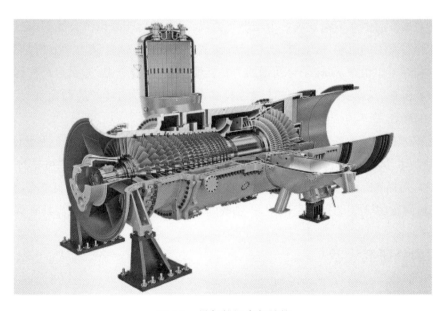

图 1.1 燃气轮机内部结构

从业者关心所在。密封装置是旋转机械上不可或缺的一部分,其主要作用是阻隔气体或液体进入指定区域,维持机器的正常运转,在燃气轮机中主要阻隔气体与润滑油。密封装置有许多种,大体上可分为非接触式密封和接触式密封,包括迷宫密封、蜂窝密封、刷式密封、指尖密封、袋型阻尼密封、叶片式密封、浮环密封等[1-4],如图 1.2 所示。

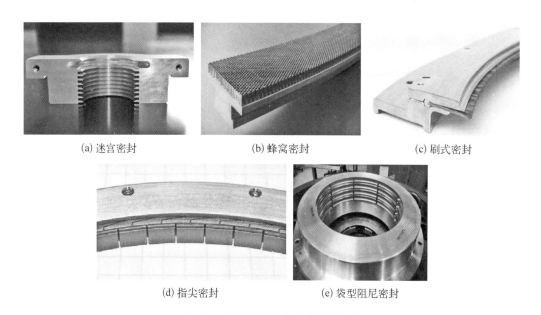

(a) 迷宫密封　　　　　　　　(b) 蜂窝密封　　　　　　　　(c) 刷式密封

(d) 指尖密封　　　　　　　　(e) 袋型阻尼密封

图 1.2　旋转机械常见密封结构[1-4]

随着对性能要求的不断提升,转子轴系向大跨度、轻载和柔性方向发展,转子不平衡量增加,流体速度上升,燃气轮机的工作条件越来越苛刻。为了得到性能更好、效率更高的燃气轮机设备,许多学者都对其转子系统进行了研究探索,关于燃气轮机的转子系统的非线性动力学方面也在不断发展。由于燃气轮机在工作时,转子系统会受到密封力、油膜力等非线性激振源的影响,针对燃气轮机转子-密封系统的非线性动力学分析是非常有必要的。在实际工作状态下,转子会受到的力包括惯性力、自身重力、油膜力及密封力等,其中油膜力和密封力具有非常明显的非线性特征,它们也会影响转子的稳定性[5]。在使用燃气轮机的场合,其转子的稳定性是非常重要的指标。

以往研究转子-轴承系统大多基于线性转子动力学理论,不能满足现代工程设计的需要。对密封-轴系动力学特性进行深入的研究,可以为燃气轮机的动力学设计提供可靠的理论基础和技术支撑,对提高旋转机械运行的稳定性、安全性、可靠性具有重要的现实意义,对促进我国燃气轮机研发,提升其设计制造能力,推动我国航天、能源以及电力的进步具有重大意义。

1.2　国内外研究现状

1.2.1　迷宫密封转子系统研究现状

迷宫密封主要通过轴间间隙和齿空腔引导密封介质的流动并通过其介质从轴间间隙

流动到膨胀空腔时产生的节流效应达到阻漏的目的。因其结构简单、价格低廉且工作稳定等优点被广泛应用于各类旋转机械中。

自 20 世纪 80 年代以来,国内外学者们对迷宫密封进行了一系列的数值研究。较为常用的数值分析方法为有限元法和数值差分法。泄漏现象会导致旋转机械的效率降低且增大事故的发生概率。因此,在工业生产中要尽量避免流体泄漏的发生。迷宫密封泄漏特性的影响因素很多,目前主要通过热力学分析、简化和假设并通过计算得出泄漏量。1980 年 Stoff [6] 通过 "$k-\varepsilon$" 湍流模型解释了相对于平均压力梯度的泄漏现象,并通过实验验证了湍流动能和湍流耗散率;此后的 El-Gamal 等[7] 分析了迷宫密封件在静止和旋转条件下的泄漏特性,研究发现在密封入口处使用较小的间隙尺寸可以改善下级密封的性能;Willenborg 等[8] 通过实验确定了雷诺数和压力比对阶梯迷宫密封泄漏损失和传热的影响;朱高涛等[9] 提出了一种简化分析的迷宫密封泄漏量迭代计算方法,对比迭代计算结果与文献中的实验结果后发现,该计算方法精度高,适用范围较广,有很好的通用性;李志刚等[10] 通过数值研究了密封间隙、压比、转速对典型迷宫密封泄漏特性的影响规律;周国宇等[11] 通过数值计算模拟了高低齿型迷宫密封的内部流动结构,对比了不同压比和转速下泄漏量的变化;马亚如等[12] 研究了密封齿弯曲磨损和 "齿顶凹槽" 防碰磨结构对迷宫密封泄漏特性的影响规律;王应飞等[13] 建立交错式迷宫密封模型,通过仿真数值分析探究了转子倾斜对迷宫密封系统泄漏量的影响。

迷宫密封的结构对转子系统稳定性有着较为显著的影响。目前对于迷宫密封结构参数影响的研究多采用实验研究与数值模拟相结合的方法。Rhode 等[14] 探讨了不同摩擦槽结构尺寸变化对不同形式迷宫密封性能的影响;周受钦等[15] 分析了转子转速、入口预旋比、密封间隙、压差、齿数变化等一系列因素对转子系统稳定性的影响;陈予恕等[16] 建立了 Jeffcott 单圆盘转子-密封系统模型并分析了系统参数对线性稳定性的影响;焦映厚等[17] 对转子-可倾瓦轴承系统的不平衡响应进行了非线性分析,计算得到了不同参数下轴承系统的振幅变化;Dereli 等[18] 使用双控制体积模型研究了直通型迷宫密封中不同摩擦系数模型对转子稳定性的影响,并计算得到了直通型迷宫密封的动力学系数;白禄等[19] 建立迷宫密封泄漏特性与动力特性多频椭圆涡动求解模型并讨论了转/静子齿对迷宫密封转子系统稳定性的影响;胡乐豪等[20] 探究了雷诺数、进出口压比以及间隙半径比对摩擦系数和泄漏特性的影响。

当前,国内外针对转子系统动力学特性进行了诸多研究,但工业生产中多数的旋转机械转子系统会受到多源激励作用,尤其是在狭窄密封间隙处,高温高压工质的激振力极大地影响着转子系统的安全稳定高效运行。因此,建立更为完善的转子-轴承-迷宫密封系统的动力学模型,研究系统在基础激励和多源激励下的非线性动力学特性,可为轴系转子系统的理论分析和工程实际提供重要依据。

1.2.2 刷式密封转子系统研究现状

刷式密封是一种柔性密封,是利用一根根金属丝组成刷丝束,集成在一起形成环状密封装置。其具有良好的密封性能,泄漏量、磨损远远低于刚性密封(如迷宫密封等)。形如刷式密封的柔性密封可以使转子轴与密封环在不对中的环境下依旧能平稳运行,密封装置的性能损失极小,是非常高效的一种密封形式。近年来,在航天工业、船舶以及发电厂的燃气轮机和汽轮机上广泛应用。刷式密封是由刷环密封件和与之配对的转子跑道所组成,刷环密封件主要由三部分组成:前挡板、后挡板和夹于两者之间的刷丝束。其密封原理是刷丝束破坏流动而造成流动的不均匀性,对流体的向前流动产生了较大阻力,迫使流体改变流动方向而产生横向流动,阻力也使得横向流体流过刷丝束的总压降增大,从而减少了密封的泄漏。由于刷式密封的刷丝束会沿转子转动方向设置一定倾角,所以能够有效吸收一定的转子径向位移,避免出现因转子的径向运动或热膨胀引发的磨损问题。

刷式密封作为一种新式密封形式,其密封力的变化是研究重点之一,尤其是在工程应用中,作用在轴上的密封力由于转子系统的复杂行为,呈现出非线性的特点,因此对于刷式密封力的非线性研究是许多学者关注的重点。刘占生等[21]从弹性理论角度考虑了刷丝与转子之间的摩擦力作用,推导出了刷丝束与转子之间非线性支撑刚度的表达式,研究结果表明,影响刷丝与转子之间接触力的因素很多,包括刷丝束的尺寸,刷丝与转子之间的几何关系等,但与刷丝的分布形式无关;刘志[22]建立了单根刷丝的等效动力学模型,对转子径向往复偏移作用下的刷丝位移进行了研究,通过对比刷丝和转子位移曲线的差异得到了刷丝排列角、刷丝直径、后挡板保护高度等对迟滞效应的影响规律;魏埼和陈照波等[23-25]考虑非线性密封力和短轴承油膜建立轮盘径向偏移多轮盘转子-密封系统,采用龙格-库塔(Runge-Kutta)法模拟转子的非线性响应,通过参数优化使转子系统更加稳定,偏心相位偏差变小;Yang等[26]针对非线性转子系统,考虑系统存在碰摩故障,分析了转盘的偏心、表面涂层及轴的半径对系统动力学特征的影响。这些研究结果可以为实际工程中的非线性转子系统问题的解决提供理论基础和实验支持。

1.2.3 指尖密封转子系统研究现状

随着国家战略的不断发展,能源的清洁与可持续越来越受到人们的重视,环保的理念也驱使着研究人员对研究内容进行优化。我国工业正逐步向节约能源、环保优先、降成本、提效率的方向转变,相比于改进燃气轮机的气动部件,优化密封方式是一种耗资更少且收益大的途径[27]。指尖密封是在刷式密封的基础上经过改进得到的一种新型柔性密封装置。它的密封单元是一根根的指尖密封梁,而不是一束束的刷丝。因此其优点非常明显,比如泄漏小,压差大,制造费用低,使用寿命长。在研究中发现,改进密封结构、选用合理的密封装置可以有效降低研发成本,指尖密封的制造成本相较于刷式密封,降低了大约50%,在发动机的某些高压差密封部位,用指尖密封代替迷宫密封,可以减少1%~2%的气流损失,从而可减少0.7%~1.4%燃料消耗,以及0.35%~0.7%的运行成本,而且可以避免刷式密封的断丝、断尖现象。近年美国航空航天局(NASA)已经意识到密封技术对于航空发展的重要性,由于曾发生过的因一个密封圈失效而导致泄漏增加最终机毁人亡的惨剧,因此其将改进密封技术作为航空发展的重点项目,我国运载火箭也曾发生过因泄漏而导致的动力不足,最终使得运载目标未能顺利实现的情况。

指尖密封是一种由若干个柔性指尖梁组成的密封装置,它主要由前后挡板、密封片、垫片组成。密封片是一种环状密封片,在其上加工出细密的手指形状的指梁,薄片与薄片之间交错排列,并通过铆钉进行连接。这种片与片交错排列的方式可以有效避免轴向泄漏。指尖梁与转子接触,在转子偏心时可以顺应气变化而不改变密封能力。指尖密封同样也会有迟滞的问题,因此学者在其后挡板设置了一个空腔,减少指尖梁与后挡板的接触面积,减小了在运行过程中指梁与后挡板的摩擦力,该结构能有效减轻指尖梁在运行过程中的迟滞效应。但同样的,这种压力平衡式的指尖密封会带来一些额外泄漏的问题,这可以通过优化设计来避免此类现象的发生。

接触式指尖密封虽然表现出良好的封严特性,但也存在一定的问题。在指尖密封进行安装后,由于转子与密封装置处于接触状态,在运行过程中常常会出现磨损量过大、接触位置温度异常的情况,同时,由于安装时采取过盈配合,使得安装难度增加。因此韩海涛、陈国定等[28-32]在指尖密封材料上进行研究,使用 C/C 材料进行编织,使其成为具有自润滑特性的指尖梁,有效减轻了指尖梁与转子接触时磨损过快、泄漏量增大的问题。由于接触式指尖密封的磨损量大,使用寿命短,经常面临泄漏的风险,因此 Arora 和 Proctor[33]等提出了一种非接触式指尖密封,被称为动压型指尖密封。流体动压指尖密封在结构上与接触式指尖密封有很大的差别,非接触式指尖密封的指尖部位有轴向延伸,此结构也被称为动压靴。在安装后,动压靴与转子表面有非常微小的间隙。在工作时,依靠转子的高速旋转,带动间隙内空气形成气膜,并形成径向力作用于动压靴,使动压靴与转子间形成一层气膜。

指尖密封具有良好的密封性能,造价相对低廉,具有良好的应用前景,研究者对于指尖密封的结构设计[34,35]进行了优化,使用有限元方法[36,37]对其进行热力与泄漏分析,揭示其指垫与转子接触区域的变化对密封力的影响。有一些学者对其动力学性能[38,39]进行了研究,探究了指尖密封的密封力在不同条件下的变化情况。国内对于算法应用在指尖密封性能优化上进行了研究,研究团队[40,41]利用遗传算法对基于 Nash 平衡博弈理论的优化算法进行求解与对比分析,证明了该理论对于指尖密封设计优化是非常适用的。对于非接触式指尖密封,利用可压缩雷诺方程计算气膜力,得到非接触式指尖密封的密封力[42,43]变化情况。对指尖密封-轴系动力学特性进行深入的研究,可以更加深入地理解指尖密封与转子之间的相互关系,为旋转机械的技术改进提供可靠的理论基础和技术支撑。

1.2.4 非线性动力学研究现状

非线性动力学现象广泛存在于旋转机械系统中,会对转子系统的稳定性产生巨大影响。通过对非线性动力学行为进行研究,可以为系统的设计与调整提供指导,能够帮助改善系统性能,是研究并了解转子系统的重要工具。通常,可将非线性动力学研究方法分为定性方法和定量方法两大类。定性方法主要关注系统的基本特征,通过对系统的动力学进行研究,揭示系统的基本行为模式和稳定性;定量方法则通过对非线性方程进行计算,获得系统的数值特征,从而更精确地描述和分析非线性系统的特性。定量分析方法,即非线性动力学方程求解方法,主要有解析法和数值法两种。解析法通过数值方法对非线性动力学方程求解,直接获得系统的解析解,主要适用于简单的非线性方程;数值法则通过有限元法、数值逼近等方式,近似求得方程的解,通常用于对较为复杂的非线性方程进行求解。

作为非线性动力学研究的主要数学工具,学者们对非线性微分方程的求解方法展开了大量的研究。目前,常用于弱非线性问题求解的方法有平均法、摄动法、多尺度法等。平均法通过将非线性项进行平均处理,降低计算复杂性,以获得近似解。Hao 等[44]设计了一种单自由度非线性隔振器,采用扩展平均方法对参数进行优化,得到了模型的频率响应特性。Ji 等[45]采用平均法计算获得了分段非线性振荡系统超谐波谐振响应的近似周期解。Chen 等[46]将平均法应用于偏微分控制方程,得到了稳态响应和混沌解。王心龙等[47]建立了准零刚度隔振系统的分段非线性动力学模型,并采用平均法进行了近似求解,揭示了系统的非线性动力学特性及隔振特性。摄动法通过对系统的参数或初始条件进行微小的摄动,从而对系统响应的变化进行研究。Hayashi[48]对非线性振动进行了研究,使用摄动法和简单谐波平衡法对非线性动力学系统的周期运动进行了求解。Zhang 等[49]采用渐近摄动方法对转子轴承系统中的非线性振荡和混沌动力学进行研究,并讨论了系统的混沌响应。多尺度法是利用不同尺度上的变量或参数之间的关系对系统方程进行求解。安凤仙[50]采用全局摄动法和多尺度法,对非线性力学系统的稳定性、分岔和混沌运动进行了研究,揭示了系统丰富的动力学行为。冯志华等[51]建立了直线运动梁动力学方程,采用多尺度法结合笛卡尔坐标变换对系统稳定性进行了研究。

在面对强非线性问题时,谐波平衡法是一种常用的求解方法。谐波平衡法基于复数理论,通过将非线性方程转化为一组谐波方程,以此对非线性问题进行求解。Sinou[52]对由滚珠轴承支撑的柔性转子的非线性动态响应进行了研究,采用谐波平衡法分析了轴承-转子的非线性行为。姚红良等[53]提出了增量谐波平衡-牛顿迭代算法,对摩擦热弯曲转子系统的稳定性进行了研究。曹青松等[54]针对含支承松动的 Jeffcott 转子系统建立了振动微分方程,并采用增量谐波平衡法对非线性方程进行求解。Luo 等[55]采用广义谐波平衡法对杜芬振子的动力学特性进行了研究,求解出了杜芬振子稳定与不稳定周期运动的解析解(图 1.3)。Liu 等[56]基于广义谐波平衡法和牛顿-拉斐逊(Newton - Raphson)迭代,提出了一种半解析、半数值方法,对非线性转子轴承系统横向运动的周期性和稳定性进行了讨论。张智勇[57]采用谐波平衡-频时转换法对复杂非线性系统周期响应及其分岔行为进行了求解,对其分岔与滞后行为进行了讨论,并研究了系统非线性动力学响应及其分岔、混沌行为的耦合作用机理。

除常用的解析方法外,学者们还提出了许多其他方法用于研究参数激励下非线性动力系统的响应、分岔和混沌特性。袁铭鸿等[58]基于有限单元法和拉格朗日方程建立了动力学模型,分析了在非线性因素作用下系统发生分岔与混沌的非线性行为。孟志强等[59]将延拓算法和打靶法结合,运用庞加莱映射、分岔图、李雅普诺夫(Lyapunov)指数等方法

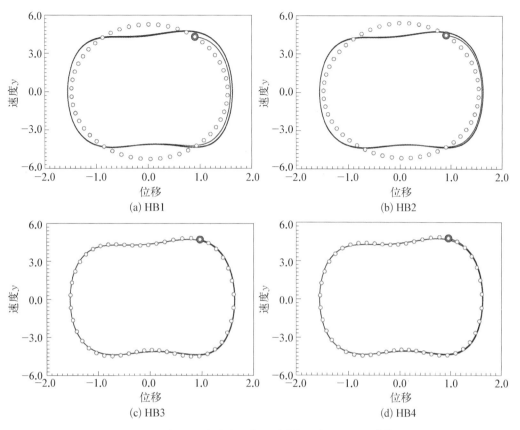

图 1.3　相平面内稳定周期运动的解析解和数值解[55]

对系统分岔、混沌行为进行了分析。Liu 等[60] 提出了具有非线性恢复力的双转子系统动态耦合模型,并通过数值模拟和理论分析,讨论了非线性弹簧特性对双转子系统的影响(图 1.4)。Chang 等[61] 对以油膜轴颈轴承为支撑的转子轴承系统进行了动力学分析,采用动力学轨迹、功率谱、庞加莱图、分岔图和李雅普诺夫指数等分析方法,分析了转子和轴承中心在不同条件下的行为。Yang 等[62] 通过扩展偏导数法对有限长轴承和无限短轴承的

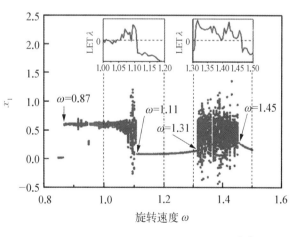

图 1.4　分岔图和最大李雅普诺夫指数[60]

线性和二阶非线性动态系数进行计算,给出两个轴承模型的非线性动态油膜力的表示形式,并依据油膜力表示形式对转子系统的非线性动态特性进行了分析。陈果[63] 采用有限元方法对转子-机匣系统进行建模,考虑了滚动轴承和挤压油膜阻尼器的非线性,运用数值积分对系统非线性动力学响应进行了研究。崔立等[64] 考虑多间隙影响,建立了齿轮滚

动轴承柔性转子系统非线性动力学模型,并通过最大李雅普诺夫指数(Largest Lyapunov Exponent,LLE)对系统的动力学行为进行了判断。路振勇[65]采用有限元离散方法和集中质量法对复杂结构双转子系统进行研究,并讨论了系统的非线性振动特性。

在旋转机械运行的过程中,会产生许多的故障,与系统正常运动产生的非线性激励相比,由故障引发的外部激励会导致更加复杂的非线性行为。Chu 等[66]研究了碰摩对 Jeffcott 转子的非线性振动特性的影响,并讨论了由碰摩引起的分岔和混沌运动现象。李振平等[67]对具碰摩故障的弹性转子系统进行了动力学分析,研究了定子刚度和激励频率等参数对碰摩转子系统动态特性的影响。刘俊杰等[68]考虑非线性油膜力、碰摩力的影响,建立了转子-油膜轴承系统模型及运动方程,分析了偏心距和转速比对系统的非线性动力学特性的影响。江俊等[69]从动力学与控制的角度对转子与定子碰摩相关的研究成果进行归纳和总结,对由碰摩引起的非线性动力学现象进行了介绍。钟志贤等[70]考虑外力作用及故障影响,对系统建立了有限元模型和动力学方程,采用龙格-库塔法对系统的故障特征及其动力学特性和规律进行了研究,并对系统运行过程中各类非线性行为进行了讨论。宋传冲等[71]采用拉格朗日方程,对呼吸型裂纹和非线性赫兹接触力进行考虑,建立了滚动轴承支承下含横向裂纹的转子系统模型,并对系统的非线性动力学行为进行了研究。甄满等[72]对含有不对中故障的多圆盘轴承-双跨转子动力学模型进行了建模,采用 Newmark-β 方法对运动微分方程进行了求解,分析了不对中对系统非线性动力学特性的影响(图 1.5)。刘永强等[73]建立一种含外圈故障的滚动轴承非线性动力学模型,对轴承在正常状态和故障状态下模型的非线性动力学行为进行分析,得到了系统复杂的非线性动力学响应。

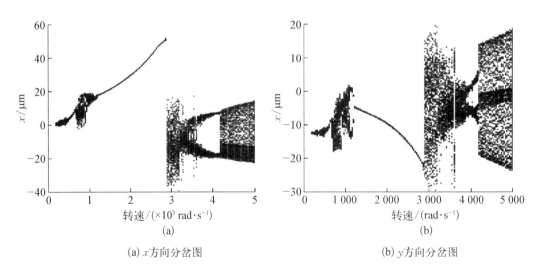

(a) x 方向分岔图　　(b) y 方向分岔图

图 1.5　系统分岔图[72]

迄今为止,学者已经提出了很多用于非线性微分方程的求解方法,但由于旋转机械系统运动的复杂性,非线性微分方程很难获得精确的解析解,目前仍没有一种通用的解析方法。在众多旋转机械研究方向中,本书选取转子-密封非线性动力学系统,该方向目前已有了不少相关的研究。李忠刚等[74,75]建立了转子-密封系统非线性动力学模型,应用多尺度法研究了系统动力学解析解表达式,并分析讨论了动力学参数对系统动力学稳定性的影响规律。Shen 等[76]从理论和实验上研究了转子-轴承-密封系统的非线性动力学和稳定性。本书主要对转子-密封非线性动力学系统的解析解及分岔动力学特性进行介绍,为非线性动力学高精度解析解提供一种新的求解思路。

1.3 本书主要内容

本书针对密封在旋转机械中的广泛应用,采用流体力学、弹性力学、热力学及转子动力学等多学科理论与方法,研究了主要密封形式(如迷宫密封、刷式密封等)的静动态性能及动力学建模方法,分析了非线性密封力等非线性和耦合因素对转子系统的非线性动力学特性及稳定性的影响规律,并对转子-密封系统非线性周期振动及倍周期与鞍结分岔稳定性参数域进行了研究。为旋转机械密封结构设计、轴系振动控制和非线性理论研究方法提供指导。主要内容总结如下:

第 1 章:绪论。介绍了转子-密封非线性动力学研究的背景和意义,以及迷宫密封、刷式密封、指尖密封等几种主要密封类型及非线性动力学的研究和发展现状。

第 2 章:非线性转子-刷式密封系统稳定性参数域研究。应用弹性力学理论对刷式密封进行建模,再对模型求解获得系统周期运动特性,最后对特性进行研究获得稳定域参数图。

第 3 章:立式 Jeffcott 转子-密封系统动力学特性研究。以弯曲变形理论为基础,考虑偏心、刷丝径向干涉以及气流力,对转子-刷式密封系统进行建立,并分析讨论了主要的结构参数和运行参数对系统非线性动力学特性的影响。

第 4 章:刷丝干涉转子-轴承-密封系统动力学特性研究。采用叠加法获得考虑刷丝干涉的非线性密封力模型,运用短轴承理论对非线性油膜力模型进行建立,并分析讨论了诸多参数对转子系统动态特性的影响。

第 5 章:转子-滑动轴承-刷式密封系统解析解研究。采用广义谐波平衡法对非线性转子-滑动轴承-刷式密封系统进行分析,通过广义谐波平衡法将连续的非线性转子-轴承-密封系统转化为有限傅里叶级数系数动力学系统,将原非线性系统周期解转化为求解傅里叶系数动力学系统平衡点问题,求解得转子-轴承-密封系统的解析动力学特性。

第 6 章:迷宫密封-转子系统动力学特性分析。将齿腔流场划分为射流区和环流区,采用摄动法建立齿腔流体激振力模型,并采用 Muszynska 模型模拟齿顶间隙处的非线性流体激振。分析了系统参数对转子-密封系统动力学特性的影响。

第 7 章:基础振动的转子-轴承-密封系统动力学特性分析。应用密封力模型,考虑滑动轴承油膜力的作用,建立了基础振动的转子-密封-轴承系统动力学模型,并对此类转子系统的动力学特性进行全面分析。

第 8 章:拉杆转子-轴承-密封系统动力学特性分析。考虑了非线性油膜力和密封激振力的影响,建立了周向拉杆转子-可倾瓦滑动轴承-迷宫密封系统的动力学模型,分析了常见故障对周向拉杆转子-可倾瓦滑动轴承-迷宫密封系统动力学特性及稳定性的影响规律。

第9章:转子-轴承-密封系统多场耦合数值解法。考虑挤压效应建立了转子-密封雷诺方程和修正的移动源方程,对转子-密封系统多场耦合模型的数值求解流程进行推导,并描述了转子-密封试验测试流程和方法。

参 考 文 献

[1] Aslan-zada F E, Mammadov V A, Dohnal F. Brush seals and labyrinth seals in gas turbine applications[J]. Proc. IMechE, Part A: Journal of Power and Energy, 2013, 227(2): 216 - 230.

[2] 王文昊,何立东,王学志,等.偏心工况下梳齿、蜂窝与蜂窝-梳齿密封的泄漏特性[J].化工进展,2023,42(4):1698 - 1707.

[3] Proctor M P. Turbine seal research at NASA GRC[R]. NASA Seal/Secondary Air System Workshop, Cleveland, United States, 2011.

[4] Vannini G, Cioncolini S, Del Vescovo G, et al. Labyrinth seal and pocket damper seal high pressure rotordynamic test data[J]. Journal of Engineering for Gas Turbines and Power, 2013, 136(2): 022501.

[5] 董庆运,马梁,鲁鑫.双盘转子系统不对中-碰摩故障仿真及实验研究[J].机械科学与技术,2019,38(8):1206 - 1213.

[6] Stoff H. Incompressible flow in a labyrinth seal[J]. Journal of Fluid Mechanics, 1980, 100(4): 817 - 829.

[7] El-Gamal H A, Awad T H, Saber E. Leakage from labyrinth seals under stationary and rotating conditions-ScienceDirect[J]. Tribology International, 1996, 29(4): 291 - 297.

[8] Willenborg K, Kim S, Wittig S. Effects of Reynolds number and pressure ratio on leakage loss and heat transfer in a stepped labyrinth seal[J]. Journal of Turbomachinery, 2001, 123(4): 815.

[9] 朱高涛,刘卫华.迷宫密封泄漏量计算方法的分析[J].润滑与密封,2006(4):123 - 126.

[10] 李志刚,李军,丰镇平.迷宫密封泄漏特性影响因素的研究[J].西安交通大学学报,2010,44(3):16 - 20.

[11] 周国宇,王旭东,林智荣,等.高低齿迷宫密封泄漏量实验及计算分析[J].工程热物理学报,2015,36(9):1889 - 1893.

[12] 马亚如,霍文浩,刘婧,等.迷宫密封磨损失效泄漏特性和防碰磨结构设计研究[J].风机技术,2019,61(5):64 - 71.

[13] Wang Y, Zhang W, Pan B, et al. Effect of shaft misalignment on dynamic and static characteristics of interlocking labyrinth seals[J]. Acta Aeronauticaet Astronautica Sinica, 2020, 41(11): 207 - 218.

[14] Rhode D L, Allen B F. Measurement and visualization of leakage effects of rounded teeth tips and rub-grooves on stepped labyrinths[J]. Journal of Engineering for Gas Turbines & Power, 1999, 123(3): 604 - 611.

[15] 周受钦,彭旭东,谢友柏.迷宫密封对转子系统稳定性影响研究[J].机械科学与技术,1998(6):25 - 28.

[16] 陈予恕,丁千,侯书军.非线性转子-密封系统的稳定性和 Hopf 分岔[J].振动工程学报,1997(3): 122 – 128.

[17] 焦映厚,陈照波,刘福利,等.Jeffcott 转子-可倾瓦滑动轴承系统不平衡响应的非线性分析[J].中国电机工程学报,2004(12):231 – 236.

[18] Dereli Y. Comparison of rotordynamic coefficients for labyrinth seals using a two-control volume method[J]. Proceedings of the Institution of Mechanical Engineers, Part A: Journal of Power & Energy, 2008, 222(A1): 123 – 135.

[19] 白禄,孙丹,赵欢,等.转/静子齿对迷宫密封泄漏特性与动力特性影响机制研究[J].润滑与密封,2022,47(3):40 – 48.

[20] 胡乐豪,邓清华,刘洲洋,等.超临界二氧化碳迷宫密封内摩擦损失数值研究及流动特性分析[J].西安交通大学学报,2023,57(3):68 – 78.

[21] 刘占生,叶建槐,隋玉秋.航空发动机刷式密封结构的动力学特性研究[J].哈尔滨工业大学学报,2002,34(2):156 – 160.

[22] 刘志.刷式密封流动传热与迟滞特性研究[D].南京:南京航空航天大学,2017.

[23] Wei Y, Chen Z, Dowell E H. Nonlinear characteristics analysis of a rotor-bearing-brush seal system [J]. International Journal of Structural Stability and Dynamics,2018,18(5):1850063.

[24] Wei Y, Chen Z, Jiao Y, et al. Computational analysis of nonlinear dynamics of a multi-disk rotor-bearing-brush seal system [C]//Proceedings of the 10th International Conference on Rotor Dynamics-IFToMM,2018:350 – 362.

[25] Wei Y, Liu S. Nonlinear dynamics analysis of rotor-brush seal system[J]. Transactions of the Canadian Society for Mechanical Engineering, 2019, 43(2): 209 – 220.

[26] Yang Y, Cao D, Xu Y. Rubbing analysis of a nonlinear rotor system with surface coatings[J]. International Journal of Non-Linear Mechanics, 2016, 84: 105 – 115.

[27] Steinetz B M, Hendricks R C, Munson J. Advanced seal technology role in meeting next generation turbine engine goals[R]. Springfield, Va: National Aeronautics and Space Administration, Lewis Research Center; National Technical Information Service, distributor, 1998.

[28] 雷燕妮,陈国定.背压腔结构对压力平衡型指尖密封性能的影响分析[J].机械科学与技术,2004,(4):419 – 420+440.

[29] 韩海涛,陈国定,苏华,等.碳/碳复合材料旋转指尖密封性能分析[J].机械工程学报,2018,54(19):102 – 110.

[30] 张永涛.C/C 复合材质指尖密封的磨损机理及性能分析[D].西安:西安理工大学,2019.

[31] 周瑞敏.C/C 复合材料指尖密封的磨损特性及热防护研究[D].西安:西安理工大学,2021.

[32] Wang L N, Chen G D, Su H, et al. Impact dynamic analysis of C/C composite finger seal[J]. Proceedings of the Institution of Mechanical Engineers, Part G: Journal of Aerospace Engineering, 2017, 231(7): 1225 – 1237.

[33] Proctor M P, Steinetz B M. Noncontacting finger seal[P]: 2004155410, 2004.

[34] 郭佳安.刮板输送机链轮组件密封失效分析及指尖密封结构设计[D].西安:西安理工大学,2021.

[35] 王强.指尖密封流动传热与摩擦磨损特性研究[D].南京:南京航空航天大学,2020.

[36] 赵海林,陈国定,苏华.考虑粗糙渗流效应的指尖密封总泄漏性能分析[J].机械工程学报,2020,56(3):152 – 161.

[37] 杜春华,严豪宇,崔亚辉,等.圆弧型指尖密封磨损计算方法及其特性研究[J].推进技术,2021,42(8):1839 – 1847.

[38] 路菲,陈国定,苏华,等.2.5D 碳/碳复合材料指尖密封动态性能分析[J].航空学报,2013,34(11):

2616 - 2625.

[39] 郎达学,苏华.表面织构靴底流体动压指尖密封的性能分析[J].航空学报,2012,33(8):1540 - 1546.

[40] 张延超,陈国定,周连杰,等.指尖密封性能优化的一种新方法[J].机械工程学报,2010,46(10): 156 - 163.

[41] 王鹏伟,蔡云松,李小强.基于纳什均衡博弈算法的指尖密封多目标优化[J].机械制造,2017,55 (10):70 - 72+76.

[42] Du K, Li Y, Suo S, et al. Semi-analytical dynamic analysis of noncontacting finger seals[J]. International Journal of Structural Stability and Dynamics, 2015, 15(4):1450060.

[43] Zhang S, Jiao Y, Chen Z, et al. Static characteristics of finger seal considering contact between fingers and rotor[J]. Shock and Vibration, 2022, 2022.

[44] Hao Z, Cao Q. The isolation characteristics of an archetypal dynamical model with stable-quasi-zero-stiffness[J]. Journal of Sound and Vibration, 2015, 340:61 - 79.

[45] Ji J C, Hansen C H. On the approximate solution of a piecewise nonlinear oscillator under super-harmonic resonance[J]. Journal of Sound and Vibration, 2005, 283(1):467 - 74.

[46] Chen H, Xu Q. Bifurcations and chaos of an inclined cable[J]. Nonlinear Dynamics, 2009, 57(1): 37 - 55.

[47] 王心龙,周加喜,徐道临.一类准零刚度隔振器的分段非线性动力学特性研究[J].应用数学和力学, 2014,35(1):50 - 62.

[48] Hayashi, C. Nonlinear oscillations in physical systems[M]. New York:McGraw-Hill Book Company, 1986.

[49] Zhang W, Zhan X P. Periodic and chaotic motions of a rotor-active magnetic bearing with quadratic and cubic terms and time-varying stiffness[J]. Nonlinear Dynamics, 2005, 41(4):331 - 359.

[50] 安凤仙.几类力学系统的分岔与混沌行为研究[D].南京:南京航空航天大学,2018.

[51] 冯志华,胡海岩.内共振条件下直线运动梁的动力稳定性[J].力学学报,2002(3):389 - 400.

[52] Sinou J J. Non-linear dynamics and contacts of an unbalanced flexible rotor supported on ball bearings[J]. Mechanism and Machine Theory, 2009, 44(9):1713 - 1732.

[53] 姚红良,翟新婷,刘子良,等.摩擦热弯曲转子系统稳定性定量研究[J].机械工程学报,2014,50 (17):46 - 51.

[54] 曹青松,向琴,熊国良.基于增量谐波平衡法的支承松动故障特性研究[J].机械强度,2015,37(6): 999 - 1004.

[55] Luo A C J, Huang J Z. Approximate solutions of periodic motions in nonlinear systems via a generalized harmonic balance[J]. Journal of Vibration and Control, 2012, 18:1661 - 1871.

[56] Liu Z, Wang Y. Periodicity and stability in transverse motion of a nonlinear rotor-bearing system using generalized harmonic balance method[J]. Journal of Engineering for Gas Turbines and Power, 2017, 139(2):022502.

[57] 张智勇.球轴承-转子系统变柔度振动的分岔与滞后行为[D].哈尔滨:哈尔滨工业大学,2015.

[58] 袁铭鸿,童水光,从飞云,等.复杂转子-轴承-汽封耦合系统的非线性振动分析[J].振动与冲击, 2016,35(9):66 - 73.

[59] 孟志强,孟光,荆建平,等.轴承-转子系统 Hopf 分岔及其后动力学行为研究[J].应用力学学报, 2006,24(4):628 - 632.

[60] Liu J, Wang C, Luo Z. Research nonlinear vibrations of a dual-rotor system with nonlinear restoring forces[J]. Journal of the Brazilian Society of Mechanical Sciences and Engineering, 2020,

42(9)：461.

[61] Chang-Jian C-W，Chen C-K. Chaos and bifurcation of a flexible rub-impact rotor supported by oil film bearings with nonlinear suspension[J]. Mechanism and Machine Theory，2007，42(3)：312 - 333.

[62] Yang L-H，Wang W-M，Zhao S-Q，et al. A new nonlinear dynamic analysis method of rotor system supported by oil-film journal bearings[J]. Applied Mathematical Modelling，2014，38(21)：5239 - 5255.

[63] 陈果.航空发动机整机振动耦合动力学模型及其验证[J].航空动力学报,2012,27(2)：241 - 254.

[64] 崔立,宋晓光,郑建荣.考虑多间隙的齿轮柔性转子耦合系统非线性动力学分析[J].振动与冲击, 2013,32(8)：171 - 178+98.

[65] 路振勇.航空发动机转子系统的动力学建模及非线性振动研究[D].哈尔滨：哈尔滨工业大学, 2017.

[66] Chu F，Zhang Z. Bifurcation and chaos in a rub-impact Jeffcott rotor system [J]. Journal of Sound and Vibration，1998，210(1)：1 - 18.

[67] 李振平,罗跃纲,姚红良,等.考虑油膜力的弹性转子系统碰摩故障研究[J].东北大学学报,2002 (10)：980 - 983.

[68] 刘俊杰,张凌云,尹凤伟,等.碰摩转子-油膜轴承系统的非线性响应分析[J].机械强度,2020,42 (6)：1310 - 1315.

[69] 江俊,陈艳华.转子与定子碰摩的非线性动力学研究[J].力学进展,2013,43(1)：132 - 148.

[70] 钟志贤,马李奕,蔡忠侯,等.多故障转子-滚动轴承系统的动力学特性[J].航空动力学报,2022,37 (5)：909 - 923.

[71] 宋传冲,南国防,楼剑阳.滚动轴承-裂纹转子系统动力学特性分析[J].噪声与振动控制,2021,41 (6)：56 - 62.

[72] 甄满,孙涛,田拥胜,等.滚动轴承转子系统不对中-碰摩耦合故障非线性动力学分析[J].振动与冲击,2020,39(7)：140 - 147.

[73] 刘永强,王宝森,杨绍普.含外圈故障的高速列车轴承转子系统非线性动力学行为分析[J].机械工程学报,2018,54(8)：17 - 25.

[74] 李忠刚,陈照波,朱伟东,等.盘式分布拉杆转子系统扭转振动非线性动力学特性分析[J].振动与冲击,2017,36(3)：215 - 221.

[75] 李忠刚,陈照波,陈予恕,等.非线性转子-密封系统动力学行为演变机理研究[J].哈尔滨工程大学学报,2016,37(12)：1704 - 1708.

[76] Shen X，Jia J，Zhao M，et al. Experimental and numerical analysis of nonlinear dynamics of rotor-bearing-seal system[J]. Nonlinear Dynamics，2008，53(1)：31 - 44.

第2章 非线性转子-刷式密封系统稳定性参数域研究

2.1 引言

旋转机械中刷式密封结构是一种高效的密封形式[1-3]，其泄漏量远低于其他密封形式，如梳齿迷宫密封等。刷式密封装配图和刷丝图如图 2.1 所示。刷式密封在工作中允许动子和静子之间出现不同心而密封能力保持不变，不但提高了转子的热效率又增强了机械的稳定性，是目前旋转机械先进的密封之一，已被航空燃气轮机和工业汽轮机等透平机械使用[4-6]。在实际转子运行中，如汽轮机等转子系统中转子受非线性密封力的影响不可忽略[7,8]。为更好地分析转子系统中非线性动力学问题，本章首先对刷式密封力进行分析与建模，再对转子-刷式密封系统非线性周期振动及倍周期与鞍结分岔稳定性参数域进行研究。

(a) 安装图　　　　　　　　　　　　　　(b) 刷丝束

图 2.1　刷式密封和刷丝图

2.2 刷式密封的非线性刷丝力模型

刷式密封系统的刷丝束为一种多孔介质，气流从泄漏口流出直接进入刷丝束，一部气流会穿过刷丝多孔介质进入到转子另一个腔室，剩余气流会形成回流在转子-密封腔室内形成旋涡流，并将泄漏的气流的动能变为转子内部热能[9,10]。泄漏的气流进入刷丝束后在压力作用下下降并经过迷宫齿,因此刷式密封刷丝束可以高效地阻止高压气流外泄。刷式密封系统气流泄漏一般发生在刷丝束的细金属丝与相邻金属丝的缝隙中。刷丝束中刷丝间的间隙不均匀,气流均匀地进入刷丝束后立刻变得紊乱,并且气流从密集的刷丝束流向较疏松的刷丝束端,这部分气流在金属丝之间慢慢形成射流,并逐渐形成二次射旋涡流。由于刷式密封的金属丝破坏了气流流动特性而导致了气流的不均匀性,导致气流内部产生自我密封效果,气流由向前流动变为横向流动导致了流体自我密封效果,这种变化使气流横流穿过金属丝后的总气压降变大从而使气流泄漏量减小。由此可以看出,刷式密封的气流泄漏特性为:气流压比的变大导致了刷式密封中金属丝的密度变大,刷丝与刷丝间的密度降低使有效的气流泄漏量变少,同时导致气流泄漏的阻力变大,从气流泄漏呈梯度降低。可近似认为刷式密封力由金属丝变形恢复力和转子内部气流力组成,其中以刷丝弯曲变形恢复力为主导。因此本章研究忽略密封气流力的影响,单独考虑刷丝形变恢复力对转子系统的影响。

2.2.1　单根刷丝非线性密封力分析

首先分析单根刷丝对圆盘的作用力。单根刷丝与圆盘之间的接触分析图如图 2.2 所示。分析时采用弹性梁模型建立刷丝变形模型。假设单根刷丝与圆盘的接触形式始终为点接触,且接触点为刷丝的端点,刷丝始终处于弹性变形状态,忽略刷式密封内部气体对刷丝的作用力。

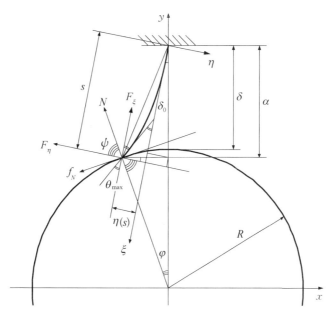

图 2.2　刷丝受力弹性力学模型

(η, ξ)—刷丝变形坐标系;(x, y)—刷封坐标系;s—刷丝变形后的长度;α—s 在半径方向的投影;δ—实际半径间隙;R—圆盘半径;φ—刷丝接触点偏角;ψ—压力与刷丝所受力的夹角;θ_0—刷丝预旋角;F_η—刷丝所受 η 方向力;δ_s—最大挠度;F_ξ—刷丝所受 ξ 方向力;N—圆盘所受正反力;θ_{max}—刷丝最大转角;N—圆盘所受正反力;f_N—滑动摩擦力。

根据图 2.2 中的几何关系可知,刷丝长 s 在半径方向的投影为

$$\alpha = \delta + R(1 - \cos\varphi) \tag{2.1}$$

刷丝最大挠曲度为

$$\eta(s) = R\sin\varphi\cos\theta_0 - \alpha\sin\theta_0 \tag{2.2}$$

将式(2.2)代入 s 在半径方向的投影可得

$$\eta(s) = R\sin(\varphi + \theta_0) - (R + \delta)\sin\theta_0 \tag{2.3}$$

当转子转轴发生径向位移,刷丝变形后长度为

$$s = (\alpha + \eta(s)\sin\theta_0)/\cos\theta_0 \tag{2.4}$$

代入式(2.3)可得

$$s = (\delta + R)\cos\theta_0 - R\cos(\varphi + \theta_0) \tag{2.5}$$

刷丝受力变形之后的长度为

$$L = \int_0^s \frac{1}{\cos\theta}\mathrm{d}\xi \tag{2.6}$$

压力与刷丝所受力的夹角为

$$\psi = \frac{\pi}{2} - \theta_0 - \varphi \tag{2.7}$$

根据图 2.2 中的受力关系可知,刷丝所受摩擦力为

$$f_N = \mu N \tag{2.8}$$

则刷丝所受 F_η 和 F_ξ 为

$$\begin{cases} F_\eta = N\cos\psi + f_N\sin\psi = \sqrt{1 + \mu^2}\,N\sin(\theta_0 + \varphi + \arctan\mu) \\ F_\xi = N\sin\psi - f_N\cos\psi = \sqrt{1 + \mu^2}\,N\cos(\theta_0 + \varphi + \arctan\mu) \end{cases} \tag{2.9}$$

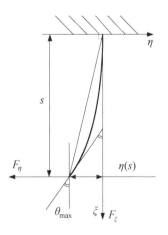

式(2.9)中 F_ξ 相比 F_η 较小可忽略。对单根刷丝采用梁的变形理论,刷丝根部为固支,如图 2.3 所示。由纯弹性理论可知:

$$\begin{cases} \theta(\xi)EI = -F_\eta\dfrac{\xi^2}{2} + F_\eta s\xi \\[2mm] w(\xi)EI = -F_\eta\dfrac{\xi^3}{6} + F_\eta s\dfrac{\xi^2}{2} \\[2mm] \theta_{\max} = \theta(s) = \dfrac{F_\eta s^2}{2EI} \\[2mm] w_{\max} = w(s) = \dfrac{F_\eta s^3}{3EI} = \eta(s) \end{cases} \tag{2.10}$$

图 2.3 单根刷丝弯曲模型

式中　I——刷丝截面惯性矩 $\left(I=\dfrac{\pi R_0^4}{4}\right)$；

　　R_0——刷丝直径。

考虑到刷丝变形量较小,综合式(2.4)、(2.8)可得刷丝受力与刷丝变形后长度之间的关系如下:

$$
\begin{aligned}
L &= \int_0^s \frac{1}{\cos\theta}\mathrm{d}\xi = \int_0^s 1+\frac{\theta^2(\xi)}{2}\mathrm{d}\xi = s+\frac{1}{2}\int_0^s\theta^2(\xi)\mathrm{d}\xi = s+\frac{F_\eta^2}{2E^2I^2}\int_0^s\left(-\frac{\xi^2}{2}+s\xi\right)^2\mathrm{d}\xi \\
&= s+\frac{F_\eta^2}{2E^2I^2}\int_0^s\left(\frac{\xi^4}{4}-s\xi^3+s^2\xi^2\right)\mathrm{d}\xi = s+\frac{F_\eta^2}{2E^2I^2}\left(\frac{\xi^5}{20}\bigg|_0^s - s\,\frac{\xi^4}{4}\bigg|_0^s + s^2\,\frac{\xi^3}{3}\bigg|_0^s\right) \\
&= s+\frac{F_\eta^2}{15E^2I^2}s^5
\end{aligned}
\tag{2.11}
$$

则

$$
F_\eta = \sqrt{15}\,EI\sqrt{\frac{L-s}{s^5}}
\tag{2.12}
$$

结合式(2.7)可得正压力的反力与刷丝变形后长度之间的关系如下:

$$
N = \frac{\sqrt{15}\,EI}{\sqrt{1+\mu^2}\,\sin(\theta_0+\varphi+\arctan\mu)}\sqrt{\frac{L-s}{s^5}}
\tag{2.13}
$$

根据式(2.11)、(2.12)可推得刷丝最大挠度与变形后长度的关系,并代入式(2.2)和(2.3)可得到正压力与刷丝所受力的夹角的表达式如下:

$$
\frac{F_\eta s^3}{3EI} = \frac{\sqrt{15}}{3}\sqrt{Ls-s^2} = \eta(s)
\tag{2.14}
$$

即

$$
\begin{aligned}
&-6R^2\sin^2\psi+(30R(R+\delta)\cos\theta_0-15LR)\sin\psi-18R(R+\delta)\sin\theta_0\cos\psi \\
&= 9(R+\delta)^2\sin^2\theta_0-15L(R+\delta)\cos\theta_0-15(R+\delta)^2\cos^2\theta_0-9R^2
\end{aligned}
\tag{2.15}
$$

由式(2.14)可求得夹角 ψ,再根据式(2.5)可求得刷丝接触点偏角 φ。综合式(2.3)、(2.13)、(2.14)即可求得当刷丝受力情况下,任意实际半径间隙 δ 对应的圆盘正压力反力 N 的表达式。

2.2.2　刷丝环非线性恢复力分析

根据以上分析,刷丝环结构和刷丝环受力示意图如图 2.4 和 2.5 所示。当圆盘偏心距 e 及偏位角 γ 一定时,任意角度 ρ 对应的径向间隙 δ 可采用下式表示:

$$
\delta = c+e\cos(\rho-\gamma)
\tag{2.16}
$$

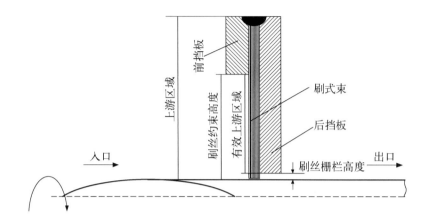

图 2.4　刷丝环横向结构图

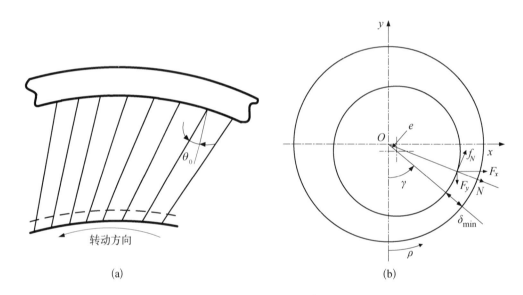

(a)　　　　　　　　　　　　　　(b)

图 2.5　刷丝受环力示意图

e—偏心距；γ—偏位角；$\delta_{\min}$—最小间隙；ρ—周向任意点与 y 轴负方向的夹角。

圆盘周向上任意点的正压力及摩擦力可分解为如下沿 x-y 方向的力：

$$\begin{cases} F_x = N(\sin(\rho+\varphi) + f_N\cos(\rho+\varphi)) \\ F_y = N(\cos(\rho+\varphi) - f_N\sin(\rho+\varphi)) \end{cases} \tag{2.17}$$

由图 2.3 可得如下坐标转换关系：

$$\begin{cases} x = e\sin\gamma \\ y = -e\cos\gamma \\ e^2 = x^2 + y^2 \end{cases} \tag{2.18}$$

在求得单根刷丝对圆盘作用力的基础上，分析刷丝环整体对圆盘的作用力。假设刷丝的分布是均匀且密集的,则正压力 N 的合力 $\bar{N}$ 可以被看作是沿圆周方向的分布力。采用 N_1 表示单根刷丝对圆盘的具有分布力形式的正压力,则有

$$N_1 = \frac{N}{2\pi} \tag{2.19}$$

于是合力 $\bar{N}$ 可用下式表示:

$$\bar{N}_1 = \int_0^{2\pi} \frac{n}{2\pi} N \mathrm{d}\rho \tag{2.20}$$

同理,x、y 方向的合力 $\bar{F}_x$,$\bar{F}_y$ 可用下式表示:

$$\begin{cases} \bar{F}_x = \int_0^{2\pi} \dfrac{n}{2\pi} \dfrac{\sqrt{15}EI}{\sqrt{1+\mu^2}\sin(\theta_0+\varphi+\arctan\mu)} \sqrt{\dfrac{L-s}{s^5}}(\sin(\rho+\varphi)+\mu\cos(\rho+\varphi))\mathrm{d}\rho \\[4mm] \bar{F}_y = \int_0^{2\pi} \dfrac{n}{2\pi} \dfrac{\sqrt{15}EI}{\sqrt{1+\mu^2}\sin(\theta_0+\varphi+\arctan\mu)} \sqrt{\dfrac{L-s}{s^5}}(\cos(\rho+\varphi)-\mu\sin(\rho+\varphi))\mathrm{d}\rho \end{cases}$$
$$\tag{2.21}$$

由式(2.21)可知,x 和 y 方向的合力 $\bar{F}_x$ 和 $\bar{F}_y$ 是以 δ 为自变量的隐式函数。由式(2.15)可知 φ 的表达式较为复杂,不利于积分,我们近似认为 $\sin\varphi = L\sin\theta_0/R$;同时采用拟合法将刷丝力用 δ 的多项式来表示,以保证方程右端项的可积性。

令 $b = \dfrac{s}{L}$,则可作如下近似:

$$b_0 = \sqrt{\frac{L-s}{s^5}} = \frac{1}{L^2}\sqrt{\frac{1-b}{b^5}} = \frac{1}{L^2}(\mu_0+\mu_1 b+\mu_2 b^2+\mu_3 b^3+\mu_4 b^4) \tag{2.22}$$

其中,$\mu_0 = -2.112\,71\times10^3$,$\mu_1 = 9.083\,87\times10^3$,$\mu_2 = -1.463\,23\times10^4$,$\mu_3 = 1.047\,05\times10^4$,$\mu_4 = 2.809\,27\times10^3$。

拟合参数值采用多维线性拟合方法得到,拟合相关系数为 $0.999\,9$,残差为 3.27×10^{-5}。图 2.6 为拟合前后正压力分布图。由图可知拟合效果较好,采用拟合多项式计算得到的正压力分布图与原始正压力分布图几乎重合。

$$\begin{cases} A = \dfrac{n}{2\pi L^2} \dfrac{\sqrt{15}EI}{\sqrt{1+\mu^2}\sin(\theta_0+\varphi+\arctan\mu)} \\[3mm] \bar{A} = A\pi, \quad \sigma_1 = R\cos^2\theta_0 - R\cos(\varphi+\theta_0)\cos\theta_0 \\[3mm] \sigma_2 = \dfrac{\cos\theta_0}{L}, \quad \sigma_3 = \dfrac{c\cos\theta_0+\sigma_1}{L} \end{cases}$$
$$\tag{2.23}$$

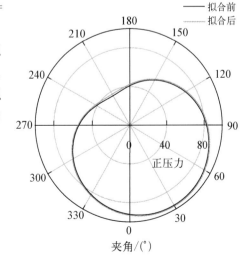

图 2.6 拟合前后正压力分布图

则 $\overline{F}_x$，$\overline{F}_y$ 可表示为式(2.21)的形式

$$
\begin{cases}
\overline{F}_x = \int_0^{2\pi} A(\mu_0 + \mu_1 b + \mu_2 b^2 + \mu_3 b^3 + \mu_4 b^4)(\sin(\rho + \varphi) + \mu\cos(\rho + \varphi))\mathrm{d}\rho \\
\overline{F}_y = \int_0^{2\pi} A(\mu_0 + \mu_1 b + \mu_2 b^2 + \mu_3 b^3 + \mu_4 b^4)(\sin(\rho + \varphi) + \mu\cos(\rho + \varphi))\mathrm{d}\rho
\end{cases}
$$

$$(2.24)$$

推导得出

$$
\begin{cases}
\overline{F}_x = \overline{A}\sigma_2\left[(\mu_1 + 2\mu_2\sigma_3 + 3\mu_3\sigma_3^2 + 4\mu_4\sigma_3^3)e + \left(\dfrac{3}{4}\mu_3\sigma_2^2 + \mu_4\sigma_2^2\sigma_3\right)e^3\right] \\
\qquad \cdot (\sin\varphi + \cos\varphi)(\sin\gamma + \mu\cos\gamma), \\
\overline{F}_y = \overline{A}\sigma_2\left[(\mu_1 + 2\mu_2\sigma_3 + 3\mu_3\sigma_3^2 + 4\mu_4\sigma_3^3)e + \left(\dfrac{3}{4}\mu_3\sigma_2^2 + \mu_4\sigma_2^2\sigma_3\right)e^3\right] \\
\qquad \cdot (\sin\varphi + \cos\varphi)(\cos\gamma - \mu\sin\gamma)
\end{cases}
$$

$$(2.25)$$

令

$$
\sigma_4 = \sigma_2(\mu_1 + 2\mu_2\sigma_3 + 3\mu_3\sigma_3^2 + 4\mu_4\sigma_3^3),\quad \sigma_5 = \frac{3}{4}\mu_3\sigma_2^3 + \mu_4\sigma_2^3\sigma_3 \tag{2.26}
$$

则

$$
\begin{cases}
\overline{F}_x = \overline{A}(\sigma_4 e + \sigma_5 e^3)(\sin\varphi + \cos\varphi)(\sin\gamma + \mu\cos\gamma) \\
\overline{F}_y = \overline{A}(\sigma_4 e + \sigma_5 e^3)(\sin\varphi + \cos\varphi)(\cos\gamma - \mu\sin\gamma)
\end{cases}
$$

$$(2.27)$$

根据坐标变换公式,将坐标转换到坐标系可得下式:

$$
\begin{cases}
\overline{F}_x = \overline{A}(\sin\varphi + \cos\varphi)[\sigma_4(x - \mu y) + \sigma_5(x^2 + y^2)(x - \mu y)] \\
\overline{F}_y = \overline{A}(\sin\varphi + \cos\varphi)[\sigma_4(-y - \mu x) + \sigma_5(x^2 + y^2)(-y - \mu x)]
\end{cases}
$$

$$(2.28)$$

2.3 非线性转子-刷式密封系统稳定性参数域分析

本节以 Jeffcott 转子-刷式密封系统为例,建立转子-刷式密封系统动力学方程,采用离散映射动力学法,将转子-刷式密封系统动力学方程转化为以隐映射为结构变量的方程组,进而得到转子-刷式密封系统的半解析解,研究转子-刷式密封系统的动力学特性,分析刷式密封对转子系统的影响。

2.3.1 非线性转子-刷式密封系统动力学模型

转子-刷式密封系统是一种典型的转子-密封耦合系统,其示意图及计算坐标系如图 2.7 所示。

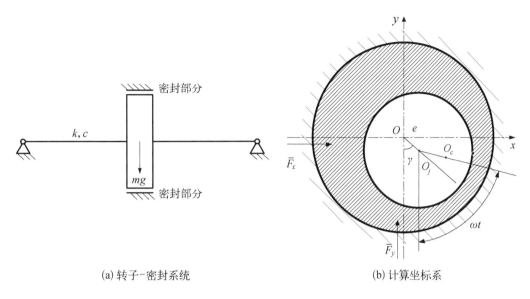

(a) 转子-密封系统　　　　　　　　　　(b) 计算坐标系

图 2.7　转子-密封系统示意图

转子-刷式密封系统动力学方程可由下式表示：

$$\begin{bmatrix} m & 0 \\ 0 & m \end{bmatrix} \begin{bmatrix} \ddot{X} \\ \ddot{Y} \end{bmatrix} + \begin{bmatrix} c & 0 \\ 0 & c \end{bmatrix} \begin{bmatrix} \dot{X} \\ \dot{Y} \end{bmatrix} + \begin{bmatrix} k & 0 \\ 0 & k \end{bmatrix} \begin{bmatrix} X \\ Y \end{bmatrix} = \begin{bmatrix} \bar{F}_x \\ \bar{F}_y \end{bmatrix} + me\omega^2 \begin{bmatrix} \cos\omega t \\ \sin\omega t \end{bmatrix} - \begin{bmatrix} 0 \\ mg \end{bmatrix}$$

$$(2.29)$$

式中　m——转子圆盘偏心质量；

　　　c、k——转子转轴阻尼和刚度；

　$\bar{F}_x$、$\bar{F}_y$——转子-密封力在 x 和 y 方向的分力；

　　　e——转子圆盘偏心距。

将刷封力表达式代入，并采用无量纲中间变量：

$$\begin{cases} x = X/Y_s,\ y = Y/Y_s,\ t = \tau/\sqrt{m/k}\ ,\ \alpha = C_i/\sqrt{Mk}\ , \\ \beta_1 = 1 - \bar{A}^*\sigma_4/k,\ \beta_2 = 1 + \bar{A}^*\sigma_4/k,\ \gamma = \bar{A}^*\mu/k, \\ \eta = \bar{A}^*\sigma_5 Y_s^2/k,\ \zeta = e/Y_s,\ \xi = mg/k/Y_s,\ \Omega = \omega\sqrt{M/k} \end{cases}$$

$$(2.30)$$

通过无量纲化，将转子-刷式密封非线性动力学方程转化为无量纲运动方程可得下式：

$$\begin{bmatrix} \ddot{x} \\ \ddot{y} \end{bmatrix} = -\begin{bmatrix} \alpha & 0 \\ 0 & \alpha \end{bmatrix}\begin{bmatrix} \dot{x} \\ \dot{y} \end{bmatrix} - \begin{bmatrix} \beta_1 & \gamma \\ \gamma & \beta_2 \end{bmatrix}\begin{bmatrix} x \\ y \end{bmatrix} + \eta\begin{bmatrix} 1 & -\mu \\ \mu & 1 \end{bmatrix}\begin{bmatrix} 0 & x \\ y & 0 \end{bmatrix}\begin{bmatrix} x^2 \\ y^2 \end{bmatrix}$$

$$+ \eta\begin{bmatrix} 1 & -\mu \\ \mu & 1 \end{bmatrix}\begin{bmatrix} x^3 \\ y^3 \end{bmatrix} + \zeta\Omega^2\begin{bmatrix} \cos\Omega t \\ \sin\Omega t \end{bmatrix} - \begin{bmatrix} 0 \\ \xi \end{bmatrix}$$

$$(2.31)$$

转子-刷式密封系统离散通用步函数如下：

$$\begin{cases} x_{1km} = \dfrac{1}{2}(x_{1,k} + x_{1,k-1}), \quad y_{1km} = \dfrac{1}{2}(y_{1,k} + y_{1,k-1}) \\[2mm] x_{2km} = \dfrac{1}{2}(x_{2,k} + x_{2,k-1}), \quad y_{2km} = \dfrac{1}{2}(y_{2,k} + y_{2,k-1}) \\[2mm] g_{1,k} = x_{1,k} - x_{1,k-1} - hx_{2km} \\[2mm] g_{2,k} = x_{2,k} - x_{2,k-1} - h[-\alpha x_{2km} - \beta_1 x_{1km} - \gamma y_{1km} \\[1mm] \qquad\quad + \eta(x_{1km}^3 - \mu x_{1km}^2 y_{1km} + x_{1km}y_{1km}^2 - \mu y_{1km}^3)] \\[2mm] g_{3,k} = y_{1,k} - y_{1,k-1} - hy_{2km} \\[2mm] g_{4,k} = y_{2,k} - y_{2,k-1} - h[-\alpha y_{2km} - \beta_2 y_{1km} - \gamma x_{1km} \\[1mm] \qquad\quad + \eta(y_{1km}^3 + \mu y_{1km}^2 x_{1km} + y_{1km}x_{1km}^2 + \mu x_{1km}^3)] \end{cases} \tag{2.32}$$

系统确定稳定性的通用步雅克比矩阵如下：

$$\begin{cases} x_{1km} = \dfrac{1}{2}(x_{1,k} + x_{1,k-1}), \quad y_{1km} = \dfrac{1}{2}(y_{1,k} + y_{1,k-1}) \\[2mm] x_{2km} = \dfrac{1}{2}(x_{2,k} + x_{2,k-1}), \quad y_{2km} = \dfrac{1}{2}(y_{2,k} + y_{2,k-1}) \\[2mm] \dfrac{\partial x_{1,k}}{\partial x_{1,k-1}} = 1 + \dfrac{1}{2}h\dfrac{\partial x_{2,k}}{\partial x_{1,k-1}}, \quad \dfrac{\partial x_{1,k}}{\partial x_{2,k-1}} = \dfrac{1}{2}h\left(1 + \dfrac{\partial x_{2,k}}{\partial x_{2,k-1}}\right) \\[2mm] \dfrac{\partial x_{1,k}}{\partial y_{1,k-1}} = \dfrac{1}{2}h\dfrac{\partial x_{2,k}}{\partial y_{1,k-1}}, \quad \dfrac{\partial x_{1,k}}{\partial y_{2,k-1}} = \dfrac{1}{2}h\dfrac{\partial x_{2,k}}{\partial y_{2,k-1}} \\[2mm] \dfrac{\partial x_{2,k}}{\partial x_{1,k-1}} = h\left\{-\dfrac{1}{2}\alpha\dfrac{\partial x_{2,k}}{\partial x_{1,k-1}} - \dfrac{1}{2}\beta_1\left(\dfrac{\partial x_{1,k}}{\partial x_{1,k-1}} + 1\right) + \eta\left[\left(\dfrac{3}{2}x_{1km} - \mu x_{1km}y_{1km} + \dfrac{1}{2}y_{1km}^2\right)\left(\dfrac{\partial x_{1,k}}{\partial x_{1,k-1}} + 1\right)\right.\right. \\[2mm] \qquad\quad \left.\left. - \left(\dfrac{1}{2}\mu x_{1km}^2 - x_{1km}y_{1km} + \dfrac{3}{2}\mu y_{1km}^2\right)\dfrac{\partial y_{1,k}}{\partial x_{1,k-1}}\right] - \dfrac{1}{2}\gamma\dfrac{\partial y_{1,k}}{\partial x_{1,k-1}}\right\} \\[2mm] \dfrac{\partial x_{2,k}}{\partial x_{2,k-1}} = 1 + h\left\{-\dfrac{1}{2}\alpha\left(\dfrac{\partial x_{2,k}}{\partial x_{2,k-1}} + 1\right) - \dfrac{1}{2}\beta_1\dfrac{\partial x_{1,k}}{\partial x_{2,k-1}} + \eta\left[\left(\dfrac{3}{2}x_{1km}^2 - \mu x_{1km}y_{1km} + \dfrac{1}{2}y_{1km}^2\right)\dfrac{\partial x_{1,k}}{\partial x_{2,k-1}}\right.\right. \\[2mm] \qquad\quad \left.\left. - \left(\dfrac{1}{2}\mu x_{1km}^2 - x_{1km}y_{1km} + \dfrac{3}{2}\mu y_{1km}^2\right)\dfrac{\partial y_{1,k}}{\partial x_{2,k-1}}\right] - \dfrac{1}{2}\gamma\dfrac{\partial y_{1,k}}{\partial x_{2,k-1}}\right\} \\[2mm] \dfrac{\partial x_{2,k}}{\partial y_{1,k-1}} = h\left\{-\dfrac{1}{2}\alpha\dfrac{\partial x_{2,k}}{\partial y_{1,k-1}} - \dfrac{1}{2}\beta_1\dfrac{\partial x_{1,k}}{\partial y_{1,k-1}} + \eta\left[\left(\dfrac{3}{2}x_{1km}^2 - \mu x_{1km}y_{1km} + \dfrac{1}{2}y_{1km}^2\right)\dfrac{\partial x_{1,k}}{\partial y_{1,k-1}}\right.\right. \\[2mm] \qquad\quad \left.\left. - \left(\dfrac{1}{2}\mu x_{1km}^2 - x_{1km}y_{1km} + \dfrac{3}{2}\mu y_{1km}^2\right)\left(\dfrac{\partial y_{1,k}}{\partial y_{1,k-1}} + 1\right)\right] - \dfrac{1}{2}\gamma\left(\dfrac{\partial y_{1,k}}{\partial y_{1,k-1}} + 1\right)\right\} \\[2mm] \dfrac{\partial x_{2,k}}{\partial y_{2,k-1}} = h\left\{-\dfrac{1}{2}\alpha\dfrac{\partial x_{2,k}}{\partial y_{2,k-1}} - \dfrac{1}{2}\beta_1\dfrac{\partial x_{1,k}}{\partial y_{2,k-1}} + \eta\left[\left(\dfrac{3}{2}x_{1km}^2 - \mu x_{1km}y_{1km} + \dfrac{1}{2}y_{1km}^2\right)\dfrac{\partial x_{1,k}}{\partial y_{2,k-1}}\right.\right. \\[2mm] \qquad\quad \left.\left. - \left(\dfrac{1}{2}\mu x_{1km}^2 - x_{1km}y_{1km} + \dfrac{3}{2}\mu y_{1km}^2\right)\dfrac{\partial y_{1,k}}{\partial y_{2,k-1}}\right] - \dfrac{1}{2}\gamma\dfrac{\partial y_{1,k}}{\partial y_{2,k-1}}\right\} \end{cases}$$

$$\tag{2.33}$$

$$\left\{\begin{array}{l}
\dfrac{\partial y_{1,k}}{\partial x_{1,k-1}}=\dfrac{1}{2}h\,\dfrac{\partial y_{2,k}}{\partial y_{1,k-1}},\quad \dfrac{\partial y_{1,k}}{\partial x_{2,k-1}}=\dfrac{1}{2}h\,\dfrac{\partial y_{2,k}}{\partial x_{2,k-1}}\\[2mm]
\dfrac{\partial y_{1,k}}{\partial y_{1,k-1}}=1+\dfrac{1}{2}h\,\dfrac{\partial y_{2,k}}{\partial y_{1,k-1}},\quad \dfrac{\partial y_{1,k}}{\partial y_{2,k-1}}=\dfrac{1}{2}h\left(1+\dfrac{\partial y_{2,k}}{\partial y_{2,k-1}}\right)\\[2mm]
\dfrac{\partial y_{2,k}}{\partial x_{1,k-1}}=h\left\{-\dfrac{1}{2}\alpha\,\dfrac{\partial y_{2,k}}{\partial x_{1,k-1}}-\dfrac{1}{2}\beta_2\,\dfrac{\partial y_{1,k}}{\partial x_{1,k-1}}+\eta\left[\left(\dfrac{3}{2}y_{1km}^2+\mu x_{1km}y_{1km}+\dfrac{1}{2}x_{1km}^2\right)\dfrac{\partial y_{1,k}}{\partial x_{1,k-1}}\right.\right.\\[2mm]
\left.\left.\quad+\left(\dfrac{1}{2}\mu y_{1km}^2+x_{1km}y_{1km}+\dfrac{3}{2}\mu x_{1km}^2\right)\left(\dfrac{\partial x_{1,k}}{\partial x_{1,k-1}}+1\right)\right]-\dfrac{1}{2}\gamma\left(\dfrac{\partial x_{1,k}}{\partial x_{1,k-1}}+1\right)\right\}\\[2mm]
\dfrac{y_{2,k}}{\partial x_{2,k-1}}=h\left\{-\dfrac{1}{2}\alpha\,\dfrac{\partial y_{2,k}}{\partial x_{2,k-1}}-\dfrac{1}{2}\beta_2\,\dfrac{\partial y_{1,k}}{\partial x_{2,k-1}}+\eta\left[\left(\dfrac{3}{2}y_{1km}^2+\mu x_{1km}y_{1km}+\dfrac{1}{2}x_{1km}^2\right)\dfrac{\partial y_{1,k}}{\partial x_{2,k-1}}\right.\right.\\[2mm]
\left.\left.\quad+\left(\dfrac{1}{2}\mu y_{1km}^2+x_{1km}y_{1km}+\dfrac{3}{2}\mu x_{1km}^2\right)\left(\dfrac{\partial x_{1,k}}{\partial x_{2,k-1}}+1\right)\right]-\dfrac{1}{2}\gamma\,\dfrac{\partial x_{1,k}}{\partial x_{2,k-1}}\right\}\\[2mm]
\dfrac{y_{2,k}}{\partial x_{2,k-1}}=h\left\{-\dfrac{1}{2}\alpha\,\dfrac{\partial y_{2,k}}{\partial x_{2,k-1}}-\dfrac{1}{2}\beta_2\,\dfrac{\partial y_{1,k}}{\partial x_{2,k-1}}+\eta\left[\left(\dfrac{3}{2}y_{1km}^2+\mu x_{1km}y_{1km}+\dfrac{1}{2}x_{1km}^2\right)\dfrac{\partial y_{1,k}}{\partial x_{2,k-1}}\right.\right.\\[2mm]
\left.\left.\quad+\left(\dfrac{1}{2}\mu y_{1km}^2+x_{1km}y_{1km}+\dfrac{3}{2}\mu x_{1km}^2\right)\left(\dfrac{\partial x_{1,k}}{\partial x_{2,k-1}}+1\right)\right]-\dfrac{1}{2}\gamma\,\dfrac{\partial x_{1,k}}{\partial x_{2,k-1}}\right\}\\[2mm]
\dfrac{y_{2,k}}{\partial y_{1,k-1}}=h\left\{-\dfrac{1}{2}\alpha\,\dfrac{\partial y_{2,k}}{\partial y_{1,k-1}}-\dfrac{1}{2}\beta_2\left(\dfrac{\partial y_{1,k}}{\partial y_{1,k-1}}+1\right)+\eta\left[\left(\dfrac{3}{2}y_{1km}^2+\mu x_{1km}y_{1km}+\dfrac{1}{2}x_{1km}^2\right)\left(\dfrac{\partial y_{1,k}}{\partial y_{1,k-1}}+1\right)\right.\right.\\[2mm]
\left.\left.\quad+\left(\dfrac{1}{2}\mu y_{1km}^2+x_{1km}y_{1km}+\dfrac{3}{2}\mu x_{1km}^2\right)\dfrac{\partial x_{1,k}}{\partial y_{1,k-1}}\right]-\dfrac{1}{2}\gamma\,\dfrac{\partial x_{1,k}}{\partial y_{1,k-1}}\right\}\\[2mm]
\dfrac{y_{2,k}}{\partial y_{2,k-1}}=1+h\left\{-\dfrac{1}{2}\alpha\left(\dfrac{\partial y_{2,k}}{\partial x_{2,k-1}}+1\right)-\dfrac{1}{2}\beta_1\,\dfrac{\partial y_{1,k}}{\partial y_{2,k-1}}+\eta\left[\left(\dfrac{3}{2}y_{1km}^2+\mu x_{1km}y_{1km}+\dfrac{1}{2}x_{1km}^2\right)\dfrac{\partial y_{1,k}}{\partial y_{2,k-1}}\right.\right.\\[2mm]
\left.\left.\quad+\left(\dfrac{1}{2}\mu y_{1km}^2+x_{1km}y_{1km}+\dfrac{3}{2}\mu x_{1km}^2\right)\dfrac{\partial x_{1,k}}{\partial y_{2,k-1}}\right]-\dfrac{1}{2}\gamma\,\dfrac{\partial x_{1,k}}{\partial y_{2,k-1}}\right\}
\end{array}\right.$$

$$(2.34)$$

式(2.33)和(2.34)中具体项整理如下：

$$\dfrac{\partial x_{1,k}}{\partial x_{1,k-1}}=1+\dfrac{1}{2}h\,\dfrac{\partial x_{2,k}}{\partial x_{1,k-1}},\quad \dfrac{\partial x_{2,k}}{\partial x_{1,k-1}}=\dfrac{(\Delta_{11}+\Delta_{13})\Delta_{41}+\dfrac{1}{2}h(\Delta_{22}+\Delta_{23})\Delta_{12}}{\Delta_{31}\Delta_{41}-\dfrac{1}{4}h^2\Delta_{12}\Delta_{22}},$$

$$\dfrac{\partial x_{1,k}}{\partial x_{2,k-1}}=\dfrac{1}{2}h\left(\dfrac{\partial x_{2,k}}{\partial x_{2,k-1}}+1\right),\quad \dfrac{\partial x_{2,k}}{\partial x_{2,k-1}}=\dfrac{\left(\dfrac{1}{h}-\dfrac{1}{2}\alpha+\dfrac{1}{2}h\Delta_{11}\right)\Delta_{41}+\dfrac{1}{4}h^2\Delta_{12}\Delta_{22}}{\Delta_{31}\Delta_{41}-\dfrac{1}{4}h^2\Delta_{12}\Delta_{22}},$$

$$\frac{\partial x_{1,k}}{\partial y_{1,k-1}} = \frac{1}{2} h \frac{\partial x_{2,k}}{\partial y_{1,k-1}}, \quad \frac{\partial x_{2,k}}{\partial y_{1,k-1}} = \frac{(\Delta_{12} + \Delta_{14})\Delta_{41} + \frac{1}{2} h \Delta_{12} (\Delta_{21} + \Delta_{22})}{\Delta_{31}\Delta_{41} - \frac{1}{4} h^2 \Delta_{12}\Delta_{22}},$$

$$\frac{\partial x_{1,k}}{\partial y_{2,k-1}} = \frac{1}{2} h \frac{\partial x_{2,k}}{\partial y_{2,k-1}}, \quad \frac{\partial x_{2,k}}{\partial y_{2,k-1}} = \frac{\frac{1}{2} h \Delta_{12}\Delta_{41} + \frac{1}{2} h \Delta_{12} \left(\frac{1}{h} - \frac{1}{2}\alpha + \frac{1}{2} h \Delta_{21}\right)}{\Delta_{31}\Delta_{41} - \frac{1}{4} h^2 \Delta_{12}\Delta_{22}},$$

$$\frac{\partial y_{1,k}}{\partial x_{1,k-1}} = \frac{1}{2} h \frac{\partial y_{2,k}}{\partial x_{1,k-1}}, \quad \frac{\partial y_{2,k}}{\partial x_{1,k-1}} = \frac{(\Delta_{22} + \Delta_{23})\Delta_{31} + \frac{1}{2} h (\Delta_{11} + \Delta_{13})\Delta_{22}}{\Delta_{31}\Delta_{41} - \frac{1}{4} h^2 \Delta_{12}\Delta_{22}},$$

$$\frac{\partial y_{1,k}}{\partial x_{2,k-1}} = \frac{1}{2} h \frac{\partial y_{2,k}}{\partial x_{2,k-1}}, \quad \frac{\partial y_{2,k}}{\partial x_{2,k-1}} = \frac{\frac{1}{2} h \Delta_{22}\Delta_{31} + \frac{1}{2} h \Delta_{22} \left(\frac{1}{h} - \frac{1}{2}\alpha + \frac{1}{2} h \Delta_{11}\right)}{\Delta_{31}\Delta_{41} - \frac{1}{4} h^2 \Delta_{12}\Delta_{22}},$$

$$\frac{\partial y_{1,k}}{\partial y_{1,k-1}} = 1 + \frac{1}{2} h \frac{\partial y_{2,k}}{\partial y_{1,k-1}}, \quad \frac{\partial y_{2,k}}{\partial y_{1,k-1}} = \frac{(\Delta_{21} + \Delta_{24})\Delta_{31} + \frac{1}{2} h \Delta_{22} (\Delta_{12} + \Delta_{14})}{\Delta_{31}\Delta_{41} - \frac{1}{4} h^2 \Delta_{12}\Delta_{22}},$$

$$\frac{\partial y_{2,k}}{\partial y_{2,k-1}} = \frac{1}{2} h \left(\frac{\partial y_{2,k}}{\partial y_{2,k-1}} + 1\right), \quad \frac{\partial y_{2,k}}{\partial y_{2,k-1}} = \frac{\left(\frac{1}{h} - \frac{1}{2}\alpha + \frac{1}{2} h \Delta_{21}\right)\Delta_{31} + \frac{1}{4} h^2 \Delta_{12}\Delta_{22}}{\Delta_{31}\Delta_{41} - \frac{1}{4} h^2 \Delta_{12}\Delta_{22}}$$

$$(2.35)$$

$$\Delta_{11} = -\frac{1}{2}\beta_1 + \frac{3}{2}\eta x_{1km}^2 - \mu\eta x_{1km} y_{1km} + \frac{1}{2}\eta y_{1km}^2 \tag{2.36a}$$

$$\Delta_{12} = -\frac{1}{2}\gamma - \frac{1}{2}\mu\eta x_{1km}^2 + \eta x_{1km} y_{1km} - \frac{3}{2}\mu\eta y_{1km}^2 \tag{2.36b}$$

$$\Delta_{13} = -\frac{1}{2}\beta_1 + \frac{3}{2}\eta x_{1km} - \mu\eta x_{1km} y_{1km} + \frac{1}{2}\eta y_{1km}^2 \tag{2.36c}$$

$$\Delta_{14} = -\frac{1}{2}\gamma - \frac{1}{2}\mu\eta x_{1km}^2 + \eta x_{1km} y_{1km} - \frac{3}{2}\mu\eta y_{1km}^2 \tag{2.36d}$$

$$\Delta_{21} = -\frac{1}{2}\beta_2 + \frac{3}{2}\eta y_{1km}^2 + \mu\eta x_{1km} y_{1km} + \frac{1}{2}\eta x_{1km}^2 \tag{2.36e}$$

$$\Delta_{22} = -\frac{1}{2}\gamma + \frac{1}{2}\mu\eta y_{1km}^2 + \eta x_{1km} y_{1km} + \frac{3}{2}\mu\eta x_{1km}^2 \tag{2.36f}$$

$$\Delta_{23} = -\frac{1}{2}\gamma + \frac{1}{2}\mu\eta y_{1km}^2 + \eta x_{1km} y_{1km} + \frac{3}{2}\mu\eta x_{1km}^2 \tag{2.36g}$$

$$\Delta_{24} = -\frac{1}{2}\beta_2 + \frac{3}{2}\eta y_{1km}^2 + \mu\eta x_{1km} y_{1km} + \frac{1}{2}\eta x_{1km}^2 \tag{2.36h}$$

$$\Delta_{31} = \left[\frac{1}{h} + \frac{1}{2}\alpha - \frac{1}{2}h \left(-\frac{1}{2}\beta_1 + \frac{3}{2}\eta x_{1km}^2 - \mu\eta x_{1km}y_{1km} + \frac{1}{2}\eta y_{1km}^2 \right) \right] \qquad (2.36\text{i})$$

$$\Delta_{41} = \left[\frac{1}{h} + \frac{1}{2}\alpha - \frac{1}{2}h \left(-\frac{1}{2}\beta_2 + \frac{3}{2}\eta y_{1km}^2 + \mu\eta x_{1km}y_{1km} + \frac{1}{2}\eta x_{1km}^2 \right) \right] \qquad (2.36\text{j})$$

2.3.2　非线性转子-刷式密封系统周期运动特性

根据公式(2.29)所得转子-刷式密封系统非线性动力学方程,进行无量纲化并采用半解析法进行求解,所得结果如图 2.8 所示。图 2.8(a)所示为转子-刷式密封非线性系统在 x 方向的位移随转速和偏心率变化的三维动力学特性图谱。从图中可以得出转子-刷密封非线性系统的振动由稳定周期解与不稳定周期解组成。随着转子轮盘偏心率增大,转子轮盘振动位移增大。在转子轮盘偏心率为 $\zeta = 0.006\,5$ 时,x 方向上的位移最大,为转子-密封系统非线性共振峰值,达到 $x_{1,\,\text{max}} = 0.280\,869$。 其他偏心率情况下的对应 x 方向上非线性共振峰位移为 $\zeta = 0.000\,5$,$x_{1,\,k} = 0.074\,940$;$\zeta = 0.001\,5$,$x_{1,\,k} = 0.134\,017$;$\zeta = 0.002\,5$,$x_{1,\,k} = 0.172\,403$;$\zeta = 0.003\,5$,$x_{1,\,k} = 0.203\,191$,$\zeta = 0.005\,5$,$x_{1,\,k} = 0.256\,866$。 为了便于观察方便,图 2.8 中使用灰色虚线框对转子-刷式密封非线性共振位置作强调说明。随着转子转速继续增加,转子轮盘在 x 方向上的振动位移趋于平稳。此无量纲化之后的非线性转子-刷式密封系统线性共振转速在 $\Omega = 1.0$ 附近,由于此刷式密封力为弱非线性力,因此转子系统非线性共振峰值出现在原线性共振区附近。当转子-密封系统稳定周期振动发生鞍结分岔时,稳定运动变为不稳定或向附近其他非线性稳定运动分支跳跃。此情况与转子-刷式密封系统实验中转子偶发轻微颤振现象相符合。从图 2.8(a)中转子-刷式密封非线性系统共振转速附近振动明显增强,而随着工作转速继续升高,转子运行离共振转速区越远转子-密封系统运行越平稳。

图 2.8(b)所示为转子-刷式密封非线性系统在 x 方向的周期振动位移随转速和偏心率变化的三维曲线图。图中的转子轮盘由稳定振动向周围其他非线性稳定振动分支跳跃现象更加明显。当工作转速在线性临界转速附近时,转子轮盘非线性振动速度明显增加;当轮盘振动速度增加到特定值时,转子轮盘振动变为不稳定。此时转子稳定稳态周期运动变为不稳定周期运动,产生大位移威胁转子系统安全运行。在偏心率为 $\zeta = 0.006\,5$ 时,x 方向上的振动速度最大,为 $x_{2,\,\text{max}} = 0.012\,142$。 其他偏心率情况下所对应 x 方向上非线性振动最大速度为 $\zeta = 0.000\,5$,$x_{2,\,k} = 0.004\,813$;$\zeta = 0.001\,5$,$x_{2,\,k} = 0.005\,874$;$\zeta = 0.002\,5$,$x_{2,\,k} = 0.006\,251$;$\zeta = 0.003\,5$,$x_{2,\,k} = 0.007\,314$;$\zeta = 0.005\,5$,$x_{2,\,k} = 0.009\,062$。 在图 2.8 中,不稳定振动速度在线性临界转速附近急速增加,当工作转速逐渐远离线性临界转速后,转子在 x 方向上振动位移逐渐趋于平稳。

图 2.8(c)所示为转子-刷式密封非线性系统在 y 方向上的位移随转速和偏心率图。y 方向的振动位移同样具有非线性跳跃现象。当工作转速在临界转速附近时,转子轮盘振动位移变小;当工作转速变化到临界转速附近特定值时,转子轮盘在 y 方向振动变得不稳定。此时转子稳定稳态周期运动变为不稳定周期运动。转子轮盘偏心率为 $\zeta = 0.006\,5$

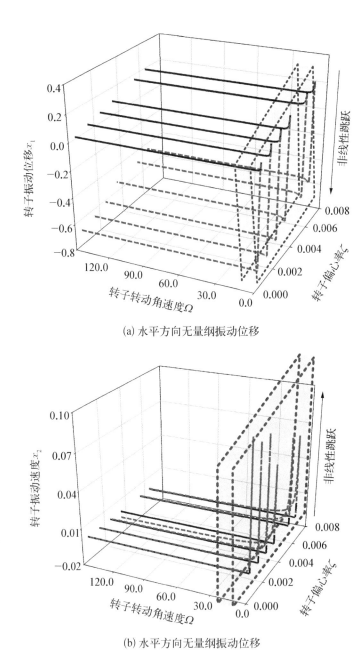

(a) 水平方向无量纲振动位移

(b) 水平方向无量纲振动位移

时,y 方向上振动最大,达到 $y_{1,\max}=0.060\,271$。 其他偏心率情况下的对应 x 方向上振动位移为 $\zeta=0.000\,5$,$y_{1,k}=0.098\,957$;$\zeta=0.001\,5$,$y_{1,k}=0.085\,857$;$\zeta=0.002\,5$,$y_{1,k}=0.007\,887\,1$;$\zeta=0.003\,5$,$y_{1,k}=0.073\,057$;$\zeta=0.005\,5$,$y_{1,k}=0.066\,814$。 当工作转速远离线性临界转速后,y 方向的振动位移的变化趋势与 x 方向的位移变化趋势相似,逐渐趋于平稳。

图 2.8(d)所示为转子-刷式密封非线性系统在 y 方向上振动速度随转速和偏心率三维图。在转子轮盘偏心率为 $\zeta=0.006\,5$ 时,y 方向上的振动速度达到最大,最大值为

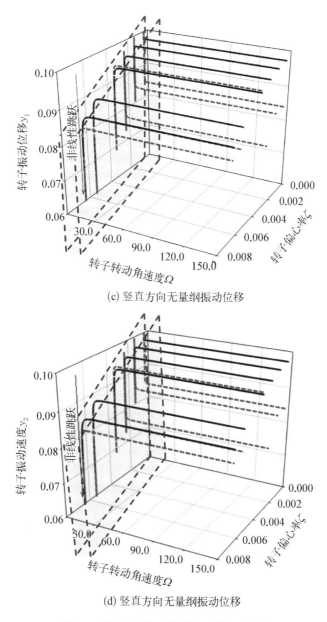

(c) 竖直方向无量纲振动位移

(d) 竖直方向无量纲振动位移

图 2.8　转子-密封系统随偏心率振动特性

$y_{2,\mathrm{max}} = 0.810\,514$。其他偏心率情况下的对应 y 方向上振动速度为 $\zeta = 0.000\,5$，$y_{2,k} = 0.215\,341$；$\zeta = 0.001\,5$，$y_{2,k} = 0.350\,171$；$\zeta = 0.002\,5$，$y_{2,k} = 0.435\,200$；$\zeta = 0.003\,5$，$y_{2,k} = 0.515\,657$；$\zeta = 0.005\,5$，$y_{2,k} = 0.634\,971$。当转子工作转速远离临界转速区之后，y 方向得不稳定振动速度逐渐趋于平稳。

　　图 2.9 所示为不同偏心率情况下转子轮盘振动在位移-转速平面内的投影。从图 2.9 可以明显观察到转子轮盘振动随轮盘偏心率以及转速的变化。图 2.9(a) 所示为转子-刷式密封系统在 x 方向的振动位移-转速变化图。当转子轮盘偏心率为 $\zeta = 0.000\,5$ 时，转子

稳定周期振动周期解在无量纲转速 $\Omega=1.095\,5$ 时发生非线性跳跃,转向不稳定周期解。若继续降速将会跳跃至附近其他非线性振动分支。在此偏心率激励条件下,转子-刷式密封系统运行中出现两对倍周期分岔点。当转子稳定运行至 $\Omega=2.050\,0$ 时,同步周期运动变为不稳定同步周期运动,同时稳定周期 1 振动变为稳定周期 2 振动。当无量纲转速增加至 $\Omega=2.060\,0$,不稳定同步周期运动变回稳定同步周期运动,同时 2 倍周期振动消失。另一个倍周期分岔点发生在 $\Omega=1.980\,0$,此时 2 倍周期振动区间在无量纲转速下缩小。当转子轮盘偏心率继续增大后,2 倍周期运动区间逐渐增大。转子轮盘偏心率增加至 $\zeta=0.001\,5$ 时,转子稳定周期振动周期解在无量纲转速 $\Omega=1.178\,7$ 时发生非线性跳跃,转向不稳定周期振动。若继续降速将会跳跃至附近其他非线性振动分支。同样在此偏心率激励下,转子运行中产生两对倍周期分岔点。当转子稳定运行速度达到 $\Omega=1.96$ 时,同步周期运动变为不稳定同步周期运动,同时稳定周期 1 运动变为稳定周期 2 运动。当无量纲转速增加到 $\Omega=1.97$,不稳定同步周期运动转为稳定同步周期运动,同时 2 倍周期运动消失。第二对倍周期分岔点发生在 $\Omega=2.04$,此时转子-刷式密封系统稳定 1 倍周期运动变为稳定 2 倍周期运动,同步稳定周期运动变为不稳定振动。2 倍周期运动在 $\Omega=2.100\,0$ 后消失,同时不稳定同步周期运动回到稳定同步周期运动,转子系统继续安全运行。当转子轮盘偏心率为 $\zeta=0.002\,5$ 时,转子稳定振动周期解在无量纲转速 $\Omega=1.125\,2$ 时发生非线性跳跃,转向不稳定周期解。继续降速将会使此非线性运动分支跳跃至附近其他非线性振动分支。转子-密封系统运行中产生两对倍周期分岔点:$\{1.930\,0,\,1.960\,0\}$ 和 $\{2.040\,0,\,2.140\,0\}$。在倍周期分岔点区间内,同步周期运动变为不稳定同步周期运动,同时稳定周期 1 运动变为稳定周期 2 运动;在倍周期分岔点区间外,不稳定同步周期运动转为稳定周期运动,同时 2 倍周期运动消失。当转子轮盘偏心率为 $\zeta=0.003\,5$ 时,转子稳定周期解在无量纲转速 $\Omega=1.322\,0$ 时发生非线性跳跃,转向不稳定周期解,并且不稳定周期解位移同样向下跳跃。同样在此轮盘偏心率下,转子系统运行中产生两对倍周期分岔点:$\{1.870\,0,\,1.930\,0\}$ 和 $\{2.050\,0,\,2.180\,0\}$。同上,倍周期分岔点区间内,同步周期运动变为不稳定同步周期运动,同时稳定周期 1 运动变为稳定周期 2 运动;在倍周期分岔点区间外,不稳定同步周期运动转为稳定同步周期运动,同时 2 倍周期运动消失。当转子轮盘偏心率为 $\zeta=0.005\,5$ 时,转子稳定周期振动周期解在无量纲转速 $\Omega=1.470\,0$ 时发生非线性跳跃现象。转子运行中产生两对倍周期分岔点:$\{1.660\,0,\,1.800\}$ 和 $\{2.120\,0,\,2.290\,0\}$。当转子轮盘偏心率为 $\zeta=0.006\,5$ 时,转子稳定周期解在无量纲转速 $\Omega=1.532\,4$ 时发生非线性跳跃。转子运行中产生两对倍周期分岔点:$\{1.56,\,1.64\}$ 和 $\{2.17,\,2.350\}$。

图 2.9(b)所示为转子-刷式密封系统在 x 方向的振动速度随转速变化图。轮盘在 x 方向的振动速度在非线性稳定周期解发生向上跳跃。发生跳跃的无量纲转速与 x 方向相同。x 方向上振动速度与位移具有相同的稳定与不稳定区间以及非线性分岔点。在无量纲转速远离转子临界转速后,不同偏心率条件下的转子非线性振动响应相似,振动速度曲线逐渐趋于 0。转子振动的偏心率与倍周期分岔点对应为:$\zeta=0.000\,5$,$\Omega=1.980\,0$ 和

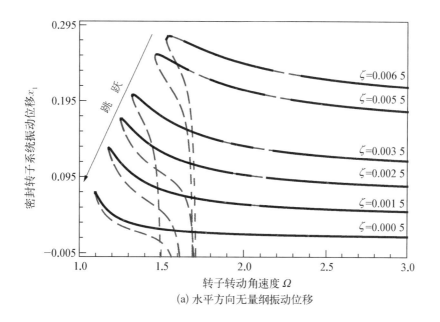

(a) 水平方向无量纲振动位移

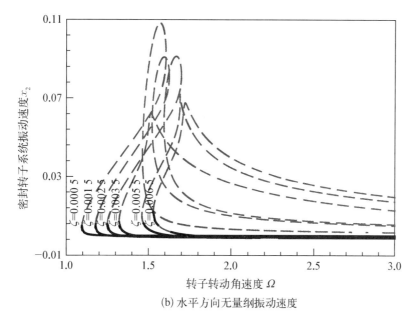

(b) 水平方向无量纲振动速度

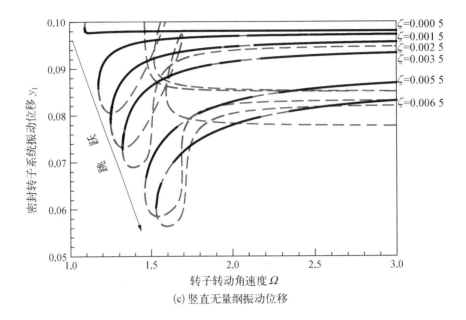

(c) 竖直无量纲振动位移

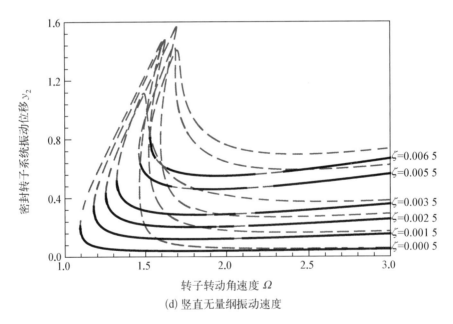

(d) 竖直无量纲振动速度

图 2.9 转子-密封系统振动特性随偏心率变化二维投影图

(2.05，2.06)；$\zeta=0.001\,5$，$\Omega=(1.960\,0，1.970\,0)$ 和(2.04，2.1)；$\zeta=0.002\,5$，$\Omega=(1.93，1.96)$ 和(2.04，2.14)；$\zeta=0.003\,5$，$\Omega=(1.87，1.93)$ 和(2.05，2.18)；$\zeta=0.005\,5$，$\Omega=(1.66，1.8)$ 和(2.12，2.29)；$\zeta=0.006\,5$，$\Omega=(1.56，1.64)$ 和(2.17，2.35)。

　　图 2.9(c)所示为转子-刷式密封系统在 y 方向的振动位移随转速变化图。轮盘 y 方向的位移在鞍结分岔点处发生颤振。发生颤振的无量纲转速与 x 方向相同。y 方向的位移与 x 方向的位移具有相同的稳定与不稳定区间以及非线性分岔点。图 2.9(d)所示为转子-刷式密封系统在 y 方向的振动速度随转速变化图。此轮盘 y 方向上的非线性振动响应与 x 方向类似，且稳定与不稳定区间以及非线性分岔点与前面相同。

2.3.3　非线性转子-刷式密封系统稳定性参数域

　　图 2.10 所示为此转子-刷式密封非线性动力学系统稳定与不稳定域参数图。图 2.10(a) 所示为转子系统倍周期分岔参数图。其中深灰色和黑色区域为不稳定域，浅灰色区域为稳定域。深灰色与浅灰色、黑色与浅灰色边界为转子系统倍周期振动分岔边界，边界上的所对应的点为倍周期分岔点。在深灰色与浅灰色、黑色与浅灰色边界上，转子-刷密封系统的同步周期解分岔出 2 倍周期振动周期解，转子呈现 2 倍周期振动，同时的同步周期振动转变为不稳定运动。其中上部左侧不稳定域在 $\Omega=2.052\,0$ 和 $\zeta=0.000\,24$ 处消失。右侧随着激振转速不断增加，图中上部不稳定域逐渐扩大。图 2.10(a)下部左侧倍周期分岔域在 $\Omega=1.980\,9$ 和 $\zeta=0.000\,494$ 处消失，右侧随着偏心率与转速增加而向下不断收敛。

　　图 2.10(b)所示为转子系统鞍结分岔稳定域参数图。其中深灰色区域为不稳定域，浅灰色区域为稳定域。稳定域与不稳定域边界上的所对应的点为鞍结分岔点。在稳定与不稳定域边界上，转子-刷式密封系统的同步周期解发生颤振现象，并且转子运动呈现不连续振动，同时的同步周期振动转变为不稳定振动，危害转子系统安全运行，应尽量避免。

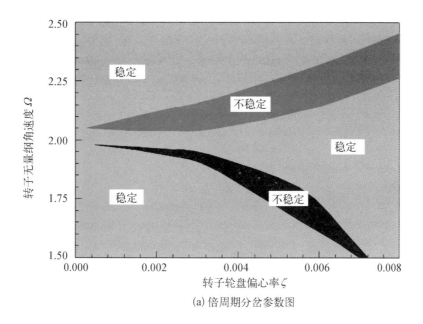

(a) 倍周期分岔参数图

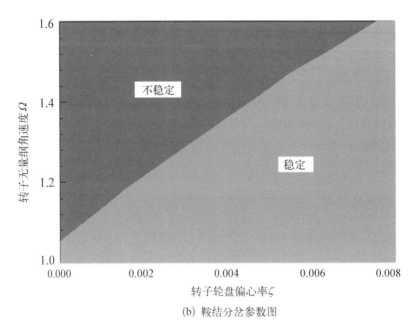

(b) 鞍结分岔参数图

图 2.10 转子-密封系统分岔参数图

2.4 本章小结

应用弹性力学理论建立刷式密封单根刷丝力模型,再对刷丝环力积分得到整圈刷丝变形非线性密封力表达式,并建立转子-刷式密封耦合动力学模型。通过求解分析得出转子-刷式密封非线性动力学系统在不同偏心率与转速条件下的周期振动周期解。通过求解获得转子-密封系统非线性振动随轮盘偏心率和转速变化规律。受非线性因素影响,转子-刷式密封系统振动位移在线性共振频率点发生非线性共振,同时转子振动在特定转速点发生非线性颤振。轮盘偏心率越大,非线性振动发生颤振转速越大。最后研究获得转子-刷式密封耦合动力学系统倍周期分岔与鞍结分岔稳定域参数图。通过倍周期分岔参数图可以设计转子系统在工况转速下振动响应最小;通过鞍结分岔参数图可以设计转子系统避免非线性振动跳跃,将危害振动降至最低。

参考文献

[1] Ma D, Li Z, Li J. Using a three-dimensional tube bundle model to investigate the leakage flow characteristics of the rotating brush seal[J]. Proc, Instn Mech. Engrs Part A, Journal of Power and Energy, 2022, 236(7): 1284 - 1296.

[2] Duran E T. Oil brush seals in turbomachinery: flow analyses and closed-form solutions[J]. Journal of Engineering for Gas Turbines and Power, 2020, 142(10): 101001.

［ 3 ］ Chupp R，Hendricks R，Lattime S，et al. Sealing in turbomachinery［R］. NASA/TM-214341 2006.

［ 4 ］ Aslan-zada F E，Mammadov V A，Dohnal F. Brush seals and labyrinth seals in gas turbine applications［J］. Proc，Instn Mech. Engrs Part A，Journal of Power and Energy，2013，227：216 - 230.

［ 5 ］ Dinc S，Demiroglu M，Turnquist N，et al. Fundamental design issues of brush seals for industrial applications［J］. Journal of Turbomachinery，2002，124：293 - 300.

［ 6 ］ Jahn I H J. Design approach for maximising contacting filament seal performance retention［J］. Proc IMechE Part C：J Mechanical Engineering Science，2015，229(5)：926 - 942.

［ 7 ］ Muszynska A. Rotordynamics［M］. Boca Raton：Taylor & Francis，2005.

［ 8 ］ McBride J W，Lewis A P，Down M P. Evaluating contact force based on displacement measurement of cantilever beams for mems switches and sensor applications［C］. 2015 IEEE SENSORS，Busan，South Korea (November 1 - 4)，2015：1 - 4.

［ 9 ］ Lelli. Combined three-dimensional fluid dynamics and mechanical modeling of brush seals［J］. Journal of Turbomachinery，2005，128(1)：188 - 195.

［10］ 孙丹,刘宁宁,胡广阳,等.考虑刷丝变形的刷式密封流场特性与力学特性流固耦合研究［J］.航空动力学报,2016,31(10)：2544 - 2553.

第3章 立式Jeffcott转子-密封系统动力学特性研究

3.1 引言

刷式密封可以有效地提高航空发动机和涡轮机械的工作效率[1-3]。与传统的迷宫式密封相比,刷式密封具有更好的密封性能[4]。然而,由于不平衡力作用,转子和定子之间可能会出现偏心[5]。刷式密封件的力学性能非常复杂,需要考虑气动力、刷丝束和转子之间的挤压和摩擦。因此,分析气流、刷式密封和转子的耦合作用对转子系统几何结构和运行参数的影响,对旋转机械的设计具有重要意义。

由于刷丝在接触过程中会发生弹性变形,导致施加在转子上的刷丝作用力变得非常复杂[6,7]。这些因素的相互作用使得对转子-刷子密封系统的接触力学的分析具有挑战性。Long 和 Marras[8]在静态实验台上采用了扭矩测量和测力片来测试刷丝在转子上的接触力,但是测试结果不是很理想。Sharatchandra 和 Rhode[9]研究了具有漩涡和泄漏的刷丝受力。结果表明,当刷丝倾角和流速增加时,刷丝受力增加,但随着刷丝之间距离的增加,刷丝受力减小。Stango 等[10-12]将刷丝视为悬臂梁,并分析了一些参数对接触力的影响,并提出了相应的计算模型。Demiroglum 等[13]发现线性梁理论比非线性梁理论更易于实施,并提出了通过实验工作来计算尖端力的经验表达式。Aksoy 和 Aksit[14]通过刷式密封刚度测量系统,使用敏感的称重传感器测量了接触力。

目前,转子-密封系统的大多数密封力学模型都集中在迷宫密封上,关于刷式密封的密封力模型的研究较少[15],并且目前还没有对立式 Jeffcott 转子-刷式密封系统非线性动力学特性的研究。以往的研究大多集中在对刷丝接触力的分析上,而将刷式密封和转子作为一个系统,并考虑偏心距和气流对接触力的影响,还不太清楚。本章以弯曲变形理论为基础,建立了考虑偏心、刷丝径向干涉以及气流力的密封力模型,讨论了偏心距、摩擦系数、刷丝倾角和气流均布载荷对转子作用力的影响,并建立了考虑刷丝干涉作用下的立式 Jeffcott 转子-刷式密封系统的非线性动力学模型,研究了转子转速、安装间距、系统阻尼和转子质量等主要参数对系统非线性动力学特性的影响。

3.2 刷式密封受力分析

本章假设气流力均匀分布在刷丝弧面上,刷丝径向干涉大于零。单根刷丝被当作悬臂梁进行处理。

图 3.1 为刷丝和转子的受力分析示意图,从图 3.1(b)可以看出,单根刷丝的弯曲变形主要是由气流和转子与刷丝的作用力而引起的。由于刷丝长度远大于刷丝横截面直径,因此忽略了剪应力对刷丝变形的影响。刷丝弯曲变形符合伯努利-欧拉定律:

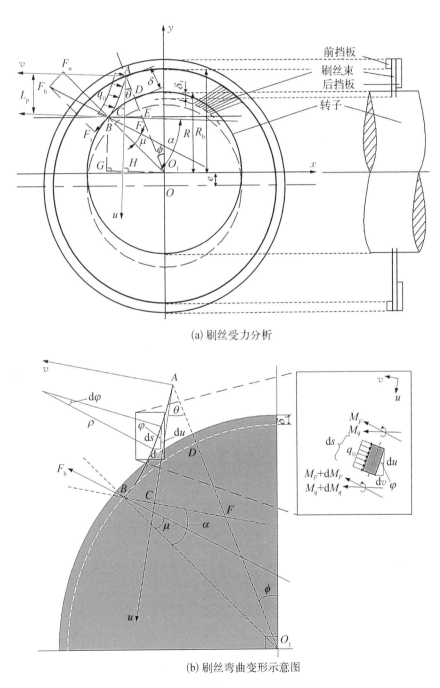

(a) 刷丝受力分析

(b) 刷丝弯曲变形示意图

图 3.1　刷丝与转子受力分析示意图

$$\frac{EI}{\rho} = M_q + M_F \tag{3.1}$$

式中　E——弹性模量(Pa);

　　　I——刷丝截面抗弯惯性矩(m^4);

　　　ρ——刷丝曲率半径(mm);

　　　M_q——气流均布力 q_0 形成的弯矩(N·m);

　　　M_F——刷丝接触力 F_b 形成的弯矩(N·m)。

如图 3.1(b)所示,从刷丝 AB 取一个差分弧段,ds 的法线端的交点为曲率中心,因此 $\dfrac{1}{\rho} = \dfrac{\mathrm{d}\varphi}{\mathrm{d}s}$。式(3.1)可以改写为

$$EI\,\frac{\mathrm{d}\varphi}{\mathrm{d}s} = M_q + M_F \tag{3.2}$$

式中　φ——刷丝斜率截面转角(°);

　　　s——曲率弧长。

然后,通过推导气流分布载荷 q_0 和接触力 F_b 引起的弯矩,可得到控制方程:

$$EI\,\frac{\mathrm{d}^2\varphi}{\mathrm{d}s^2} = q_0(L_p - s)\sin(\theta + \varphi) - F_b\sin(\alpha - \mu + \varphi) \tag{3.3}$$

如图 3.1 所示,由于偏心距 e 远小于转子半径 R,因此可以将安装间距 δ 简化如下:

$$\delta = AD \approx R_b - R + \delta_r - e\cos\phi \tag{3.4}$$

式中　R_b——刷式密封环自由高度处半径,即转子几何中心到前挡板底部的位置 O_1A;

　　　R——转子半径(m);

　　　δ_r——转子半径(m);

　　　e——偏心距(m);

　　　ϕ——刷丝 A 所在位置的初始位置角,即 O_1A 与 y 轴的夹角。

刷丝 AB 弧段在 u 方向上的投影距离 L_p 的表达式可表示为

$$L_p = AC = \left(\delta_r + R_b - e\cos\phi - \frac{e^2}{2R}\sin^2\phi\right)\cos\theta - (-\delta_r + R)\sin\alpha \tag{3.5}$$

由 F_b 和 q_0 引起的在 B 点处的刷丝挠度 v_B 可以使用叠加方法计算:

$$v_B = -\frac{q_0 L_p^4}{8EI}\sin\theta + \frac{F_b L_p^3}{3EI}\cos(\alpha - \mu) \tag{3.6}$$

由直角梯形 O_1GBF 可知,

$$BC = (-\delta_r + R)\cos\alpha - \left(\delta_r + R_b - e\cos\phi - \frac{e^2}{2R}\sin^2\phi\right)\sin\theta \tag{3.7}$$

由于 $v_B = BC$，使用式 (3.6) 和 (3.7) 可推导出 F_b 的表达式：

$$F_b = \left[(-\delta_r + R)\cos\alpha - \left(\delta_r + R_b - e\cos\phi - \frac{e^2}{2R}\sin^2\phi \right)\sin\theta + \frac{q_0 L_p^4}{8EI}\sin\theta \right]\frac{3EI}{L_p^3\cos(\alpha - \mu)} \tag{3.8}$$

然后，F_b 在切线方向和法线方向上的分量表达式可以分别写为

$$\begin{cases} F_s = F_b\sin\mu \\ F_n = F_b\cos\mu \end{cases} \tag{3.9}$$

然后任意一根刷丝在 x 和 y 方向上的密封力可表示为

$$\begin{cases} F_{sxi} = F_{bi}\cos(\alpha + \theta - \mu - \phi) \\ F_{syi} = F_{bi}\sin(\alpha + \theta - \mu - \phi) \end{cases} \tag{3.10}$$

基于式 (3.10)，在坐标 xO_1y 中，单根刷丝在转子上的作用力表达式为

$$\begin{cases} F_{O_1 i} = -F_{bi} \\ \qquad = -\dfrac{3EI}{L_p^3\cos(\alpha - \mu)}\Bigg[(-\delta_r + R)\cos\alpha - \left(\delta_r + R_b - e\cos\phi - \dfrac{e^2}{2R}\sin^2\phi \right)\sin\theta \\ \qquad\quad + \dfrac{q_0 L_p^4}{8EI}\sin\theta \Bigg] \\ M_{O_1 i} = (F_{bi}\sin\mu)R \end{cases} \tag{3.11}$$

假定所有刷丝在刷丝束中的排列是紧密的，则刷丝的总数为 $n \approx \dfrac{2\pi R}{d}$。由于很难计算出刚毛束中刷丝的确切数量，并且每个角的初始位置都有一组 $F_{O_1 i}$ 和 $M_{O_1 i}$ 与之对应，因此刷丝束 F_x 和 F_y 的接触力分量可以表示为

$$\begin{cases} F_{O_1} = \sqrt{(F_x)^2 + (F_y)^2} \\ F_x = \displaystyle\int_0^{2\pi} F_b\cos(\alpha + \theta - \mu - \phi)\,\mathrm{d}\phi \\ F_y = \displaystyle\int_0^{2\pi} F_b\sin(\alpha + \theta - \mu - \phi)\,\mathrm{d}\phi \\ M_{O_1} = \displaystyle\int_0^{2\pi} (F_b\sin\mu)R\,\mathrm{d}\phi \end{cases} \tag{3.12}$$

在坐标 xOy 中，β 为 F_{O_1} 和 x 轴之间的夹角角度，ω 为转子的转速，ϕ_0 为转子的初始位置角。

图 3.2 表示刷丝束作用力分量 F_x 和 F_y 与偏心距 e 的关系。当 $q_0 = 0$ N/m 时，轴向力 F_x 和径向力 F_y 随偏心距 e 的增大而增大，而当 $q_0 = 4$ N/m 时，F_x 和 F_y 随偏心距 e 的增大而减小。

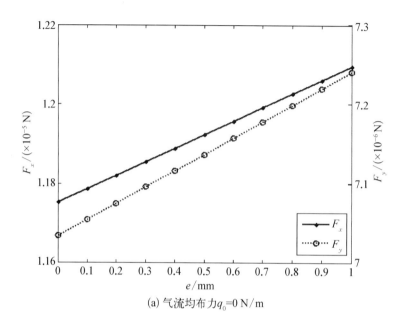

(a) 气流均布力q_0=0 N/m

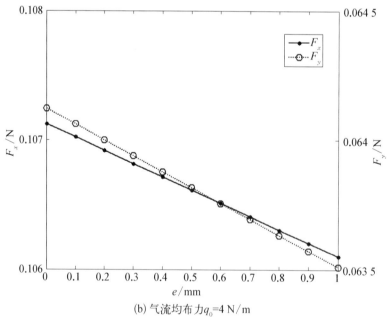

(b) 气流均布力q_0=4 N/m

图 3.2 整圈刷丝的轴向力 F_x 和径向力 F_y 随偏心距 e 的变化

如图 3.3 所示，当 $q_0 = 0$ N/m 时，作用力 F_O 将随着偏心距的增加而增加，但当 $q_0 = 4$ N/m 时，结果相反。

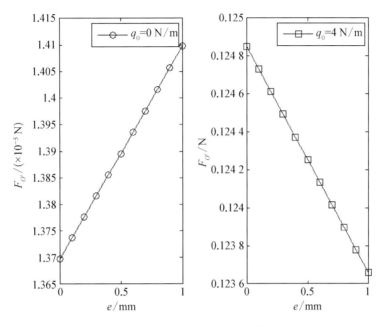

图 3.3　不同气流均布力作用下刷丝合力随偏心距的变化

图 3.4 显示了不同摩擦系数下的作用力与偏心距的关系。假设刷丝在转子表面匀速运动，则摩擦系数满足表达式 $\mu_1 = \tan\mu$。结果表明，在相同偏心距下，当均布力大于零时，作用力随摩擦系数的增大而增大。

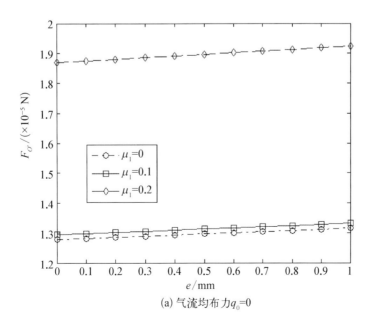

(a) 气流均布力 $q_0 = 0$

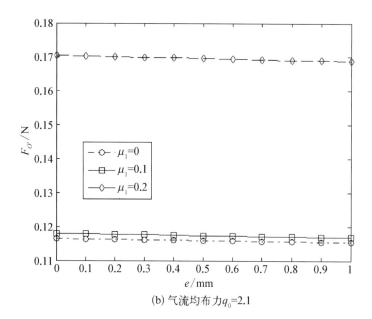

(b) 气流均布力q_0=2.1

图 3.4　不同摩擦系数下刷丝束作用力 $F_{O'}$ 随偏心距 e 的变化

图 3.5 表示刷丝束作用力与偏心距和刷丝倾角的关系,这里的摩擦系数为 0.2。如图 3.5(a)和(b)所示,在相同偏心距下,作用力和刷丝倾角之间的变化不是线性变化的。从图 3.5(c)和(d)可以看出,在 $\theta=17°$ 和 $\theta=61°$ 附近,作用力随着偏心距的增大而增大。但当刷丝倾角等于其他值时,作用力随偏心距的变化并不明显。

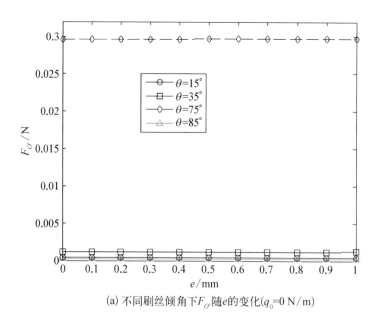

(a) 不同刷丝倾角下$F_{O'}$随e的变化(q_0=0 N/m)

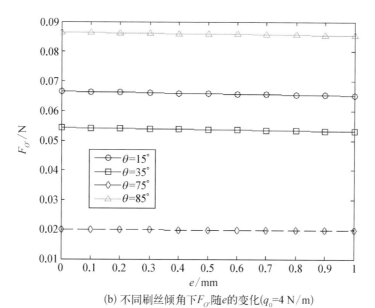

(b) 不同刷丝倾角下$F_{O'}$随e的变化(q_0=4 N/m)

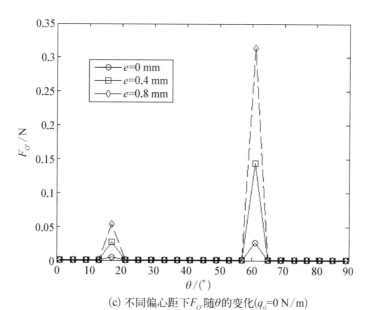

(c) 不同偏心距下$F_{O'}$随θ的变化(q_0=0 N/m)

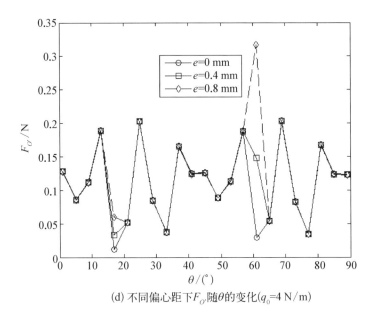

(d) 不同偏心距下$F_{O'}$随θ的变化(q_0=4 N/m)

图3.5 刷丝束作用力 $F_{O'}$ 随偏心距 e 和刷丝倾角 θ 的变化

图3.6表示作用力、偏心距和刷丝倾角之间的关系。由图3.6可以看出,作用力随着气流力的增大而增大。在考虑均布力和无均布力情况下,作用力的变化趋势不同,并且考虑均布力时的作用力远大于无均布力情况下的作用力。

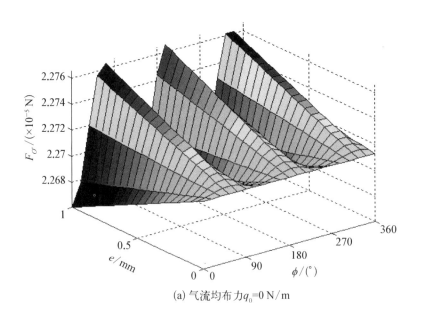

(a) 气流均布力q_0=0 N/m

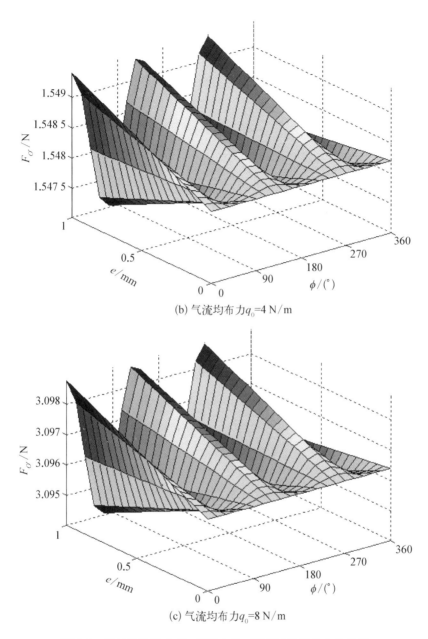

(b) 气流均布力 q_0=4 N/m

(c) 气流均布力 q_0=8 N/m

图 3.6 刷丝束作用力 $F_{\sigma'}$ 与偏心距 e 和初始位置角 ϕ 的关系

3.3 转子-刷式密封系统非线性动力学模型

立式 Jeffcott 转子是在跨中安装一个刚性薄圆盘的等直径轴,为了消除重力的影响,转子垂直地安装在两个轴承内,轴承简化为铰支,并认为基座是刚性支撑。轴具有一定弯曲刚度和无限大扭转刚度,且不考虑轴的质量。图 3.1 为简化后的 Jeffcott 转子-密封系统模型,该模型可有效反映在不平衡质量的离心惯性力和刷式密封作用力引起的振动响

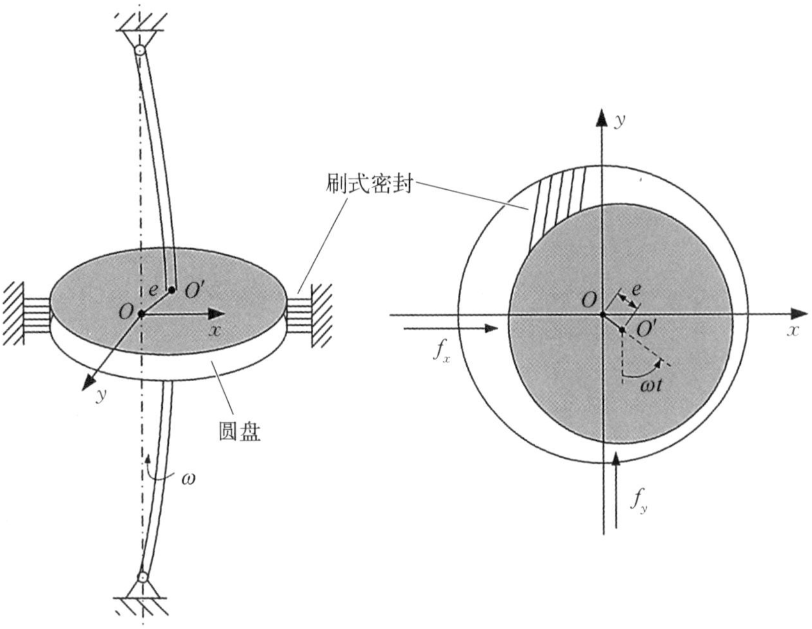

图 3.7　立式 Jeffcott 转子-刷式密封系统结构模型

应和动力学行为,且相关结论能够定性说明复杂旋转机械的基本规律。经过分析,引入第 3.2 节推导的刷式密封的密封力 F_x、F_y 表达式,立式 Jeffcott 转子-刷式密封系统可简化为单盘支撑系统,则其非线性动力学模型可表示为

$$M\ddot{U} + C\dot{U} + KU = F_s + F_e \tag{3.13}$$

式中　M——系统质量矩阵(kg),$M = \begin{bmatrix} M_d & 0 \\ 0 & M_d \end{bmatrix}$,$M_d$ 为圆盘质量;

C——系统阻尼矩阵(N·s/m),$C = \begin{bmatrix} C_e & 0 \\ 0 & C_e \end{bmatrix}$,$C_e$ 为转子阻尼;

K——系统刚度矩阵(N/m),$K = \begin{bmatrix} K_e & 0 \\ 0 & K_e \end{bmatrix}$,$K_e$ 为转子刚度;

U——几何中心 O' 在 X 和 Y 方向的位移(m),$U = [X, Y]^T$;

F_s——刷式密封的密封力向量(N),$F_s = [F_x, F_y]^T$;

F_e——$F_e = [M_d e\omega^2 \cos\omega t, M_d e\omega^2 \sin\omega t]^T$,$e$ 表示圆盘偏心距;

ω——转子的转速(rad/s)。

为了便于计算,对式(3.13)引入无量纲变换:

$$x = \frac{X}{\delta}, \ y = \frac{Y}{\delta}, \ \tau = \omega t$$

其中,δ 为圆盘运动间隙,则有

$$\dot{x} = \frac{\mathrm{d}x}{\mathrm{d}\tau} = \frac{\mathrm{d}x}{\omega\,\mathrm{d}t}, \quad \ddot{x} = \frac{\mathrm{d}^2 x}{\mathrm{d}\tau^2} = \frac{\mathrm{d}^2 x}{\omega^2\,\mathrm{d}t^2}$$

$$\dot{y} = \frac{\mathrm{d}y}{\mathrm{d}\tau} = \frac{\mathrm{d}y}{\omega\,\mathrm{d}t}, \quad \ddot{y} = \frac{\mathrm{d}^2 y}{\mathrm{d}\tau^2} = \frac{\mathrm{d}^2 y}{\omega^2\,\mathrm{d}t^2}$$

那么式(3.13)可以简化为

$$\omega^2 \delta \boldsymbol{M}\ddot{\boldsymbol{u}} + \omega \boldsymbol{\delta C}\dot{\boldsymbol{u}} + \boldsymbol{Kq} = f_s + f_e \tag{3.14}$$

3.4　结果分析与讨论

立式 Jeffcott 转子–刷式密封系统的结构参数如表 3.1 所示。本章通过采用四阶龙格–库塔法对式(3.14)进行数值积分求解,可进一步得到系统在某个参数下的振动响应,并对这些非线性动力学行为进行理论分析。为了保证计算精度和缩短计算时间,采用 $0 \sim 2\,200\pi$ 的无量纲周期进行计算,其步长为 $2\pi/400$,前 1 000 个周期的迭代结果舍去,选用后 100 个周期的迭代结果进行计算和理论分析。

表 3.1　转子系统结构参数

参　　数	数　　值	参　　数	数　　值
$\theta/(°)$	45	e/m	0.000 5
M_d/kg	90	δ/m	0.000 3
μ	0.2		

3.4.1　转子转速对转子系统动力学特性的影响

转速是决定转子系统非线性行为的主要因素之一。图 3.8 为转子升速过程中垂直转子系统和水平转子系统以转速为控制参数时 x 方向和 y 方向的分岔图。图 3.9 为垂直转子系统和水平转子系统以转速为控制参数时的最大李雅普诺夫指数。由图 3.8 和图 3.9 可以看出,对于垂直转子系统,当转子转速 $\omega \in [0, 129.9]$ 和 $[131.9, 1\,140]\mathrm{rad/s}$ 时,系统处于周期 1 运动;当 $\omega > 1\,140\ \mathrm{rad/s}$ 时,系统在准周期和混沌之间来回变化。而对于相同参数的水平转子系统,当转子转速 $\omega \in [0, 896.2]\mathrm{rad/s}$ 时,最大李雅普诺夫指数变化较为明显,系统大部分时间处于周期运动状态;当 $\omega > 896.2\ \mathrm{rad/s}$ 时,最大李雅普诺夫指数在零附近来回波动。

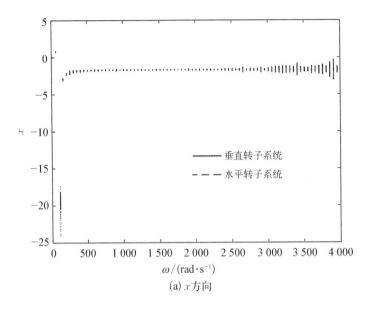

(a) x 方向

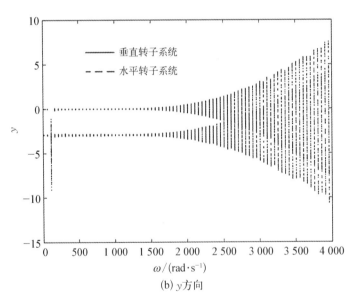

(b) y 方向

图 3.8 以转速为控制参数时 x 方向和 y 方向的分岔图

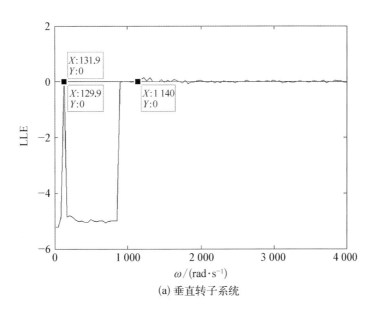

(a) 垂直转子系统

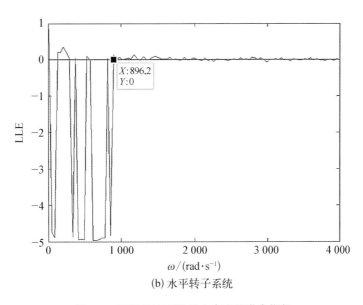

(b) 水平转子系统

图 3.9　不同转速下的最大李雅普诺夫指数

图 3.10 所示为转子转速为 600 rad/s 时垂直转子系统和水平转子系统的动力学响应情况。由图可以看出,转子转速为 600 rad/s 的情况下,垂直系统和水平系统的时间历程无明显规律,轴心轨迹呈一个标准的椭圆,庞加莱映射都为一个独立的吸引子,且存在一个 1 倍频其他分频不存在,最大李雅普诺夫指数均小于零,这些表明此时垂直系统和水平系统均处于周期运动。同时垂直转子系统的振幅要稍小于水平转子系统。

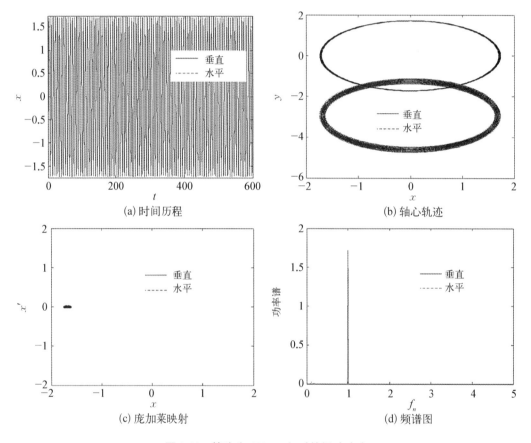

图 3.10 转速为 600 rad/s 时的振动响应

图 3.11 所示为转子转速为 3 300 rad/s 时垂直转子系统和水平转子系统的动力学响应情况。由图可以看出,转子转速达到 3 300 rad/s 情况下,对于垂直转子系统,轴心轨迹呈现对称的圆环状,庞加莱映射呈现一个封闭的圆环,除了 1 倍基频外在初始位置还有一些小的分频,LLE=−0.007 9,表明此时系统稳定,处于概周期运动。对于水平转子系统,轴心轨迹进一步发散,庞加莱映为一个封闭的圆环,水平系统的振幅要明显大于同转速下垂直系统,且 LLE=−0.032 15,表明水平系统同样处于概周期运动。

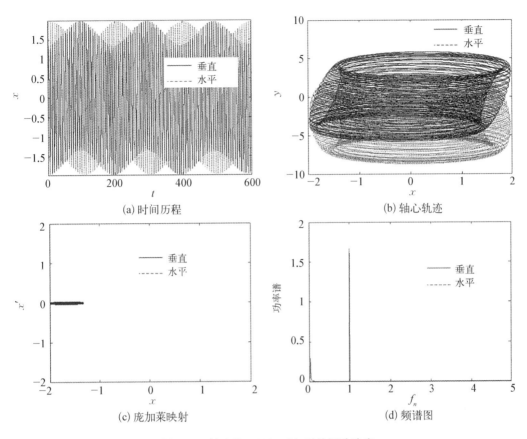

(a) 时间历程　　　　　　　(b) 轴心轨迹

(c) 庞加莱映射　　　　　　(d) 频谱图

图 3.11　转速为 3 300 rad/s 时的振动响应

3.4.2　刷丝安装间距对转子系统动力学特性的影响

刷丝安装间距是指转子表面和后挡板之间的距离,它直接决定了转子的运行范围,过小的安装间距将使转子和后挡板产生碰摩,刷丝也会发生过度变形,而过大的安装间距将使刷丝和转子表面形成间隙而降低密封性能,本节后面主要研究垂直转子系统刷丝束和转子表面接触的情况。图 3.12 和图 3.13 分别为转速为 $\omega = 800$ rad/s 和 $\omega = 3\,000$ rad/s 时以刷丝安装间距 δ 为控制参数时的分岔图和最大李雅普诺夫指数,安装间距的取值范围为 0～0.012 m。由图 3.12 可知,$\omega = 800$ rad/s 时,随着安装间距由零开始逐渐增大,分岔图呈一条上升的曲线,且系统的振幅随着安装间距的增大而减小,转子系统几乎一直处于周期 1 运动状态。由图 3.13 可以看出,$\omega = 3\,000$ rad/s 时,系统的振幅同样随着安装间距的增大而减小,当安装间距小于 0.003 m 时系统处于混沌状态。

图 3.14 所示为当刷丝安装间距为 0.006 m、转速为 800 rad/s 时转子系统的动力学响应情况。由图可以看出,时间历程呈周期正余弦变化,轴心轨迹呈一个标准的椭圆,庞加莱映射呈一个孤立的吸引子,且存在一个 1 倍频,同时 LLE 等于零,可以进一步说明系统处于 1 倍周期运动状态。

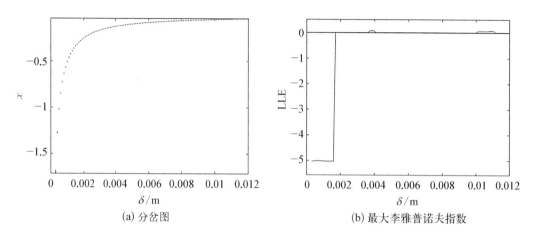

(a) 分岔图 (b) 最大李雅普诺夫指数

图 3.12 以刷丝安装间距 δ 为控制参数时的分岔图和最大李雅普诺夫指数（ω＝800 rad/s）

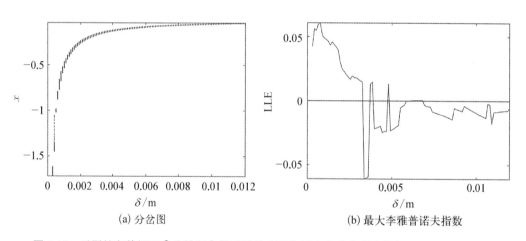

(a) 分岔图 (b) 最大李雅普诺夫指数

图 3.13 以刷丝安装间距 δ 为控制参数时的分岔图和最大李雅普诺夫指数（ω＝3 000 rad/s）

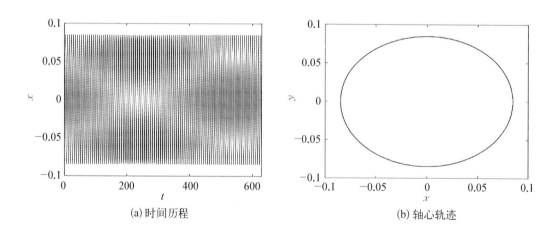

(a) 时间历程 (b) 轴心轨迹

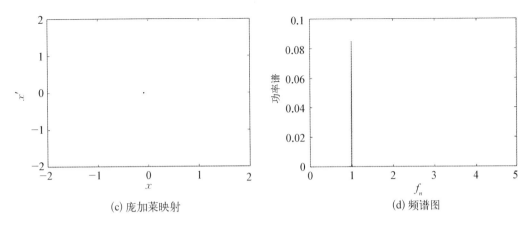

(c) 庞加莱映射　　　　　　　　(d) 频谱图

图 3.14　刷丝安装间距为 0.006 mm 且转速为 800 rad/s 时的振动响应

3.4.3　转子阻尼对转子系统动力学特性的影响

系统阻尼的大小将对垂直转子系统的动力学响应和振幅产生一定影响。图 3.15 为转子系统随转子阻尼大小变化的分岔图和最大李雅普诺夫指数。由图可以看出，系统依次经

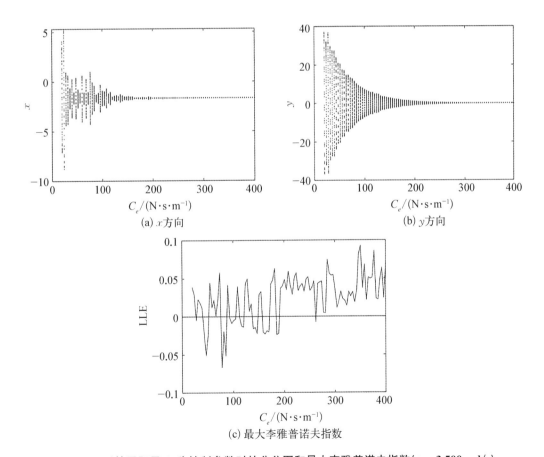

(a) x 方向　　　　　　　　(b) y 方向

(c) 最大李雅普诺夫指数

图 3.15　以转子阻尼 C_e 为控制参数时的分岔图和最大李雅普诺夫指数($\omega = 3\,500$ rad/s)

历了混沌运动、概周期运动和周期运动。x 方向和 y 方向的分岔图变化趋势基本一致,同时系统的振幅随着阻尼的增大而明显减小。显然,增大系统阻尼能有效提高转子-密封系统的稳定性。

图 3.16 所示为转子阻尼为 52 N·s/m、转速为 3 500 rad/s 时的转子系统动力学响应情况。由图可以看出,当转子阻尼为 52 N·s/m 时,时间历程整体不规则的余弦状态,轴心轨迹呈由鼓形封闭环状,且庞加莱映射呈现清晰点状。由于系统状态由周期运动变换到概周期或混沌运动,除 1 倍频外还出现了一个略小的分频在初始位置出现,且此时 LLE=−0.001 871,表明此时系统处于概周期运动状态。

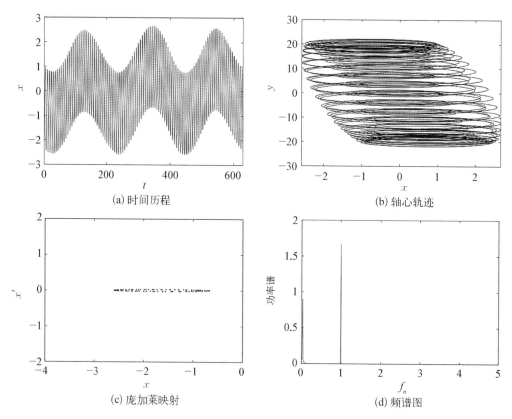

(a) 时间历程 (b) 轴心轨迹

(c) 庞加莱映射 (d) 频谱图

图 3.16 转子阻尼为 52 N·s/m、转速为 3 500 rad/s 时的振动响应

3.5 本章小结

本章基于弯曲变形理论和叠加法分析了刷式密封的接触力,并提出了考虑偏心距、刷丝干涉和气流力的密封力模型。讨论了一些重要参数对刷式密封系统受力的影响,建立了立式 Jeffcott 转子-密封系统非线性动力学模型,分析了主要的结构参数和运行参数(如转子转速、刷式密封安装间距和系统阻尼等关键参数)对系统非线性动力学特性的影响。通过分岔图、时间历程、轴心轨迹、庞加莱映射和频谱图来分析系统的分岔规律、振动响应和稳定性等动力学特性。研究发现,当考虑气流的分布载荷时,在相同偏心距和气流分布载荷下,接触力随摩擦系数的增大而增大,但接触力与刷丝倾角的变化不呈线性变化关系;接触力随气流的增大而增大;考虑均布力和无均布力条件下,刷丝束作用力的变化趋势不同,且有气流时的作用力远大于无气流时的作用力。转速变化时转子系统在周期、概周期和混沌运动状态交替变换,且垂直转子系统的振幅要小于水平转子系统;低转速下以刷丝安装间距为控制参数时,系统分岔图为一条上升的曲线,其几乎均处于 1 倍周期运动状态;转子的振幅随着安装间距和阻尼的增大而减小。

参 考 文 献

［ 1 ］　Ha Y, Ha T, Byun J, et al. Leakage effects due to bristle deflection and wear in hybrid brush seal of high-pressure steam turbine[J]. Tribology International, 2020, 150: 106325.

［ 2 ］　Amini A M, Khavari A, Alizadeh M. Brush seal design and secondary air system modification of a heavy-duty gas turbine to improve the output power[J]. Proc. IMechE, Part A: Journal of Power and Energy, 2022, 236 (8): 1660 – 1679.

［ 3 ］　Hildebrandt M, Schwitzke C, Bauer H J. Experimental investigation on the influence of geometrical parameters on the frictional heat input and leakage performance of brush seals[J]. Journal of Engineering for Gas Turbines and Power, 2019, 141(4): 042504.

［ 4 ］　Duran E T. Methodology for counter torque, power loss, and frictional heat for brush seals under eccentric transients[J]. Tribology Transactions, 2023, 66(2): 249 – 267.

［ 5 ］　Muszynska A. Rotordynamics[M]. New York: CRC Taylor & Francis Group, 2005.

［ 6 ］　Dowell E H. Aeroelasticity of plates and shells [M]. Groningen: Noordhoff International Publishing, 1975.

［ 7 ］　Aksit M. A computational study of brush seal contact loads with friction[D]. Ph.D. dissertation, Rensselaer Polytechnic Institute, USA, 1998.

［ 8 ］　Long C A, Marras Y. Contact force measurement under a brush seal[C]. International gas turbine and aeroengine congress and exposition, Paper No. 95 – GT-211, 1995.

［ 9 ］　Sharatchandra M C, Rhode D L. Computed effects of rotor-induced swirl on brush seal performance — part 2: bristle force analysis[J]. Journal of Tribology, 1996, 118: 920 – 926.

［10］　Stango R J, Zhao H, Shia C Y. Analysis of contact mechanics for rotor-bristle interference of brush seal[J]. Journal of Tribology, 2003, 125 (2): 414 – 420.

［11］　Zhao H, Stango R J. Effect of flow-induced radial load on brush/rotor contact mechanics[J]. Journal of Tribology, 2004, 126(1): 208 – 214.

［12］　Zhao H, Stango R J. Role of distributed interbristle friction force on brush seal hysteresis[J]. Journal of Tribology, 2007, 129(1): 199 – 204.

［13］　Demiroglum M, Gursoy M, Tichy J A. An investigation of tip force characteristics of brush seals [C]. Proceedings of ASME Turbo Expo 2007: Power for Land, Sea and Air, Montreal, Canada, Paper no. GT2007 – 28043, May 14 – 17, 2007.

［14］　Aksoy S, Aksit M. Evaluation of pressure-stiffness coupling in brush seals[C]. Proceedings of the 46st AIAA/ASME/SAE/ASEE Joint Propulsion Conference and Exhibit, Nashville, TN, USA (July 25 – 28), 2010, Paper no. AIAA 2010 – 6831.

［15］　Wei Y, Chen Z, Dowell E H. Nonlinear characteristics analysis of a rotor-bearing-brush seal system [J]. International Journal of Structural Stability and Dynamics, 2018, 18: 1850063.

第 4 章　刷丝干涉转子–轴承–密封系统动力学特性研究

4.1　引言

刷式密封具有泄漏量小、重量轻、使用寿命长等优点,可以提高叶轮机械的工作效率和可靠性[1,2]。作为一种柔性接触密封,与传统迷宫密封相比刷式密封有许多优点[3]。迷宫密封通常需要设置径向间隙,以避免与转子发生碰撞,但刷式密封中的间隙可以预设为零甚至过盈。它会导致转子和刷式密封之间的作用力,引起自激振荡和系统不稳定。因此,建立转子–轴承–刷式密封系统转子动力学特性分析的数学模型,对旋转机械的稳定运行具有重要意义。

刷丝存在弹性变形,这使刷式密封的接触力计算变得复杂。Flower[4]采用了一个简单的悬臂梁公式来计算刷丝尖端的受力。Long 和 Marras[5]采用非旋转实验装置对刷式密封受力进行了测试,不过预测的理论结果和实验结果并不精确。Sharatchandra 和 Rhode[6]分析了无偏移情况下的刷丝受力。Zhao 和 Stango[7]建立了一个力学模型来评估单根刷丝在径向干扰和流体诱导力作用下的接触力。Demiroglum 等[8]根据各种实验结果,提出了密封端部受力的经验模型。

迄今为止,国内外学者在考虑非线性密封力和油膜力影响的情况下,对转子系统的非线性特性研究已经做了大量的工作,但大多数研究都集中在基于 Muszynska 模型的迷宫密封上[9,10]。由于缺乏相应的刷式密封理论模型,转子–轴承–刷式密封系统的非线性动力学特性研究至今仍不清楚。本章建立了考虑刷丝干涉和偏心距的非线性密封力模型,采用了短轴承假设下的非线性油膜力模型,分析了转速、安装间隔、盘质量和盘偏心对转子系统动态特性的影响。并结合分岔图、轴心轨迹、相图、庞加莱映射及瀑布图来分析系统的稳定性、失稳特征和模式、分岔规律和动力学响应等动态特性。

4.2　转子–轴承–刷式密封系统非线性模型

为了研究刷式密封的密封力和动力学特性,这里圆盘的横向偏转不作考虑。图 4.1 为转子–轴承–刷式密封系统的结构示意图。

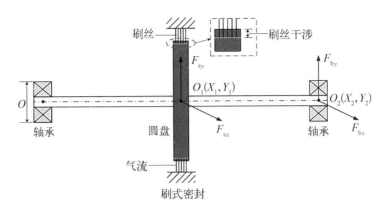

图 4.1　转子-轴承-刷式密封系统结构示意图

4.2.1　非线性动力学方程

经过分析,转子系统的动力学方程可以推导为:

$$M\ddot{Q} + C\dot{Q} + KQ = -F_g + F_b + F_s + F_e \tag{4.1}$$

式中　M——系统质量矩阵(kg), $M = \begin{bmatrix} M_x & 0 \\ 0 & M_y \end{bmatrix}$, $M_x = M_y = \mathrm{diag}[M_d, M_b]$, M_d 和

$\quad\quad$ M_b 分别为圆盘和轴承的质量;

$\quad$ C——系统阻尼矩阵(N · s/m), $C = \begin{bmatrix} C_x & 0 \\ 0 & C_y \end{bmatrix}$, $C_x = C_y = \mathrm{diag}[C_1, C_2]$, C_1 和

$\quad\quad$ C_2 分别为圆盘和轴承的阻尼;

$\quad$ K——系统刚度矩阵(N/m), $K = \mathrm{diag}[K, K/2, K, K/2]$;

$\quad$ Q——几何中心 O_1 和 O_2 在 X 和 Y 方向的位移(m), $Q = [X_1 - X_2, X_2 - X_1,$

$\quad\quad$ $Y_1 - Y_2, Y_2 - Y_1]^T$;

$\quad$ F_g——系统重力向量(N), $F_g = [0, 0, M_d g, M_b g]^T$;

$\quad$ F_b——轴承非线性油膜力向量(N), $F_b = [0, F_{bx}, 0, F_{by}]^T$;

$\quad$ F_s——密封力向量(N), $F_s = [F_{sx}, 0, F_{sy}, 0]^T$;

$\quad$ F_e—— $F_e = [M_d e \omega^2 \cos \omega t, 0, M_d e \omega^2 \sin \omega t, 0]^T$, e 表示圆盘偏心距。

4.2.2　非线性密封力

为了保证密封性能,通常刷丝与转子表面形成一个角度为 θ 的倾角。由于刷丝具有弹性,刷丝的径向干涉是不可避免的重要现象。刷丝干涉是一种过盈配合,它会影响转子与刷丝之间的作用力。本章假定流体流动沿单个刷丝的方向均匀分布,并且忽略轴向流体载荷的影响。图 4.2 为转子和刷丝之间的受力分析示意图,此处刷丝当作悬臂梁进行处理。

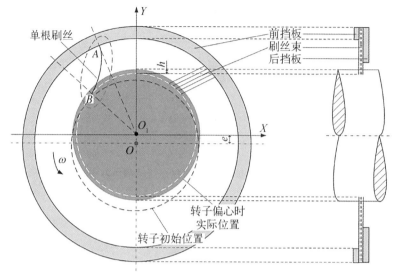

(a) 转子与刷丝接触示意图

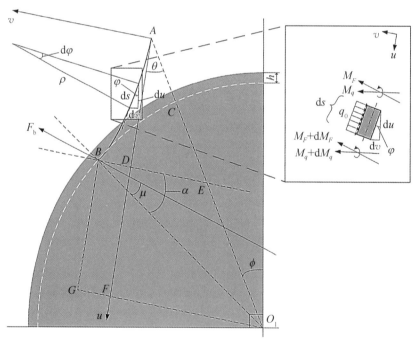

(b) 存在刷丝干涉时刷丝弯曲变形分析

图 4.2 转子和刷丝之间的受力分析

从图 4.2 可以看出,对于单个刷丝 AB,弯曲变形主要由气流力和转子作用力引起。由于刷丝长度远大于刷丝直径,因此刷丝剪应力的作用忽略不计,然后采用欧拉-伯努利方程得到刷丝弯曲的表达式:

$$EI \frac{\mathrm{d}\varphi}{\mathrm{d}s} = M_F + M_q \tag{4.2}$$

通过推导接触力 F_b 和流体均布载荷 q_0 引起的弯矩,式(4.2)可改写为

$$EI \frac{\mathrm{d}^2\varphi}{\mathrm{d}s^2} = -F_b \sin(\alpha - \mu + \varphi) + q_0(L_1 - s)\sin(\theta + \varphi) \tag{4.3}$$

由 F_b 和 q_0 在接触点 B 处引起的刷丝挠度 Δv 的值,可通过叠加法导出:

$$\Delta v = \frac{F_b L_1^3}{3EI} \cos(\alpha - \mu) - \frac{q_0 L_1^4}{8EI} \sin\theta \tag{4.4}$$

式中,$L_1 = AD = \left(R_b + h - e\cos\phi - \dfrac{e^2}{2R} \sin^2\phi\right)\cos\theta - (R - h)\sin\alpha$。

由直角梯形 $O_1 GBE$ 可以看出,

$$BD = (R - h)\cos\alpha - \left(R_b + h - e\cos\phi - \frac{e^2}{2R} \sin^2\phi\right)\sin\theta \tag{4.5}$$

显然,$\Delta v = BD$,因此,通过求解方程(4.4)和方程(4.5)可以得到 F_b 的表达式:

$$F_b = \left[(R - h)\cos\alpha - \left(R_b + h - e\cos\phi - \frac{e^2}{2R} \sin^2\phi\right)\sin\theta + \frac{q_0 L_1^4}{8EI} \sin\theta\right]\frac{3EI}{L_1^3 \cos(\alpha - \mu)} \tag{4.6}$$

假设所有刷丝在刷丝束中非常紧密地排列,由于 F_b 是具有任意位置角 ϕ 的单根刷丝的接触力,因此在 x 和 y 方向上的密封力可以通过以下表达式进行积分得到:

$$F_{sx} = \int_0^{2\pi} F_b \cos(\alpha - \mu + \theta - \phi)\mathrm{d}\phi \tag{4.7}$$

$$F_{sy} = \int_0^{2\pi} F_b \sin(\alpha - \mu + \theta - \phi)\mathrm{d}\phi \tag{4.8}$$

4.2.3　非线性油膜力

根据短轴承理论的假设[11,12],可推导出轴承在 x、y 方向的油膜力表达式如下:

$$\begin{bmatrix} F_{bx} \\ F_{by} \end{bmatrix} = S_0 \begin{bmatrix} f_{bx} \\ f_{by} \end{bmatrix} \tag{4.9}$$

该无量纲油膜力可转换为

$$\begin{bmatrix} f_{bx} \\ f_{by} \end{bmatrix} = -\frac{\left[(x_2 - 2\dot{y}_2)^2 + (y_2 + 2\dot{x}_2)^2\right]^{1/2}}{1 - x_2^2 - y_2^2}$$
$$\cdot \begin{bmatrix} 3x_2 V(x_2, y_2, \alpha) - G(x_2, y_2, \alpha)\sin\alpha - 2S(x_2, y_2, \alpha)\cos\alpha \\ 3y_2 V(x_2, y_2, \alpha) + G(x_2, y_2, \alpha)\cos\alpha - 2S(x_2, y_2, \alpha)\sin\alpha \end{bmatrix} \quad (4.10)$$

式中

$$\alpha = \arctan\frac{y_2 + 2\dot{x}_2}{x_2 - 2\dot{y}_2} - \frac{\pi}{2}\mathrm{sign}\left(\frac{y_2 + 2\dot{x}_2}{x_2 - 2\dot{y}_2}\right) - \frac{\pi}{2}\mathrm{sign}(y_2 + 2\dot{x}_2) \quad (4.11)$$

$$G(x_2, y_2, \alpha) = \frac{2}{(1 - x_2^2 - y_2^2)^{1/2}}\left[\frac{\pi}{2} + \arctan\frac{y_2\cos\alpha - x_2\sin\alpha}{(1 - x_2^2 - y_2^2)^{1/2}}\right] \quad (4.12)$$

$$V(x_2, y_2, \alpha) = \frac{2 + (y_2\cos\alpha - x_2\sin\alpha)G(x_2, y_2, \alpha)}{1 - x_2^2 - y_2^2} \quad (4.13)$$

$$S(x_2, y_2, \alpha) = \frac{x_2\cos\alpha + y_2\sin\alpha}{1 - (x_2\cos\alpha + y_2\sin\alpha)^2} \quad (4.14)$$

为了便于计算和推导,采用以下无量纲变换:

$$X_i = \frac{x_i}{\delta_i}, \ Y_i = \frac{y_i}{\delta_i}, \ q = \left[\frac{X_1}{\delta_1} - \frac{X_2}{\delta_2}, \ \frac{X_2}{\delta_2} - \frac{X_1}{\delta_1}, \ \frac{Y_1}{\delta_1} - \frac{Y_2}{\delta_2}, \ \frac{Y_2}{\delta_2} - \frac{Y_1}{\delta_1}\right]^{\mathrm{T}},$$

$$\omega t = \tau, \ \frac{\mathrm{d}}{\mathrm{d}\tau} = \frac{\mathrm{d}}{\omega\mathrm{d}t}, \ \frac{\mathrm{d}^2}{\mathrm{d}^2\tau} = \frac{\mathrm{d}^2}{\omega^2\mathrm{d}t^2}$$

式中 δ_1——圆盘运动间隙;

δ_2——轴承径向间隙;

$S_0 = \mu_0\omega R_2 L_2\left(\dfrac{R_2}{\delta_2}\right)^2\left(\dfrac{L_2}{2R_2}\right)^2$;

μ_0——润滑油绝对黏度;

ω——转子转速。

然后,方程(4.1)可以转换为

$$\omega^2\delta_j \boldsymbol{M}\ddot{\boldsymbol{q}} + \omega\boldsymbol{\delta}_j\boldsymbol{C}\dot{\boldsymbol{q}} + \boldsymbol{K}\boldsymbol{q} = -f_g + f_b + f_s + f_e \quad (i, j = 1, 2) \quad (4.15)$$

4.3 结果分析与讨论

采用数值积分法对方程(4.15)进行求解,进而可求得某个参数条件下的系统振动响应,并对响应结果进行理论分析。并运用分岔图、频谱图、轴心轨迹和庞加莱映射来描述转子系统的非线性动力特性。分岔的发生取决于分岔参数 γ,当 γ 在临界值 γ_0 处从某一状态变为另一状态时,转子系统的动力学行为将由稳定变为不稳定。功率谱反映了动力学变量时变的频率含量,有助于识别准周期和混沌运动。轴心轨迹和庞加莱映射也可以很好地定义动态特性。如果轴心轨迹为规则圆,在庞加莱映射中存在 N 个点,则系统处于 N 倍周期运动或准周期运动。如果轴心轨迹不规则,庞加莱映射为离散点,则系统处于混沌运动状态。为了保证计算精度,本章采用 0～2 200π 的无量纲周期进行计算,步长为 2π/400,前 1 000 个周期的迭代结果舍去,选用后 100 个周期的迭代结果进行计算和理论分析。表 4.1 列出了转子系统的结构和运行参数。

表 4.1 转子系统结构与运行参数

参 数	数 值	参 数	数 值
E/Pa	2.07×10^{11}	$\mu_0/(Pa \cdot s)$	0.2
I/m^4	1.278×10^{-18}	e/m	0.000 5
$\theta/(°)$	45	R_2/m	0.03
M_b/kg	38		

4.3.1 转子转速对转子系统动力学特性的影响

图 4.3 显示了以转子转速为控制参数的系统的分岔图和频谱瀑布图,转速在 0～1 200 rad/s 之间变化。由图 4.3 可以看出,系统在有刷丝干扰和无刷丝干扰情况下的变化趋势大致相同,但有刷丝干扰的振幅比无刷丝干扰的振幅要大一些。考虑刷丝干涉时系统经历的运动形式为:1 倍周期运动(0<ω≤877 rad/s)→准周期运动(877<ω≤964 rad/s)→5 倍周期运动(964<ω≤979 rad/s)→准周期运动(979<ω≤1 162 rad/s)→1 倍周期运动(1 162<ω≤1 200 rad/s)。不考虑刷丝干涉时系统运动为:1 倍周期运动(0<ω≤875 rad/s)→准周期运动(875<ω≤934 rad/s)→5 倍周期运动(934<ω≤987 rad/s)→准周期运动(987<ω≤1 160 rad/s)→1 倍周期运动(1 160<ω≤1 200 rad/s)。由图 4.3(b)可以看出,在考虑刷丝干涉的情况下,在 ω∈[0, 276]rad/s 的区间内出现了 2 倍基频 $2f_0$ 的一些小频率分量。当 ω∈[877, 1 162]rad/s 时,存在自激同步振动引起的频率分量 f_w。在其余转速下,基频 f_0 支配频谱。如图 4.3(c)所示,在不考虑刷丝干涉的情况下,出现频率分量 f_w 和 $2f_0$ 的转速间隔分别减小到 ω∈[875, 1 160]rad/s 和 ω∈[0, 273]rad/s。

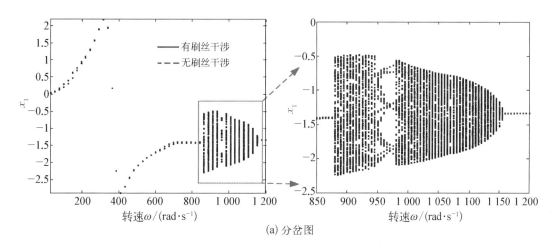

(a) 分岔图

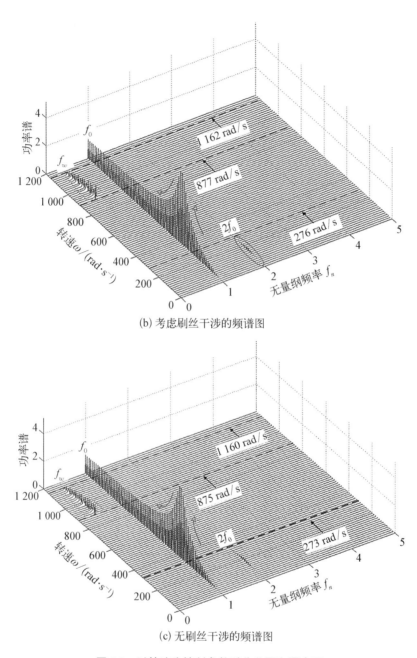

(b) 考虑刷丝干涉的频谱图

(c) 无刷丝干涉的频谱图

图 4.3　以转速为控制参数时分岔图和瀑布图

为了更好地了解转子-轴承-密封系统在不同转速下具有和不具有刷丝干涉时的振动响应,在图 4.4 中给出了转子系统的轴心轨迹和庞加莱映射。当转速为 410、600 和 1 200 rad/s 时,转子轴心轨迹为规则椭圆,庞加莱映射为一个单独的点,表示系统稳定且同步周期运动。当 $\omega = 970$ rad/s 时,轴心轨迹为不规则的环,在庞加莱映射中出现 5 个点,说明该系统处于 5 倍周期运动。当 $\omega = 1\,100$ rad/s 时,轴心轨迹呈扇形环形状,庞加莱映射为一个闭合圆,这表示着系统是不稳定的,且处于准周期运动状态。

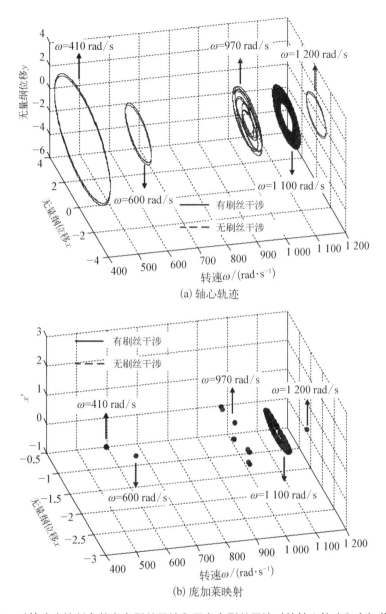

(a) 轴心轨迹

(b) 庞加莱映射

图 4.4 以转速为控制参数考虑刷丝干涉和不考虑刷丝干涉时的轴心轨迹和庞加莱映射

4.3.2 刷丝安装间距对转子系统动力学特性的影响

由于刷丝干涉是本章考虑的主要研究点,因此在下文的讨论中均考虑了刷丝干涉的作用。转子的运动范围取决于前板与转子表面的安装间隔。图 4.5 和图 4.6 表示不同转速下的随安装间隔的变化的分岔图和瀑布图。从图 4.5 可以清楚地看出,当 $\omega = 500$ rad/s 时,分岔图是一条向上的平滑曲线,说明它处于周期 1 运动,同时瀑布图只存在一个基频 f_0。由图 4.6 可知,当 $\omega = 1\,000$ rad/s 时,分岔图始终处于准周期运动状态,随安装间隔变化的同时存在 f_0 和一个分频 f_w。在低安装间距的情况下,振动幅值急剧减小。

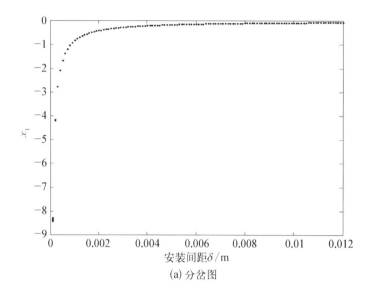

(a) 分岔图

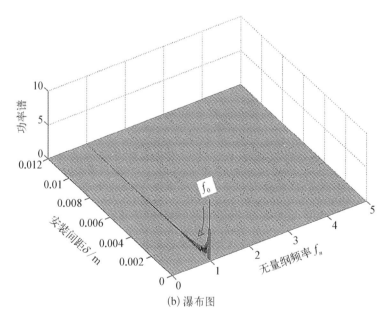

(b) 瀑布图

图 4.5 转速 $\omega = 500$ rad/s 时以安装间距为控制参数时的分岔图和瀑布图

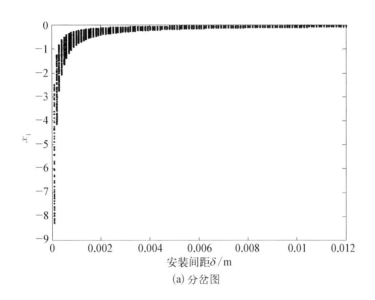

(a) 分岔图

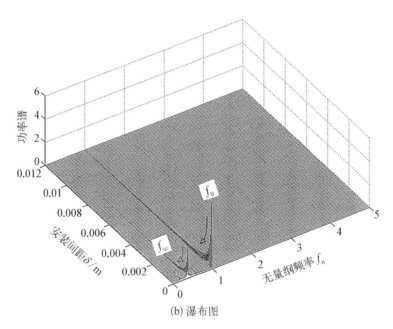

(b) 瀑布图

图 4.6　转速 $\omega = 1\,000$ rad/s 时以安装间距为控制参数时的分岔图和瀑布图

4.3.3 偏心距对转子系统动力学特性的影响

不平衡质量会引起激振力,并影响系统的稳定性和动态性能。图 4.7 和图 4.8 表示圆盘偏心距上升时的分岔图和瀑布图。如图 4.7(a)所示,系统在 $\omega = 500$ rad/s 时的运动经历如下:周期 1 运动($0 < e \leqslant 0.06$ mm)→周期 2 运动($0.06 < e \leqslant 0.09$ mm)→准周期运动($0.09 < e \leqslant 0.12$ mm)→周期 2 运动($0.12 < e \leqslant 0.14$ mm)→准周期运动($0.14 < e \leqslant 0.16$ mm)→周期 6 运动($0.16 < e \leqslant 0.18$ mm)→周期 2 运动($0.18 < e \leqslant 0.22$ mm)→周期 1 运动($0.22 < e \leqslant 1$ mm)。当 $e \in [0.06, 0.22]$ mm 时,存在 f_w 和 f_0 的组合频率分量,并且基频 f_0 的值随圆盘偏心距 e 增加[参见图 4.7(b)]。由图 4.8(a)可以看出,$\omega = 1\,000$ rad/s 时的运动形式为:周期 1 运动($0 < e \leqslant 0.26$ mm)→准周期运动($0.26 < e \leqslant 0.40$ mm)→周期 5 运动($0.40 < e \leqslant 0.44$ mm)→准周期运动($0.44 < e \leqslant 0.69$ mm)→周期 1 运动($0.69 < e \leqslant 1$ mm)。如图 4.8(b)所示,f_w 在 0.26 mm 处出现,在 0.69 mm 处消失。图 4.9 中的轴心轨迹和庞加莱图可以进一步说明从同步运动到油膜涡动的变化过程,并且随着 e 的增大达到稳定状态。

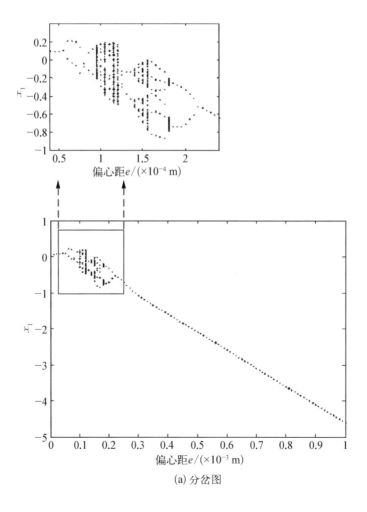

(a) 分岔图

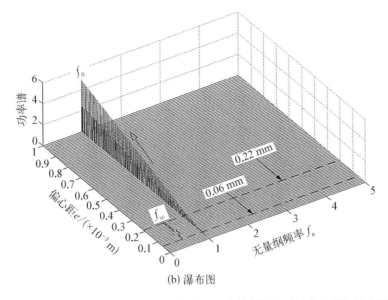

(b) 瀑布图

图 4.7　转速 $\omega=500$ rad/s 时以圆盘偏心距为控制参数时的分岔图和瀑布图

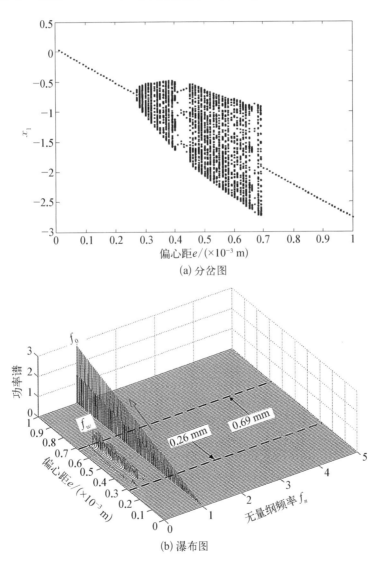

(a) 分岔图

(b) 瀑布图

图 4.8　转速 $\omega=1\,000$ rad/s 时以圆盘偏心距为控制参数时的分岔图和瀑布图

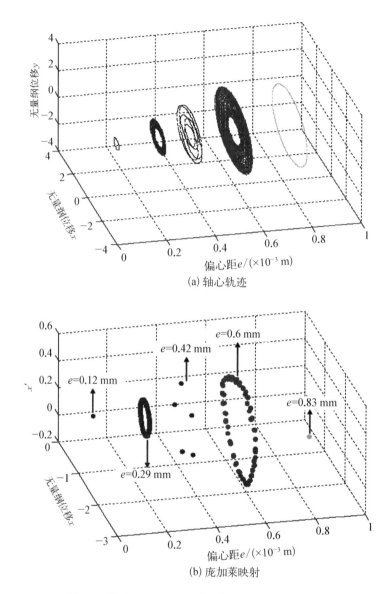

(a) 轴心轨迹

(b) 庞加莱映射

图 4.9 转速 $\omega=1\,000$ rad/s 时以圆盘偏心距为控制参数的轴心轨迹和庞加莱映射

4.3.4 圆盘质量对转子系统动力学特性的影响

由于刷式密封是一种接触式密封,刷丝束通常与圆盘保持接触,以保证密封效果。所以密封性能在很大程度上取决于圆盘的质量。如图 4.10 所示,当转速 $\omega=500$ rad/s 时,分岔图为一条曲线单线,表示系统处于周期 1 运动状态。当 M_d 小于 51 kg 时,振幅随盘质量的增大而增大,当 $M_d \geqslant 51$ kg 时,振幅随盘质量的增大而减小。且频谱图只有一个基准频率 f_0。

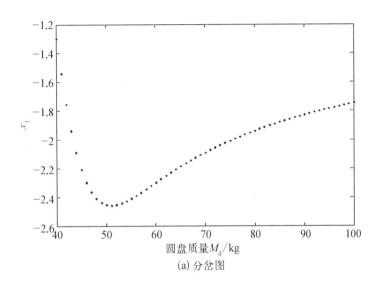

(a) 分岔图

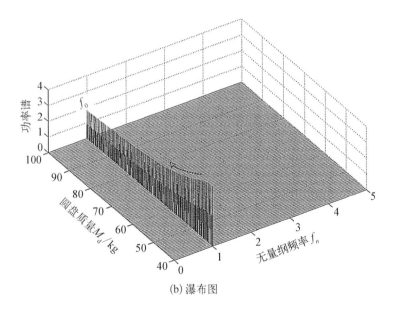

(b) 瀑布图

图 4.10 转速 $\omega = 500\ \mathrm{rad/s}$ 时以圆盘质量为控制参数时的分岔图和瀑布图

由图 4.11 可以看出,在较低圆盘质量范围 $M_d \in [40, 46]$ kg,系统处于周期 1 运动。当 $M_d \geqslant 46$ kg 时,系统处于准周期运动和周期 n 运动状态。频率分量 f_w 约为基频 f_0 的一半,此时可能出现油膜振荡现象。显然,由图 4.12 中的轴心轨迹和庞加莱映射可知,圆盘质量越小,系统稳定性越好。当盘质量为 60、78 和 99 kg 时,系统分别处于准周期、周期 8 和周期 3 运动状态。

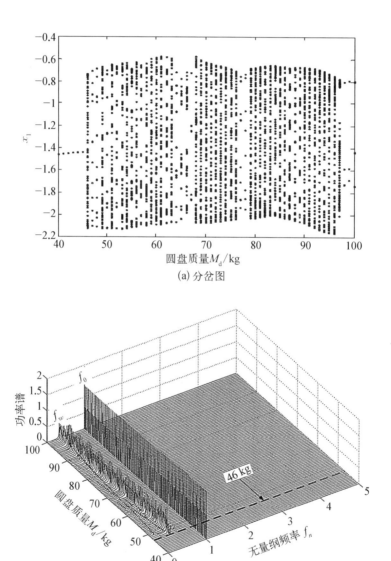

(a) 分岔图

(b) 瀑布图

图 4.11 转速 $\omega = 500$ rad/s 时以圆盘质量为控制参数时的分岔图和瀑布图

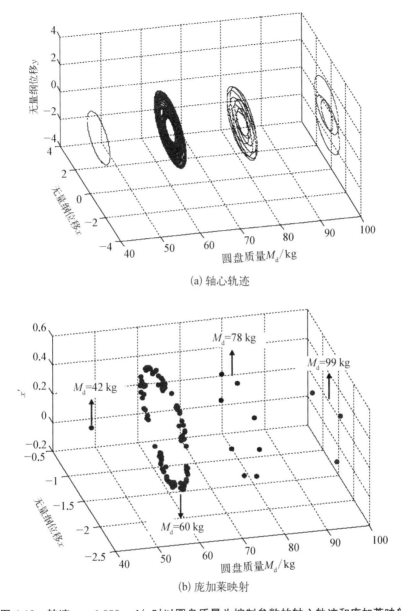

(a) 轴心轨迹

(b) 庞加莱映射

图 4.12　转速 $\omega = 1\,000$ rad/s 时以圆盘质量为控制参数的轴心轨迹和庞加莱映射

4.4　本章小结

为了研究转子-轴承-刷式密封系统的非线性动力学特性,采用叠加法得到了考虑刷丝干涉的非线性密封力模型,并利用短轴承理论建立了非线性油膜力模型。讨论了转子转速、刷丝安装间隔、圆盘偏心距、圆盘质量等主要参数对转子系统动态特性的影响。本研究得到以下结论:有刷丝干涉的系统的振幅比无刷丝干涉时要大一些;刷丝安装间隔较低时,系统振动幅度急剧下降;当 $\omega = 500$ rad/s,圆盘偏心距在 $0 \sim 1$ mm 范围内变化时,小圆盘偏心距下的系统一般处于周期 n 和准周期运动状态;在较高转速下,圆盘质量越小,油膜力触发的组合频率分量越大,系统稳定性越好。

参 考 文 献

[1] Outirba B, Hendrick P. Operating life assessment of a carbon fibre brush seal through endurance testing[J]. Tribology International, 2023, 179: 108076.

[2] Duran E T. Operational modal analyses of brush seals and seating load simulations[J]. Journal of engineering for gas turbines and power, 2022, 144(7): 071005.

[3] Aslan-zada F E, Mammadov V A, Dohnal F. Brush seals and labyrinth seals in gas turbine applications[J]. Proc. IMechE, Part A: Journal of Power and Energy, 2013, 227(2): 216 - 230.

[4] Flower R. Brush seal development system[C]. Proceedings of the 26st AIAA/ASME/SAE/ASEE Joint Propulsion Conference and Exhibit, Orlando, FL, USA (July 16 - 18), 1990, Paper no. AIAA 90 - 2143.

[5] Long C A, Marras Y. Contact force measurement under a brush seal[C]. International gas turbine and aeroengine congress and exposition, Paper No. 95 - GT-211, 1995.

[6] Sharatchandra M C, Rhode D L. Computed effects of rotor-induced swirl on brush seal performance — part 2: bristle force analysis[J]. Journal of Tribology, 1996, 118: 920 - 926.

[7] Zhao H, Stango R J. Effect of flow-induced radial load on brush/rotor contact mechanics[J]. Journal of Tribology, 2004, 126(1): 208 - 214.

[8] Demiroglum M, Gursoy M, Tichy J A. An investigation of tip force characteristics of brush seals [C]. Proceedings of ASME Turbo Expo 2007: Power for Land, Sea and Air, Montreal, Canada, Paper no. GT2007 - 28043, May 14 - 17, 2007.

[9] Shen X, Jia J, Zhao M, et al. Experimental and numerical analysis of nonlinear dynamics of rotor-bearing-seal system[J]. Nonlinear Dynamics, 2008, 53: 31 - 44.

[10] Ma H, Li H, Niu H, et al. Nonlinear dynamic analysis of a rotor-bearing-seal system under two loading conditions[J]. Journal of Sound and Vibration, 2013, 332: 6128 - 6154.

[11] Capone G. Analytical description of fluid-dynamic force field in cylindrical journal bearing[J]. L'Energia Elettrica, 1991, 3: 105 - 110.

[12] Adiletta G, Guido A R, Rossi C. Chaotic motions of a rigid rotor in short journal bearings[J]. Nonlinear Dynamics, 1996, 10(3): 251 - 269.

第 5 章 转子-滑动轴承-刷式密封系统解析解研究

5.1 引言

本章对非线性弹性支承、滑动轴承支承转子以及转子-密封系统进行研究分析并预测出各系统的离散映射周期解。离散映射动力学法能够生动形象地展示转子系统的非线性分岔结构等特点[1-3]。本章将使用广义谐波平衡法对转子-滑动轴承-刷式密封系统进行解析分析[4-6]，求解转子-轴承-密封系统的解析解，对转子-轴承-密封系统的稳定性和分岔特性进行解析确定[7-9]，得出转子-轴承-密封系统的解析动力学特性。工业用转子-滑动轴承-刷式密封结构如图 5.1 所示。

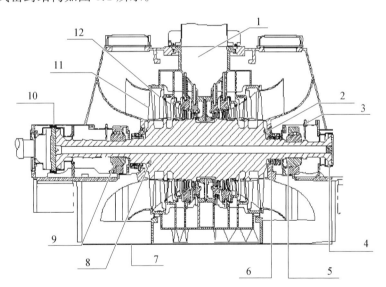

图 5.1 工业用转子-滑动轴承-刷式密封结构

1—蒸气入口；2—平衡板；3—振动探针；4—联轴器；5—径向轴承；6—密封件；7—蒸气冷凝器；8—转子；9—滑动轴承；10—传动齿轮；11—某级叶片；12—隔板。

5.2 非线性广义谐波平衡理论

5.2.1 非线性系统同步周期运动解析解

假设存在一非线性动力学系统：

$$\ddot{x} = f(\dot{x}, x, t, p) \in \mathbf{R}^n \tag{5.1}$$

其中，$f(\dot{x}, x, t, p)$ 是一个 C^r 阶连续的非线性向量函数$(r>1)$。如果此非线性动力学系统存在周期为 $T=2\pi/\Omega$ 的周期解，那么此非线性动力学系统的周期解动力学流场可以用如下解析表达式表示：

$$x^*(t) = a_0(t) + \sum_{k=1}^{N}\left[b_k(t)\cos k\Omega t + c_k(t)\sin k\Omega t\right] \tag{5.2}$$

此处 $k=1, 2, \cdots, N$，并且

$$\begin{cases} a_0(t) = [a_{01}(t), a_{02}(t), \cdots, a_{0n}(t)]^{\mathrm{T}} \\ b_k(t) = [b_{k1}(t), b_{k2}(t), \cdots, b_{kn}(t)]^{\mathrm{T}} \\ c_k(t) = [c_{k1}(t), c_{k2}(t), \cdots, c_{kn}(t)]^{\mathrm{T}} \end{cases} \tag{5.3}$$

其中，$a_0(t)$，$b_k(t)$ 和 $c_k(t)$ 为随时间缓慢变化的系数，可以通过以下动力学系统求解：

$$\begin{cases} \ddot{a}_0 = F_0(a_0, b, c, \dot{a}_0, \dot{b}, \dot{c}) \\ \ddot{b}_k = -2\Omega k_1\dot{c} + \Omega k_2 b + F_s(a_0, b, c, \dot{a}_0, \dot{b}, \dot{c}) \\ \ddot{c}_k = 2\Omega k_1\dot{b} + \Omega k_2 c + F_c(a_0, b, c, \dot{a}_0, \dot{b}, \dot{c}) \end{cases} \tag{5.4}$$

式中，$a_0 = a_0(t)$，$b_k = b_k(t)$ 和 $c_k = c_k(t)$，且

$$\begin{cases} k_1 = \mathrm{diag}[I_{n\times n}, 2\,I_{n\times n}, \cdots, N\,I_{n\times n}] \\ k_2 = \mathrm{diag}[I_{n\times n}, 2^2\,I_{n\times n}, \cdots, N^2\,I_{n\times n}] \\ b = [b_1^{\mathrm{T}}, b_2^{\mathrm{T}}, \cdots, b_N^{\mathrm{T}}]^{\mathrm{T}}, \; c = [c_1^{\mathrm{T}}, c_2^{\mathrm{T}}, \cdots, c_N^{\mathrm{T}}]^{\mathrm{T}} \\ F_s = [F_{s1}, F_{s2}, \cdots, F_{sN}]^{\mathrm{T}}, \; F_c = [F_{c1}, F_{c2}, \cdots, F_{cN}]^{\mathrm{T}} \end{cases} \tag{5.5}$$

式中，$N=1, 2, \cdots, +\infty$；$k=1, 2, \cdots, N$。式(5.4)和式(5.5)中的 $F_0(a_0, b, c, \dot{a}_0, \dot{b}, \dot{c})$、$F_{sk}(a_0, b, c, \dot{a}_0, \dot{b}, \dot{c})$ 和 $F_{ck}(a_0, b, c, \dot{a}_0, \dot{b}, \dot{c})$ 为有限傅里叶级数系数动力学系统谐波函数，可用通过以下关系求解：

$$\begin{cases} F_0(a_0, b, c, \dot{a}_0, \dot{b}, \dot{c}) = \dfrac{1}{T}\int_0^{\mathrm{T}} f(\dot{x}, x, t, p)\mathrm{d}t \\[2mm] F_{sk}(a_0, b, c, \dot{a}_0, \dot{b}, \dot{c}) = \dfrac{2}{T}\int_0^{\mathrm{T}} f(\dot{x}, x, t, p)\cos k\Omega t\,\mathrm{d}t \\[2mm] F_{ck}(a_0, b, c, \dot{a}_0, \dot{b}, \dot{c}) = \dfrac{2}{T}\int_0^{\mathrm{T}} f(\dot{x}, x, t, p)\sin k\Omega t\,\mathrm{d}t \end{cases} \tag{5.6}$$

式(5.2)为对一般非线性动力学系统的变换，通过此变换将原有非线性动力学系统转化为新的有限傅里叶级数系数非线性动力学系统[10, 11]。

在相空间中，新非线性动力学系统表示为

$$\dot{z}_1 = z_2, \; \dot{z}_2 = g(z_1, z_2) \tag{5.7}$$

式中

$$\begin{cases} \boldsymbol{z}_1 = [\boldsymbol{a}_0, \boldsymbol{b}, \boldsymbol{c}]^{\mathrm{T}} \\ \boldsymbol{g} = [\boldsymbol{F}_0, -2\Omega \boldsymbol{k}_1 \dot{\boldsymbol{c}} + \Omega \boldsymbol{k}_2 \boldsymbol{b} + \boldsymbol{F}_s, 2\Omega \boldsymbol{k}_1 \dot{\boldsymbol{b}} + \Omega \boldsymbol{k}_2 \boldsymbol{c} + \boldsymbol{F}_c]^{\mathrm{T}} \end{cases} \tag{5.8}$$

式(5.7)为通过广义谐波平衡法得到的傅里叶级数系数动力学系统。此新动力学系统平衡点通过 $\boldsymbol{z}_2 = \boldsymbol{0}$ 和 $\boldsymbol{g}(\boldsymbol{z}_1, \boldsymbol{0}) = \boldsymbol{0}$ 得出,即

$$\begin{cases} 0 = \boldsymbol{F}_0(\boldsymbol{a}_0^*, \boldsymbol{b}^*, \boldsymbol{c}^*, \dot{\boldsymbol{a}}_0, \dot{\boldsymbol{b}}, \dot{\boldsymbol{c}}) \\ 0 = \Omega \boldsymbol{k}_2 \boldsymbol{b}^* + \boldsymbol{F}_s(\boldsymbol{a}_0^*, \boldsymbol{b}^*, \boldsymbol{c}^*, \dot{\boldsymbol{a}}_0, \dot{\boldsymbol{b}}, \dot{\boldsymbol{c}}) \\ 0 = \Omega \boldsymbol{k}_2 \boldsymbol{c}^* + \boldsymbol{F}_c(\boldsymbol{a}_0^*, \boldsymbol{b}^*, \boldsymbol{c}^*, \dot{\boldsymbol{a}}_0, \dot{\boldsymbol{b}}, \dot{\boldsymbol{c}}) \end{cases} \tag{5.9}$$

式(5.9)为傅里叶级数系数动力学系统平衡点求解条件,同时也是原非线性系统解析解条件。通过求解式(5.9)中的 $2n(2N+1)$ 个公式可以得出转子-滑动轴承-刷式密封动力学系统的解析解。对与转子-滑动轴承-刷式密封系统的稳定性分析,可令 $\boldsymbol{y} = (\boldsymbol{z}_1, \boldsymbol{z}_2)^{\mathrm{T}}$ 和 $\boldsymbol{f} = (\boldsymbol{z}_1, \boldsymbol{g})^{\mathrm{T}}$。此时式(5.7)被等效为动力学系统 $\dot{\boldsymbol{y}} = \boldsymbol{f}(\boldsymbol{y})$,新动力学系统在平衡点 $\boldsymbol{y}^* = (\boldsymbol{z}_1^*, \boldsymbol{0})$ 处的线性化表达式为

$$\Delta \dot{\boldsymbol{y}} = \mathrm{D}\boldsymbol{f}(\boldsymbol{y}^*) \Delta \boldsymbol{y}, \ \mathrm{D}\boldsymbol{f}(\boldsymbol{y}^*) = \frac{\partial \boldsymbol{f}}{\partial \boldsymbol{y}} \bigg|_{\boldsymbol{y}^*} \tag{5.10}$$

通过新动力学系统的特征根分析可以得出原非线性动力学系统的稳定性与分岔特性。

$$\left| \mathrm{D}\boldsymbol{f}(\boldsymbol{y}^*) - \boldsymbol{I}_{2n(2N+1) \times 2n(2N+1)} \right| = 0 \tag{5.11}$$

$$(n_1, n_2, n_3 \mid n_4, n_5, n_6) \tag{5.12}$$

式(5.12)中,n_1 代表负实根总数量;n_2 代表正实根总数量;n_3 代表 0 实根总数量;n_4 代表实部小于 0 的复根总数量;n_5 代表实部大于 0 的复根总数量;n_6 代表实部等于 0 的复根总数量。

非线性系统同步周期运动周期解的稳定性判别准则如下[12]:

Ⅰ. 如果系统平衡点的所有特征根都具有负实部,那么所得到的同步周期运动周期解稳定;

Ⅱ. 如果系统至少存在一个特征根的实部为正,那么所得到的同步周期运动周期解不稳定。

当全局雅克比矩阵特征根的模等于 1 时非线性系统周期运动的稳定与不稳定周期解的边界存在高阶奇异性。

当式(5.4)的非线性动力学系统的平衡点存在 Hopf 分岔(Hopf Bifurcation,HB)的时候,式(5.4)所示的非线性系统存在频率为 ω 周期解,同时倍周期振动也将出现。但是当 $m\omega \neq k\Omega$ 时,非线性系统的周期运动将会呈现类周期或者混沌现象。

5.2.2 非线性系统倍周期运动解析解

当式(5.1)所示的非线性系统存在倍周期解时,周期条件为 $mT = 2m\pi/\Omega$。那么非线性动力学系统的倍周期解动力学流场可以用如下解析表达式表示:

$$\boldsymbol{x}^{*}(t) = \boldsymbol{a}_0^{(m)}(t) + \sum_{k=1}^{N}\left[\boldsymbol{b}_{k/m}(t)\cos\left(\frac{k}{m}\Omega t\right) + \boldsymbol{c}_{k/m}(t)\sin\left(\frac{k}{m}\Omega t\right)\right] \tag{5.13}$$

此处 $k = 1, 2, \cdots, N$,并且

$$\begin{cases} \boldsymbol{a}_0^{(m)} = \left[a_{01}^{(m)}, a_{02}^{(m)}, \cdots, a_{0n}^{(m)}\right]^{\mathrm{T}} \\ \boldsymbol{b}_{k/m} = \left[b_{k1/m}, b_{k2/m}, \cdots, b_{kn/m}\right]^{\mathrm{T}} \\ \boldsymbol{c}_{k/m} = \left[c_{k1/m}, c_{k2/m}, \cdots, c_{kn/m}\right]^{\mathrm{T}} \end{cases} \tag{5.14}$$

其中 $\boldsymbol{a}_0^{(m)}$、$\boldsymbol{b}_{k/m}$ 和 $\boldsymbol{c}_{k/m}$ 为随时间缓慢变化的系数,可以通过以下动力学系统求解:

$$\begin{cases} \ddot{\boldsymbol{a}}_0^{(m)} = \boldsymbol{F}_0^{(m)}(\boldsymbol{a}_0^{(m)}, \boldsymbol{b}^{(m)}, \boldsymbol{c}^{(m)}, \dot{\boldsymbol{a}}_0^{(m)}, \dot{\boldsymbol{b}}^{(m)}, \dot{\boldsymbol{c}}^{(m)}) \\ \ddot{\boldsymbol{b}}^{(m)} = -2\Omega\boldsymbol{k}_1\dot{\boldsymbol{c}}^{(m)} + \Omega\boldsymbol{k}_2\boldsymbol{b}^{(m)} + \boldsymbol{F}_s^{(m)}(\boldsymbol{a}_0^{(m)}, \boldsymbol{b}^{(m)}, \boldsymbol{c}^{(m)}, \dot{\boldsymbol{a}}_0^{(m)}, \dot{\boldsymbol{b}}^{(m)}, \dot{\boldsymbol{c}}^{(m)}) \\ \ddot{\boldsymbol{c}}^{(m)} = 2\Omega\boldsymbol{k}_1\dot{\boldsymbol{b}}^{(m)} + \Omega\boldsymbol{k}_2\boldsymbol{c}^{(m)} + \boldsymbol{F}_c^{(m)}(\boldsymbol{a}_0^{(m)}, \boldsymbol{b}^{(m)}, \boldsymbol{c}^{(m)}, \dot{\boldsymbol{a}}_0^{(m)}, \dot{\boldsymbol{b}}^{(m)}, \dot{\boldsymbol{c}}^{(m)}) \end{cases} \tag{5.15}$$

式中

$$\begin{cases} \boldsymbol{k}_1 = \mathrm{diag}\left[\boldsymbol{I}_{n\times n}, 2\,\boldsymbol{I}_{n\times n}, \cdots, N\,\boldsymbol{I}_{n\times n}\right] \\ \boldsymbol{k}_2 = \mathrm{diag}\left[\boldsymbol{I}_{n\times n}, 2^2\,\boldsymbol{I}_{n\times n}, \cdots, N^2\,\boldsymbol{I}_{n\times n}\right] \\ \boldsymbol{b}^{(m)} = \left[\boldsymbol{b}_{1/m}^{\mathrm{T}}, \boldsymbol{b}_{2/m}^{\mathrm{T}}, \cdots, \boldsymbol{b}_{N/m}^{\mathrm{T}}\right]^{\mathrm{T}}, \boldsymbol{c}^{(m)} = \left[\boldsymbol{c}_{1/m}^{\mathrm{T}}, \boldsymbol{c}_{2/m}^{\mathrm{T}}, \cdots, \boldsymbol{c}_{N/m}^{\mathrm{T}}\right]^{\mathrm{T}} \\ \boldsymbol{F}_s^{(m)} = \left[\boldsymbol{F}_{s1}^{(m)}, \boldsymbol{F}_{s2}^{(m)}, \cdots, \boldsymbol{F}_{sN}^{(m)}\right]^{\mathrm{T}}, \boldsymbol{F}_c^{(m)} = \left[\boldsymbol{F}_{c1}^{(m)}, \boldsymbol{F}_{c2}^{(m)}, \cdots, \boldsymbol{F}_{cN}^{(m)}\right]^{\mathrm{T}} \end{cases} \tag{5.16}$$

式中,$N = 1, 2, \cdots, +\infty$;$k = 1, 2, \cdots, N$。式(5.15)中的 $\boldsymbol{F}_0^{(m)}$,$\boldsymbol{F}_s^{(m)}$ 和 $\boldsymbol{F}_c^{(m)}$ 为广义谐波函数,可用通过以下关系求解:

$$\begin{cases} \boldsymbol{F}_0^{(m)}(\boldsymbol{a}_0^{(m)}, \boldsymbol{b}^{(m)}, \boldsymbol{c}^{(m)}, \dot{\boldsymbol{a}}_0^{(m)}, \dot{\boldsymbol{b}}^{(m)}, \dot{\boldsymbol{c}}^{(m)}) = \dfrac{1}{mT}\displaystyle\int_0^{mT}\boldsymbol{f}(\dot{\boldsymbol{x}}, \boldsymbol{x}, t, \boldsymbol{p})\mathrm{d}t \\ \boldsymbol{F}_{sk}^{(m)}(\boldsymbol{a}_0^{(m)}, \boldsymbol{b}^{(m)}, \boldsymbol{c}^{(m)}, \dot{\boldsymbol{a}}_0^{(m)}, \dot{\boldsymbol{b}}^{(m)}, \dot{\boldsymbol{c}}^{(m)}) = \dfrac{2}{mT}\displaystyle\int_0^{mT}\boldsymbol{f}(\dot{\boldsymbol{x}}, \boldsymbol{x}, t, \boldsymbol{p})\cos\left(\frac{k}{m}\Omega t\right)\mathrm{d}t \\ \boldsymbol{F}_{ck}^{(m)}(\boldsymbol{a}_0^{(m)}, \boldsymbol{b}^{(m)}, \boldsymbol{c}^{(m)}, \dot{\boldsymbol{a}}_0^{(m)}, \dot{\boldsymbol{b}}^{(m)}, \dot{\boldsymbol{c}}^{(m)}) = \dfrac{2}{mT}\displaystyle\int_0^{mT}\boldsymbol{f}(\dot{\boldsymbol{x}}, \boldsymbol{x}, t, \boldsymbol{p})\sin\left(\frac{k}{m}\Omega t\right)\mathrm{d}t \end{cases}$$

$$\tag{5.17}$$

式(5.17)为对一般非线性动力学系统的变换,通过此变换将原有非线性动力学系统转化为新的非线性动力学系统。

在相空间中,新动力学系统表示为

$$\dot{\boldsymbol{z}}_1^{(m)} = \boldsymbol{z}_2^{(m)}, \dot{\boldsymbol{z}}_2^{(m)} = \boldsymbol{g}(\boldsymbol{z}_1^{(m)}, \boldsymbol{z}_2^{(m)}) \tag{5.18}$$

此处

$$\begin{cases} \boldsymbol{z}_1^{(m)} = \left[\boldsymbol{a}_0^{(m)}, \boldsymbol{b}^{(m)}, \boldsymbol{c}^{(m)}\right]^{\mathrm{T}} \\ \boldsymbol{g}^{(m)} = \left[\boldsymbol{F}_0^{(m)}, -2\frac{\Omega}{m}\boldsymbol{k}_1\dot{\boldsymbol{c}}^{(m)} + \frac{\Omega^2}{m^2}\boldsymbol{k}_2\boldsymbol{b}^{(m)} + \boldsymbol{F}_s^{(m)}, 2\frac{\Omega}{m}\boldsymbol{k}_1\dot{\boldsymbol{b}}^{(m)} + \frac{\Omega^2}{m^2}\boldsymbol{k}_2\boldsymbol{c}^{(m)} + \boldsymbol{F}_c^{(m)}\right]^{\mathrm{T}} \end{cases}$$

$$(5.19)$$

式(5.18)为通过广义谐波平衡法将原非线性动力学系统转化为傅里叶级数系数动力学系统。此新动力学系统平衡点通过 $\boldsymbol{z}_2^{(m)} = \boldsymbol{0}$ 和 $\boldsymbol{g}^{(m)}(\boldsymbol{z}_1^{(m)}, \boldsymbol{0}) = \boldsymbol{0}$ 可得出，即

$$\begin{cases} 0 = \boldsymbol{F}_0^{(m)}(\boldsymbol{a}_0^{(m)}, \boldsymbol{b}^{(m)}, \boldsymbol{c}^{(m)}, \dot{\boldsymbol{a}}_0^{(m)}, \dot{\boldsymbol{b}}^{(m)}, \dot{\boldsymbol{c}}^{(m)}) \\ 0 = \frac{\Omega^2}{m^2}\boldsymbol{k}_2\boldsymbol{b}^{*} + \boldsymbol{F}_s^{(m)}(\boldsymbol{a}_0^{(m)}, \boldsymbol{b}^{(m)}, \boldsymbol{c}^{(m)}, \dot{\boldsymbol{a}}_0^{(m)}, \dot{\boldsymbol{b}}^{(m)}, \dot{\boldsymbol{c}}^{(m)}) \\ 0 = \frac{\Omega^2}{m^2}\boldsymbol{k}_2\boldsymbol{c}^{*} + \boldsymbol{F}_c^{(m)}(\boldsymbol{a}_0^{(m)}, \boldsymbol{b}^{(m)}, \boldsymbol{c}^{(m)}, \dot{\boldsymbol{a}}_0^{(m)}, \dot{\boldsymbol{b}}^{(m)}, \dot{\boldsymbol{c}}^{(m)}) \end{cases} \quad (5.20)$$

式(5.20)为傅里叶级数动力学系统平衡点求解条件，同时也是原非线性系统倍解析解条件。通过求解式(5.17)中的 $2nm(2N+1)$ 个公式可以得出转子-滑动轴承-刷式密封动力学系统的解析解。对与转子-轴承-密封系统的稳定性分析，令 $\boldsymbol{y}^{(m)} = (\boldsymbol{z}_1^{(m)}, \boldsymbol{z}_2^{(m)})^{\mathrm{T}}$ 和 $\boldsymbol{f}^{(m)} = (\boldsymbol{z}_1^{(m)}, \boldsymbol{g}^{(m)})^{\mathrm{T}}$。此时式(5.18)被等效为动力学系统 $\dot{\boldsymbol{y}}^{(m)} = \boldsymbol{f}^{(m)}(\boldsymbol{y}^{(m)})$，新动力学系统在平衡点 $\boldsymbol{y}^{(m)*} = (\boldsymbol{z}_1^{(m)*}, \boldsymbol{0})$ 处的线性化表达式为

$$\Delta\dot{\boldsymbol{y}}^{(m)} = \mathrm{D}\boldsymbol{f}^{(m)}(\boldsymbol{y}^{(m)*})\Delta\boldsymbol{y}^{(m)}, \quad \mathrm{D}\boldsymbol{f}^{(m)}(\boldsymbol{y}^{(m)*}) = \left.\frac{\partial\boldsymbol{f}^{(m)}}{\partial\boldsymbol{y}^{(m)}}\right|_{\boldsymbol{y}^{(m)*}} \quad (5.21)$$

通过新动力学系统的特征根分析可以得出原非线性动力学系统的稳定性与分岔特性。

$$\left|\mathrm{D}\boldsymbol{f}^{(m)}(\boldsymbol{y}^{(m)*}) - \boldsymbol{I}_{2n(2N+1)\times 2n(2N+1)}\right| = 0 \quad (5.22)$$

倍周期振动周期解的稳定性与分岔特性判别条件与同步周期运动相同。

5.3　转子-滑动轴承-刷式密封系统动力学模型

转子-滑动轴承-刷式密封系统非线性动力学模型如下：

本转子-滑动轴承-密封系统由刚性薄圆盘、转轴、刷式密封圈以及两端支承的滑动轴承组成。转子系统模型的 3D 图如图 5.2 所示。其中 m 代表偏心质量。图 5.3 所示为转子系统平面模型。

上述转子-滑动轴承-密封非线性系统动力学方程为

$$\begin{bmatrix} m & 0 \\ 0 & m \end{bmatrix}\begin{bmatrix} \ddot{x} \\ \ddot{y} \end{bmatrix} = \begin{bmatrix} f_x(x, y, \dot{x}, \dot{y}) \\ f_y(x, y, \dot{x}, \dot{y}) \end{bmatrix} + \begin{bmatrix} \phi_x(x, y) \\ \phi_y(x, y) \end{bmatrix} + mE\omega^2\begin{bmatrix} \sin\omega\tau \\ \cos\omega\tau \end{bmatrix} - \begin{bmatrix} 0 \\ mg \end{bmatrix}$$

$$(5.23)$$

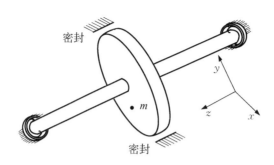

图 5.2 转子-滑动轴承-密封转子模型

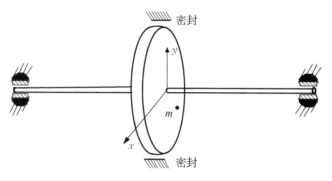

图 5.3 转子-滑动轴承-密封转子平面模型

式中，x 和 y 为转子轮盘几何中心 x 和 y 方向上的位移；$\dot{x}=\dfrac{\mathrm{d}x}{\mathrm{d}\tau}$ 和 $\dot{y}=\dfrac{\mathrm{d}y}{\mathrm{d}\tau}$ 为转子轮盘几何中心在 x 和 y 方向上的速度；E 为转子轮盘偏心距；$f_x(x,y,\dot{x},\dot{y})$ 和 $f_y(x,y,\dot{x},\dot{y})$ 为转子系统在 x 和 y 方向上受到的油膜力；$\phi_x(x,y)$ 和 $\phi_y(x,y)$ 为转子系统在 x 和 y 方向上受到的非线性密封力。

采用无量纲化中间量

$$X=\frac{x}{c},\ Y=\frac{y}{c},\ \ddot{X}=\frac{\ddot{x}}{c\omega^2},\ \ddot{Y}=\frac{\ddot{y}}{c\omega^2},\ \alpha_{21}=\gamma_2\eta_1,\ \alpha_{22}=\gamma_2\eta_2,$$

$$\rho=\frac{E}{c},\ G=\frac{g}{c\omega^2},\ \alpha_{11}=\gamma_1\eta_1,\ \alpha_{12}=\gamma_1\eta_2,\ \tau=\omega t,\ Q=\frac{\mu r^3 L}{m\omega c^3} \tag{5.24}$$

则式(5.23)的无量纲化形式为

$$
\begin{bmatrix} \ddot{x} \\ \ddot{y} \end{bmatrix} = -\begin{bmatrix} \mu_{11}-\alpha_{11}\beta & \mu_{12}+\alpha_{11}\mu_2\beta \\ \mu_{22}+\alpha_{21}\mu_2\beta & \mu_{21}-\alpha_{21}\beta \end{bmatrix}\begin{bmatrix} X \\ Y \end{bmatrix} - \begin{bmatrix} \mu_{13} & \mu_{14} \\ \mu_{24} & \mu_{23} \end{bmatrix}\begin{bmatrix} \dot{X} \\ \dot{Y} \end{bmatrix}
$$

$$
-\begin{bmatrix} \mu_{15} & \mu_{16} & \mu_{17} \\ \mu_{27} & \mu_{26} & \mu_{25} \end{bmatrix}\begin{bmatrix} X^2 \\ XY \\ Y^2 \end{bmatrix} - \begin{bmatrix} X^2 & 0 \\ 0 & Y^2 \end{bmatrix}\begin{bmatrix} \mu_{110}-\alpha_{12}\beta & \mu_{111}+\alpha_{12}\mu_2\beta \\ \mu_{211}-\alpha_{22}\mu_2\beta & \mu_{210}-\alpha_{22}\beta \end{bmatrix}\begin{bmatrix} X \\ Y \end{bmatrix}
$$

$$+ \begin{bmatrix} Y^2 & 0 \\ 0 & X^2 \end{bmatrix} \begin{bmatrix} \alpha_{12}\beta & -\alpha_{12}\mu_2\beta \\ \alpha_{22}\mu_2\beta & \alpha_{22}\beta \end{bmatrix} \begin{bmatrix} X \\ Y \end{bmatrix} - \begin{bmatrix} X & 0 \\ 0 & Y \end{bmatrix} \begin{bmatrix} \mu_{18} & \mu_{19} \\ \mu_{29} & \mu_{28} \end{bmatrix} \begin{bmatrix} \dot{X} \\ \dot{Y} \end{bmatrix}$$

$$- \begin{bmatrix} X^2 & 0 \\ 0 & Y^2 \end{bmatrix} \begin{bmatrix} \mu_{112} & \mu_{113} \\ \mu_{213} & \mu_{212} \end{bmatrix} \begin{bmatrix} \dot{X} \\ \dot{Y} \end{bmatrix} + \begin{bmatrix} \rho\sin\tau \\ \rho\cos\tau - G \end{bmatrix} \qquad (5.25)$$

其中 μ_{1i} 和 $\mu_{2i}(i=1,2,\cdots,13)$ 为无量纲油膜力系数，α_{ij} 为无量纲密封力系数。

5.4 转子-滑动轴承-刷式密封系统非线性解析解

5.4.1 非线性周期 1 到周期 4 运动解析解

图 5.4 所示为转子-滑动轴承-刷式密封系统解析分岔树随激振频率变化的全局图。解析分岔树由周期 1 振动的解析解通往周期 4 振动的解析解，再由周期 4 回到周期 1 的解析解组成。图 5.4(a)所示为转子-滑动轴承-刷式密封系统转子在 x 方向振动位移的解析解常数项 $a_{1,0}^{(m)}(m=1,2$ 和 4)，揭示了转子系统运动解析分岔树的全局变化。转子-轴承-密封系统在常规启动之后振动位移逐渐变平稳，运动沿着同步周期运动轨迹运行。此时转子的稳态振动为稳定的周期 1 振动。当转子-轴承-密封系统升速至 $\Omega = 165.30$ 时，系统出现 Hopf 分岔(HB)，稳定的同步周期运动转向稳定的 2 倍周期运动，转子振动位移先增大后变小。同时稳定的同步周期运动轨迹变为不稳定同步周期运动并继续向前延伸。转子 2 倍周期运动继续提速至 $\Omega = 210.50$，2 倍周期运动中出现 Hopf 分岔，稳定的 2 倍周期运动变为稳定的 4 倍周期运动，振动幅度增强。同时原 2 倍周期运动变为不稳定，与 4 倍周期运动同时存在并向前延伸。同样，在 4 倍周期运动中，稳定的 4 倍周期运动在转速为 $\Omega = 211.15$ 时出现第三个 Hopf 分岔，此 Hopf 分岔将导致稳定 4 倍周期运动向稳定的 8 倍周期运动发展。原 4 倍周期运动将会变为不稳定振动，与 8 倍周期运动同时存在。通过广义谐波平衡法，此时转子-滑动轴承-刷式密封系统振动的解析解由稳定周期 1 运动过渡到周期 2 运动，再发展至周期 4 运动并通过 Hopf 分岔继续向更高倍的振动发展。当转子-滑动轴承-刷式密封系统以 4 倍周期振动向上提速时，由于其周期解的不稳定性，转子运动会往其他形式稳定运动跳跃。如此转子系统在 4 倍周期运动时，会在 $\Omega = 535.63$ 向同步周期运动跳跃。转子-轴承-密封系统发生跳跃是因为当 $\Omega = 535.63$ 时，系统发生鞍结分岔(SN)，转子运动在鞍结分岔之后会跳跃到另一稳定周期振动。当转子以 4 倍周期运动继续加速时，在 $\Omega = 913.04$ 时 4 倍周期振动中出现 Hopf 分岔，振动特性变为稳定振动。稳定 4 倍周期运动在 $\Omega = 916.60$ 时再次遇到 Hopf 分岔，稳定的 4 倍周期运动降阶为稳定的 2 倍周期运动，在 $\Omega = 930.50$ 时在 Hopf 分岔之后变回稳定的 1 倍周期运动。转子呈 1 倍周期振动的位移在转子升速之后逐渐变小，并与 $\Omega = 1\,103.78$ 时发生跳跃至另一同步周期运动，并向高速振动运行。图 5.4(b)所示为转子-滑动轴承-刷式密封系统转子在 y 方向振动位移的解析解常数项 $a_{2,0}^{(m)}(m=1,2$ 和 4)，揭示了转子系统运动解析分岔树的全局变化规律。转子在 x 方向振动与 y 方向振动具有相同的稳定性转速区间与

分岔点。在图 5.4(b)中，y 方向振动在升速过程中，转子振动位移的模逐渐减小。在此运动过程中的产生的 Hopf 分岔点集合为 {165.30，210.50，215.15，913.40，916.60，930.50}。即在转速区间 $\Omega \in (165.30，930.50)$ 内转子运动呈 2 倍周期运动，在 $\Omega \in (210.50，916.60)$ 内呈 4 倍周期运动，在 $\Omega \in (215.15，913.40)$ 内呈 8 倍周期运动。转子-滑动轴承-刷式密封系统在此设计参数条件下并没有产生 Neimark 分岔。转子仅在 1 倍周期运动中发生跳跃现象，跳跃点为鞍结点，转速为 $\Omega \in (535.63，1\ 103.78)$。图 5.4(a)和(b)中的解析分岔树明显，分岔清晰，能够很好地体现转子-滑动轴承-刷式密封系统在此参数条件下的振动特性，很好地展示了其非线性动力学稳定性和分岔的特性。图 5.4 展示了转子-滑动轴承-刷式密封系统解析解的稳定性与分岔特性的全局变化。为了避免过多重复展示，下面仅展示转子-滑动轴承-刷式密封系统解析解各项的前置分岔树。

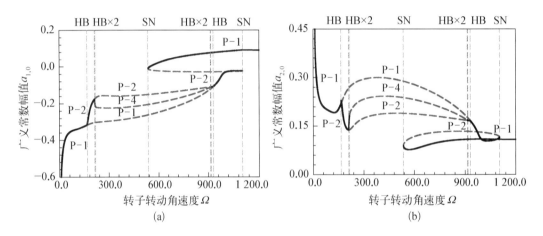

图 5.4　转子-滑动轴承-密封系统全局分岔图

图 5.5 所示为转子-滑动轴承-刷式密封系统在 x 方向上振动解析分岔树随转速变化的前置分岔树。图 5.5(a)所示为此解析解的常数项 $a_{1,0}$ 的放大图，振动量级为 10^{-1}。图 5.5(b)所示为 x 方向上振动的 4 倍周期解析解的第一项 $A_{1,1/4}$。$A_{1,1/4}$ 仅出现在 4 倍周期振动解析解之中，并在 $\Omega=215.15$ 产生 Hopf 分岔，导致转子运动转向 8 倍周期振动。$A_{1,1/4}$ 的振动量级 10^{-1}。图 5.5(c)所示为 x 方向上振动的 2 倍周期解析解的第一项、4 倍周期解的第二项 $A_{1,1/2}$。图中 2 倍周期振动转向 4 倍周期振动的分岔树明显。$A_{1,1/2}$ 仅出现在 2 倍周期和 4 倍周期振动解析解之中，具有振动量级 10^{-1}。图 5.5(d)所示为 x 方向上振动的 4 倍周期解的第三项 $A_{1,3/4}$，此项也仅出现在 4 倍周期振动之中，具有振动量级 10^{-2}。图 5.5(e)所示为 x 方向上振动的 1 倍周期解析解的第一项、2 倍周期振动解的第二项，同时也是 4 倍周期运动的第四项 $A_{1,1}$。$A_{1,1}$ 为转子-滑动轴承-刷式密封系统中的重要一项，包含周期 1 至周期 4 运动的所有分岔特性。图 5.5(f)~(h)所示为 x 方向上振动解析解谐波项 $A_{1,2}$、$A_{1,3}$ 和 $A_{1,4}$，具有振动量级 10^{-1}。图 5.5(i)~(l)所示为 x 方向上振动解析解谐波项 $A_{1,5}$、$A_{1,6}$、$A_{1,7}$ 和 $A_{1,8}$，具有振动量级 10^{-2}。图 5.5(m)~(o)所示为 x 方向上振动解析解谐波项 $A_{1,9}$、$A_{1,10}$ 和 $A_{1,11}$，具有振动量级 10^{-3}。图 5.5(p)~

(s)所示为 x 方向上振动解析解谐波项 $A_{1,12}$，$A_{1,13}$，$A_{1,14}$ 和 $A_{1,15}$，具有振动量级 10^{-4}。图 5.5 中从 $a_{1,0}$ 到 $A_{1,15}$ 的 60 项组成了转子-滑动轴承-刷式密封系统在 x 方向上振动的解析解随转速的变化图。将此 60 项代入式(5.2)中可以得到此转子系统在所设计参数条件下的 x 方向上振动精度为 10^{-4} 的解析解。如果需要更高精度解，需要增加解析解谐波项数。

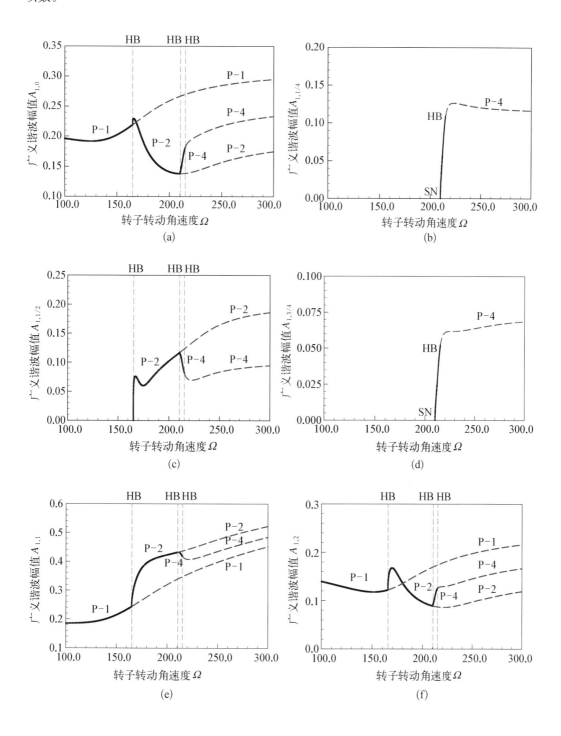

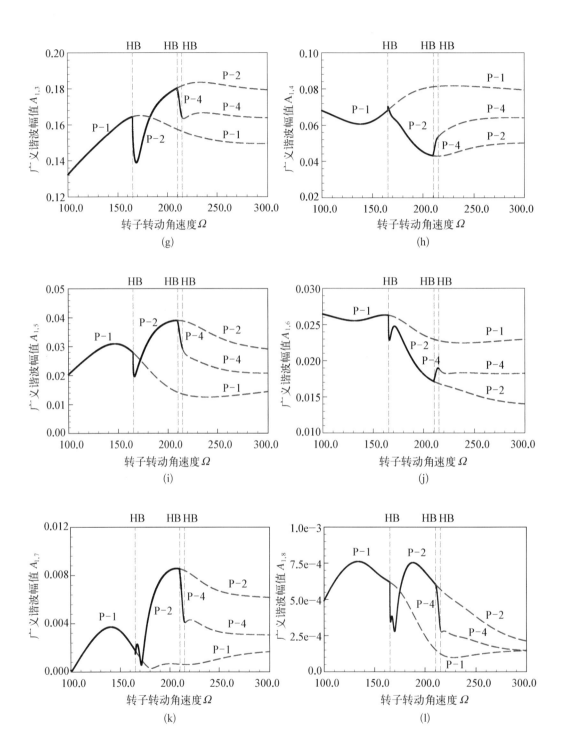

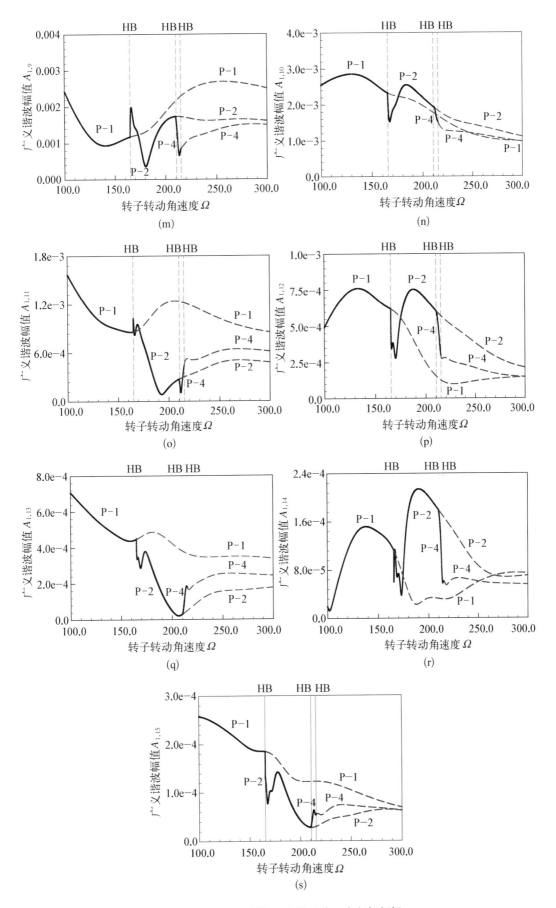

图 5.5 转子-滑动轴承-密封系统 x 方向解析解

图 5.6 所示为转子-滑动轴承-刷式密封系统在 y 方向上振动分岔树随转速变化图。图 5.6(a) 所示为 y 方向上振动解析解常数项 $a_{2,0}$ 的放大图,振动量级为 10^{-1}。图 5.6(b) 所示 y 方向上振动的 4 倍周期解析解的第一项 $A_{2,1/4}$。$A_{2,1/4}$ 仅出现在 4 倍周期振动解析解之中,在转速 215.15 处产生 Hopf 分岔,使转子运动转向 8 倍周期运动。$A_{2,1/4}$ 的振动量级为 10^{-1}。图 5.6(c) 所示为 2 倍周期解析解的第一项、4 倍周期解的第二项 $A_{2,1/2}$。$A_{2,1/2}$ 仅出现在 2 倍周期运动和 4 倍周期运动解析解之中,具有振动量级 10^{-1}。图 5.6(d) 所示为 y 方向上振动的 4 倍周期解的第三项 $A_{2,3/4}$,此项仅出现在 4 倍周期运动之中,具有振动量级 10^{-1}。图 5.6(e) 所示为 x 方向上振动的 1 倍周期解析解的第一项、2 倍周期解的第二项,同时也是 4 倍周期运动的第四项 $A_{2,1}$。$A_{2,1}$ 包含转子-滑动轴承-刷式密封在 y 方向上振动周期 1 至周期 4 运动的所有分岔特性。图 5.6(e)~(g) 所示为 y 方向上振动解析解谐波项 $A_{2,2}$ 和 $A_{2,3}$,具有振动量级 10^{-1}。图 5.6(h)~(k) 所示为 y 方向上振动解析解谐波项 $A_{2,4}$、$A_{2,5}$、$A_{2,6}$ 和 $A_{2,7}$,具有振动量级 10^{-2}。图 5.6(l)~(o) 所示为 y 方向上振动解析解谐波项 $A_{2,8}$、$A_{2,9}$、$A_{2,10}$ 和 $A_{2,11}$,具有振动量级 10^{-3}。图 5.6(p)~(s) 所示为 y 方向上振动解析解谐波项 $A_{2,12}$、$A_{2,13}$、$A_{2,14}$ 和 $A_{2,15}$,具有振动量级 10^{-4}。图 5.6 中从 $A_{2,0}$ 到 $A_{2,15}$ 的 60 项组成了转子-滑动轴承-刷式密封系统在 y 方向上振动的解析解随转速的变化图。将此 60 项代入式 (5.2) 中可以得到此转子系统在所选参数条件下的 y 方向上振动的精度为 10^{-4} 的解析解。

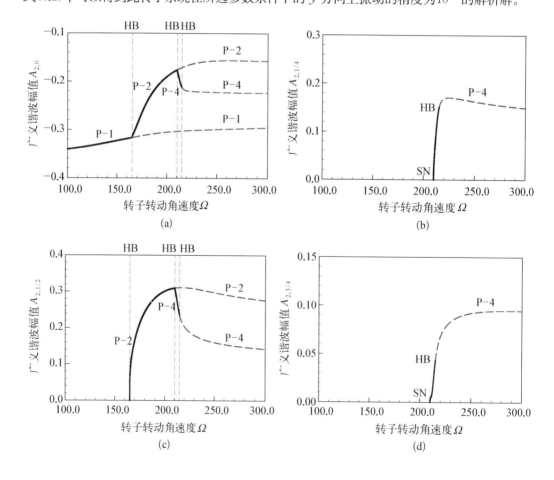

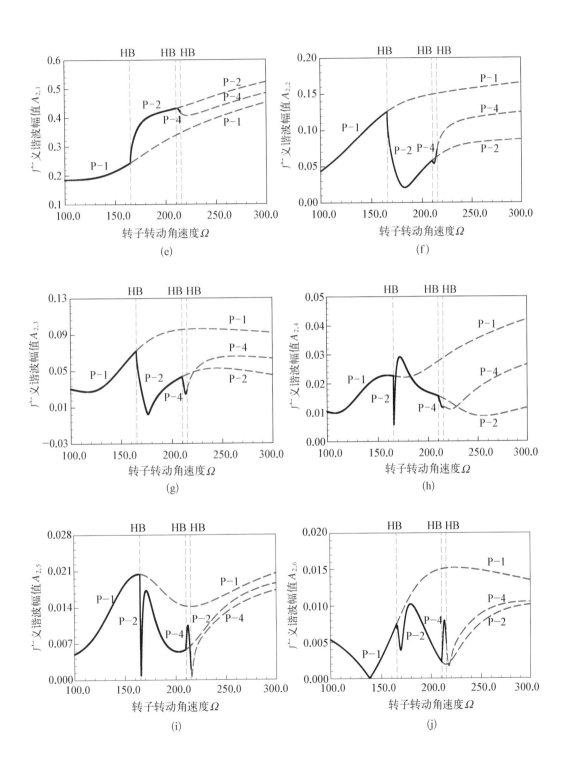

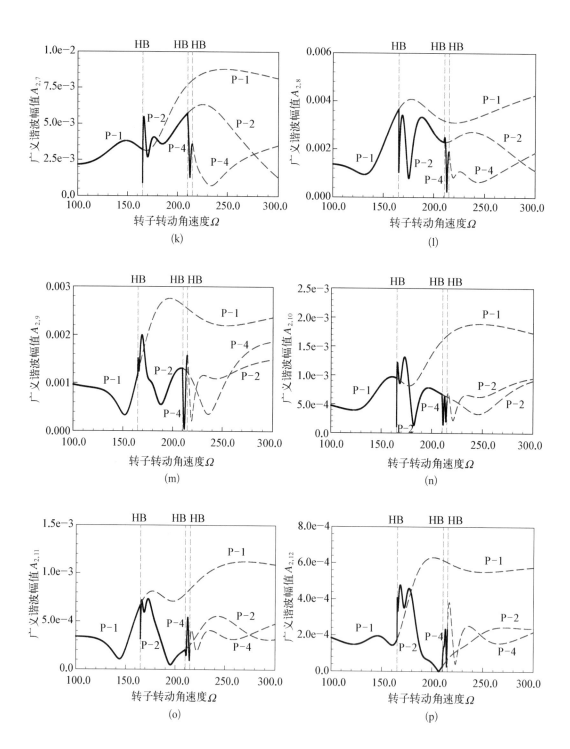

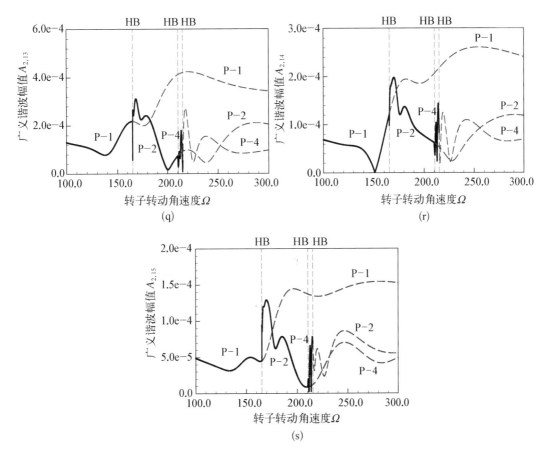

图 5.6　转子-滑动轴承-密封系统 y 方向解析解

5.4.2　非线性周期 3 到周期 6 运动的解析解

图 5.7 所示为转子-滑动轴承-刷式密封系统独立周期运动解析分岔树随转子转速变化的全局图。解析分岔树由独立周期 3 的运动连接周期 6 运动,周期 6 运动返回周期 3 运动的解析解组成。图 5.7(a)所示为转子-滑动轴承-刷式密封系统的独立周期解在 x 方向振动位移的常数项 $a_{1,0}^{(m)}(m=3$ 和 6),揭示了转子系统运动独立周期运动的全局变化。转子-滑动轴承-刷式密封系统在经过某扰动之后跳跃至 3 倍周期运动。随着转子提速,周期 3 运动位移不断增大。此时转子的稳态振动为稳定的独立周期 3 振动。当转子-轴承-密封系统升速至 $\Omega=246.15$ 时,系统出现 Hopf 分岔,稳定的 3 倍周期运动转向稳定的 6 倍周期运动,转子振动位移微弱增加。同时原稳定的 3 倍周期运动变为不稳定 3 倍周期运动,运动分支继续向前延伸。转子-轴承-密封系统的 6 倍周期运动过程中,继续升速至 $\Omega=248.22$,6 倍周期运动中出现 Hopf 分岔,稳定的 6 倍周期运动在升速情况下变为稳定的 12 倍周期运动。同时原 6 倍周期运动变为不稳定,与 12 倍周期运动同时存在并向前延伸。通过广义谐波平衡法,此时转子-轴承-密封系统振动的独立周期运动解析解由稳定 3 倍周期运动发展至 6 倍周期运动并通过 Hopf 分岔继续向更高倍的振动发展。

当转子-滑动轴承-刷式密封系统以 4 倍周期运动向上提速时,由于其周期解的不稳定性,转子运动会往其他形式的非线性运动跳跃。如转子系统在 6 倍周期运动时,在无量纲转速 250.647 向附近的其他稳定形式周期运动跳跃,可以是 1 倍周期也可以是其他倍周期运动。当转子以 6 倍周期运动继续升速时,在 $\Omega = 250.68$ 后转子 6 倍周期振动中出现 Hopf 分岔,振动特性变为稳定的 6 倍周期振动。此稳定 6 倍周期运动在 $\Omega = 901.50$ 时再次遇到 Hopf 分岔,稳定的 6 倍周期运动变为稳定的 3 倍周期运动。此 3 倍周期运动为独立的周期运动,前后并不与周期 1 运动以任何形式相连。在独立的周期 3 运动前后,$\Omega = 225.44$ 和 902.35 时产生鞍结分岔,转子稳定周期运动周期解与不稳定运动周期解连接,组成闭环独立周期振动分岔图。图 5.7(b)所示为转子-滑动轴承-刷式密封系统的在 y 方向振动位移的独立周期运动周期解析解的常数项 $a_{2,0}^{(m)}$($m = 3$ 和 6),揭示了转子系统运动解析分岔树的全局变化。此非线性独立周期解在 x 方向上的振动与 y 方向的振动具有相同的稳定性转速区间与分岔点。在图 5.7(b)中,y 方向的振动在升速过程中,转子振动位移逐渐减小。运动过程中产生的 Hopf 分岔点集合为 $\{246.15, 248.22, 250.67, 901.50\}$。即在转速区间 $\Omega \in (246.15, 901.50)$ 内呈 6 倍周期运动,在 $\Omega \in (248.22, 250.68)$ 内呈 12 倍周期运动。而周期 3 运动通过鞍结分岔激活,因此在 $\Omega \in (225.44, 902.35)$ 内呈 3 倍周期运动。鞍结分岔点在 $\Omega = 250.64$ 使 6 倍周期运动发生非线性跳跃,转子运动向附近稳定周期运动形式转变。图 5.7(a)和(b)中的解析分岔树明显,分岔清晰,能够很好地体现转子-轴承-密封系统在此参数条件下的独立周期振动的非线性稳定性和分岔的特性。图 5.7 展示了转子-滑动轴承-刷式密封系统独立周期运动解析解的稳定性与分岔特性的全局变化。下面仅展示此转子-轴承-密封系统独立解析解各项的前置分岔树。

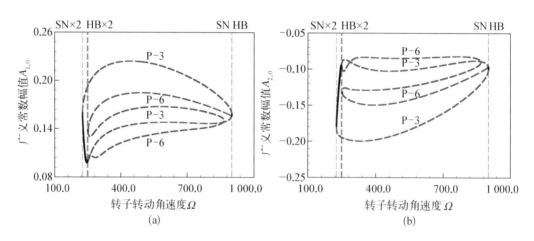

图 5.7 转子-滑动轴承-密封系统独立周期运动全局分岔图

图 5.8 所示为转子-滑动轴承-刷式密封系统在 x 方向上振动的独立周期运动的解析分岔树随转速变化的前置分岔树。图 5.8(a)所示为此解析解的常数项 $a_{1,0}^{(m)}$ 的放大图,振动量级为 10^{-1}。图 5.8(b)所示为 x 方向上振动的独立 6 倍周期运动解析解的第一项 $A_{1,1/6}$。$A_{1,1/6}$ 仅出现在 6 倍周期解析解之中,在 $\Omega = 248.22$ 产生 Hopf 分岔,导致转子运

动变为 12 倍周期运动。$A_{1,1/6}$ 的振动量级为 10^{-2}。图 5.8(c) 所示为 x 方向上振动的 3 倍周期解析解的第一项、6 倍周期解的第二项 $A_{1,1/3}$，图中由 3 倍周期向 6 倍周期的分岔明显。$A_{1,1/3}$ 为转子-轴承-密封系统独立周期运动中的重要一项，包含周期 3 至周期 6 运动的所有分岔特性。$A_{1,1/3}$ 具有振动量级 10^{-1}。图 5.8(d) 所示为 x 方向上 6 倍周期振动解的第三项 $A_{1,1/2}$，此项也仅出现在 6 倍周期振动之中，具有振动量级 10^{-2}。图 5.8(e) 所示为 x 方向上振动的 6 倍周期解第四项，同时也是 3 倍周期运动第二项 $A_{1,2/3}$，$A_{1,2/3}$ 具有振动量级 10^{-1}。图 5.8(f) 所示为 x 方向上振动的 6 倍周期解的第五项，仅存在于 6 倍周期运动之中，具有振动量级 10^{-2}。图 5.8(g)～(i) 所示为 x 方向上振动解析解谐波项 $A_{1,1}$、$A_{1,2}$ 和 $A_{1,3}$，具有振动量级 10^{-1}。图 5.8(j)～(m) 所示为 x 方向上振动解析解谐波项 $A_{1,4}$、$A_{1,5}$、$A_{1,6}$ 和 $A_{1,7}$，具有振动量级 10^{-1}。图 5.8(n)～(p) 所示为 x 方向上振动解析解谐波项 $A_{1,8}$、$A_{1,9}$ 和 $A_{1,10}$，具有振动量级 10^{-3}。图 5.8(q)～(t) 所示为 x 方向上振动解析解谐波项 $A_{1,11}$、$A_{1,12}$、$A_{1,13}$ 和 $A_{1,14}$，具有振动量级 10^{-4}。图 5.8(u) 所示为 x 方向上振动解析解谐波项 $A_{1,15}$，具有振动量级 10^{-5}。图 5.8 中从 $a_{1,0}^{(m)}$ ($m=3$ 和 6) 到 $A_{1,15}$ 的 90 项组成了转子-滑动轴承-刷式密封系统在 x 方向上振动的独立周期 3 至周期 6 运动的解析解随转速的变化图。将此 90 项代入式 (5.2) 中可以得到此转子系统在所选参数条件下的 x 方向上振动精度为 10^{-5} 的解析解。

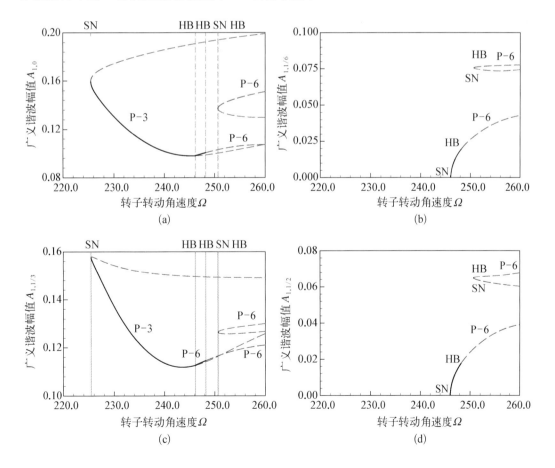

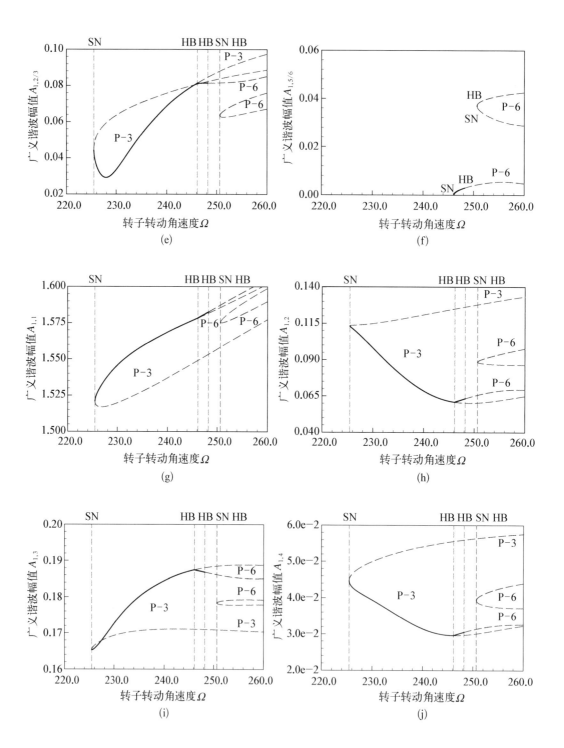

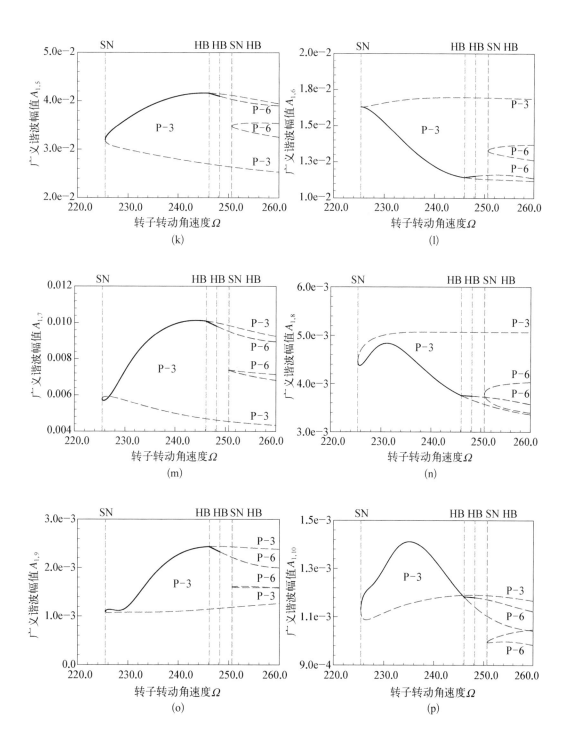

(k)

(l)

(m)

(n)

(o)

(p)

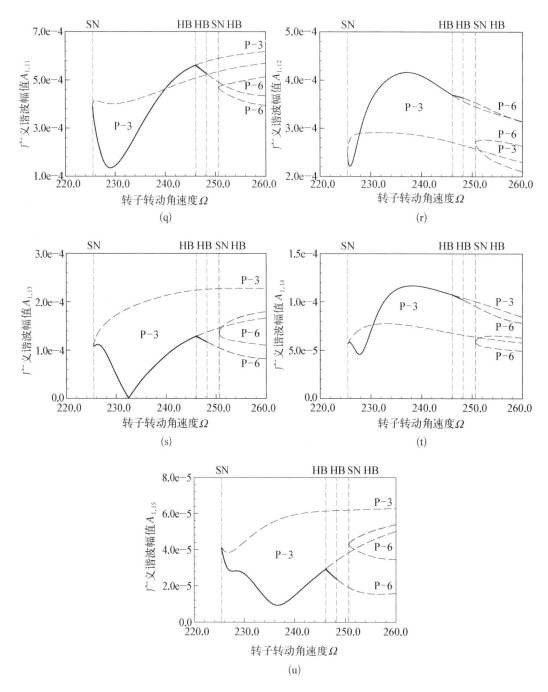

图 5.8 转子-滑动轴承-密封系统 x 方向独立解析解

图 5.9 所示为转子-滑动轴承-刷式密封系统在 y 方向上振动的独立周期 3 至周期 6 运动解析分岔特性随转速变化的前置分岔树。图 5.9(a) 所示为此解析解的常数项 $A_{1,0}^{(m)}$（$m=3$ 和 6）的放大图，振动量级为 10^{-1}。图 5.9(b) 所示为 y 方向上独立 6 倍周期振动解析解的第一项 $A_{2,1/6}$。$A_{1,1/6}$ 仅出现在 6 倍周期解析解之中，具有振动量级 10^{-1}。

图 5.9(c)所示为 y 方向上振动的 3 倍周期解析解的第一项、6 倍周期解的第二项 $A_{2,1/6}$，此项为转子-轴承-密封系统独立周期运动中的重要一项，包含周期 3 至周期 6 运动的所有分岔特性。$A_{2,1/3}$ 具有振动量级 10^{-1}。图 5.9(d)所示为 y 方向上振动的 6 倍周期解的第三项 $A_{2,1/2}$，此项也仅出现在 6 倍周期之中，具有振动量级 10^{-2}。图 5.9(e)所示为 y 方向上振动的 6 倍周期解的第四项，同时也是 3 倍周期运动第二项 $A_{2,2/3}$，具有振动量级 10^{-1}。图 5.9(f)所示为 x 方向上振动的 6 倍周期解的第五项 $A_{2,5/6}$，仅存在于 6 倍周期运动之中，具有振动量级 10^{-2}。图 5.9(g)～(h)所示为 y 方向上振动解析解谐波项 $A_{2,1}$ 和 $A_{2,2}$，具有振动量级 10^{-1}。图 5.9(i)～(k)所示为 y 方向上振动解析解谐波项 $A_{2,3}$、$A_{2,4}$ 和 $A_{2,5}$，具有振动量级 10^{-2}。图 5.9(l)～(p)所示为 y 方向上振动解析解谐波项 $A_{2,6}$、$A_{2,7}$、$A_{2,8}$、$A_{2,9}$ 和 $A_{1,10}$，具有振动量级 10^{-3}。图 5.9(q)～(t)所示为 y 方向上振动解析解谐波项 $A_{2,11}$、$A_{2,12}$、$A_{2,13}$ 和 $A_{2,14}$，具有振动量级 10^{-4}。图 5.9(u)所示为 x 方向上振动解析解谐波项 $A_{2,15}$，具有振动量级 10^{-5}。图 5.9 中从 $A_{2,0}^{(m)}$（$m=3$ 和 6）到 $A_{2,15}$ 的 90 项组成了转子-滑动轴承-刷式密封系统在 y 方向上振动的独立周期 3 至周期 6 运动的解析解随转速的变化图。将此 90 项代入式(5.2)中可以得到此转子系统在所选参数条件下的 y 方向上振动精度为 10^{-5} 的解析解。

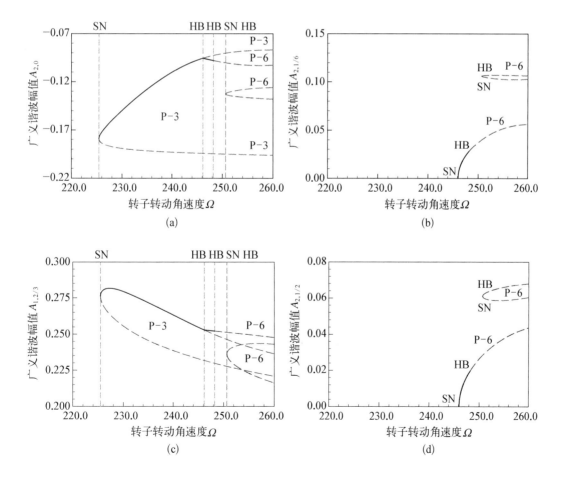

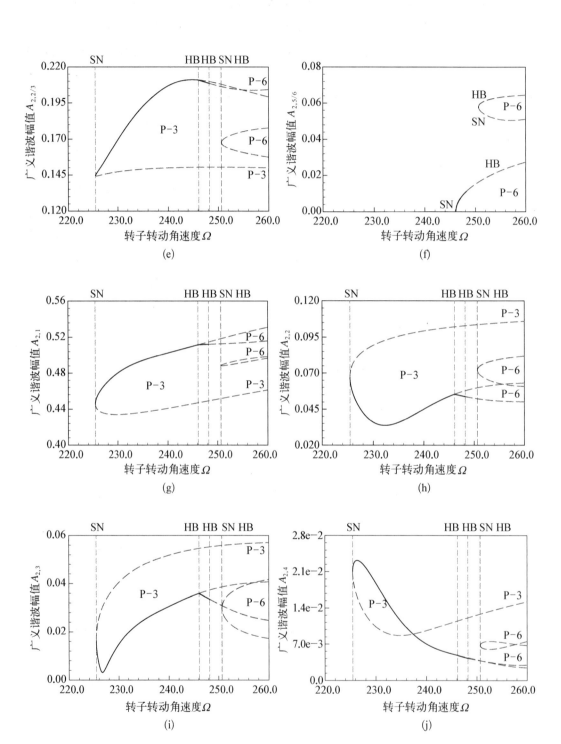

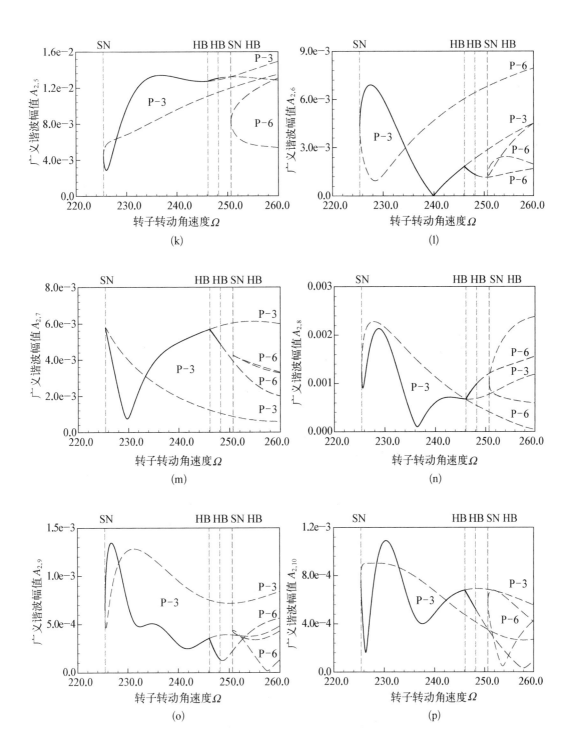

(k)

(l)

(m)

(n)

(o)

(p)

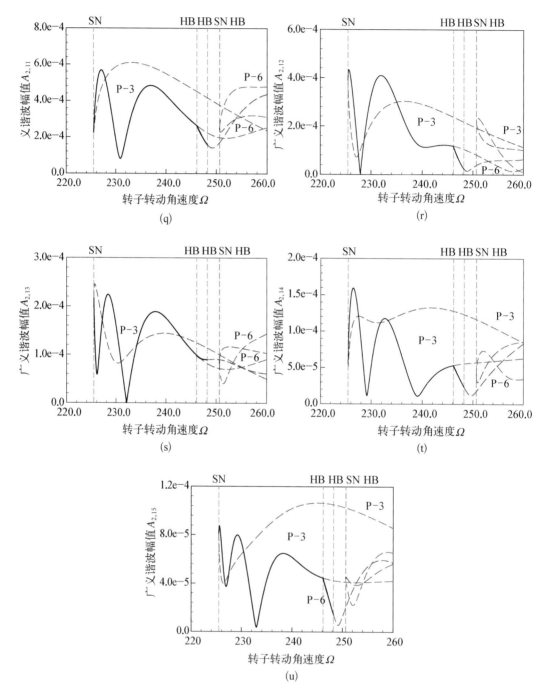

图 5.9　转子-滑动轴承-密封系统 *y* 方向独立解析解

5.4 本章小结

非线性转子-滑动轴承-刷式密封系统的解析解求解一直是转子动力学研究难以攻克的课题。本章采用广义谐波平衡法对非线性转子-滑动轴承-刷式密封系统进行分析,将连续的非线性转子-轴承-密封系统通过广义谐波平衡法转化为有限傅里叶级数系数动力学系统,将原非线性系统周期解转化为求解傅里叶系数动力学系统平衡点问题,并通过编程求解其非线性解析稳定性和分岔动力学特性。研究发现转子-滑动轴承-刷式密封系统具有从周期 1 由 Hopf 分岔促发的至周期 4 演变的解析分岔树和独立周期 3 运动由 Hopf 分岔促发的至周期 6 演变的解析分岔树。第一类解析分岔树为转子周期 1 运动通过 Hopf 分岔产生 2^m($m=1$, 2, $\cdots$, $+\infty$)倍周期运动。所得分岔树序列为:周期 1 运动、周期 2 运动、周期 4 运动等延伸至 2^m($m=1$, 2, $\cdots$, $+\infty$)倍周期运动。第二类解析分岔树由鞍结分岔点促发独立周期 3 运动延伸至 3×2^m($m=0$, 1, $\cdots$, $+\infty$)倍周期运动,分岔树序列为:独立周期 3 运动、周期 6 运动等延伸至 3×2^m($m=0$, 1, $\cdots$, $+\infty$)倍周期运动。为转子-滑动轴承-刷式密封系统复杂振动现象提供解析分析理论,并为转子系统设计以避免危害振动提供理论数据。

参 考 文 献

[1] 王光义,袁方.级联混沌及其动力学特性研究[J].物理学报,2013,62(2):111-120.

[2] 张丽萍.具有隐藏吸引子的非线性离散映射的复杂动力学与控制[D].镇江:江苏大学,2022.

[3] 于海.高维非线性转子-轴承系统降维方法与故障特性分析[D].哈尔滨:哈尔滨工业大学,2014.

[4] Luo A C, Huang J. Approximate solutions of periodic motions in nonlinear systems via a generalized harmonic balance[J]. Journal of Vibration and Control, 2012, 18(11): 1661-1674.

[5] Jones J C P, Yaser K S A, Stevenson J. Automatic computation and solution of generalized harmonic balance equations[J]. Mechanical Systems and Signal Processing, 2018, 101: 309-319.

[6] Maaita J O. A theorem on the bifurcations of the slow invariant manifold of a system of two linear oscillators coupled to a k-order nonlinear oscillator[J]. Journal of Applied Nonlinear Dynamics, 2016, 5(2): 193-197.

[7] Shen X, Zhao M. Effect of the seal force on nonlinear dynamics and stability of the rotor-bearing-seal system[J]. Journal of Vibration and Control, 2009, 15(2): 197-217.

[8] Hua J, Swaddiwudhipong S, Liu Z, et al. Numerical analysis of nonlinear rotor-seal system[J]. Journal of Sound and Vibration, 2005, 283: 525-542.

[9] Al-Nahwi A A, Paduano J D, Nayfeh S A. Aerodynamic-rotordynamic interaction in axial compression systems — Part II: Impact of interaction on overall system stability[J]. Journal of Turbomachinery, 2003, 125(7): 416-426.

[10] Luo A C J. Regularity and Complexity in Dynamical Systems[M]. Springer, 2012.

[11] Guo Y, Luo A C J. Periodic motions to chaos in pendulum[J]. International Journal of Bifurcation and Chaos, 2016, 26: 1650159.

[12] Luo A C J. Dynamical Systems Synchronization[M]. Springer, 2013.

第 6 章　迷宫密封-转子系统
动力学特性分析

6.1　引言

　　介质流经迷宫密封的狭窄间隙时,在齿顶间隙后靠近密封齿的位置处流速增至最大;由于流束界面的突然扩大,介质在齿腔内体积膨胀,形成强烈涡旋,部分动能转化为压力能,其余大部分动能转变为热能。经过连续多个齿顶间隙及密封齿腔的节流作用后,泄漏量减小。齿腔及齿顶间隙处的密封流体力对转子系统的动态响应及稳定性影响显著,建立准确的密封力模型对预测、描述及分析系统的动力学特性意义重大。

　　现有的线性密封力模型多数忽略了齿顶间隙处的流体速度分量,不能捕捉密封激振力的非线性特征,当密封齿厚相对于齿距不再是一个小量或转子偏心较大时,密封力的非线性特征更为显著,此时应用线性模型并不合适。而已有的非线性密封力模型多数将迷宫密封简化为简单环形结构,没有考虑到介质在密封内的曲折流动特点及流动参数的轴向变化特征。

　　鉴于目前已有的密封力模型的优缺点,将齿腔流场划分为射流区和环流区,采用摄动法建立齿腔流体激振力模型,而在齿顶间隙处应用 Muszynska 模型模拟非线性流体激振力。这种处理方式既能将流体的强非线性特征考虑在内,又能充分考虑密封内介质的流动特点。此外,在应用摄动法时,将转子轴心轨迹设置为随时间和转角变化的非规则环形,能够更好地描述转子的运动特征,更接近实际情况。

6.2　迷宫密封非线性激振力模型

6.2.1　齿腔内流体激振力模型

　　密封介质流经复杂的迷宫密封结构时,根据 Scharrer[1] 的几何边界法(geometric boundary approach),可对齿腔内的流场进行划分。如图 6.1 所示,典型的齿在转子上的直通型迷宫密封(TOR)齿腔内的流场可分为两个部分:射流区 I 和涡流区 II。区域 I 内的流场几乎均为层流,而区域 II 中,密封介质在轴向横截面上形成一个较大的涡流结构,在周向方向上,由于转动转子表面对流体的剪切作用,密封介质整体呈螺旋形沿轴向流动。同时,射流区 I 与涡流区 II 内的介质,分别流经两者之间的界面,进入各自相邻区域。

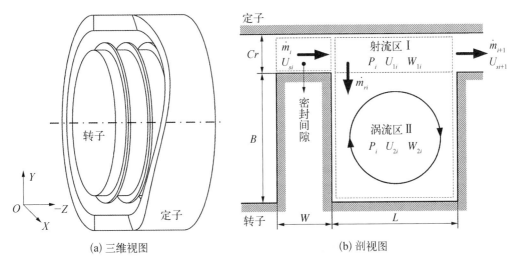

(a) 三维视图　　　　　　　　　　(b) 剖视图

图 6.1　典型迷宫密封结构图

假设密封介质为理想气体,考虑流体流动引起的剪切应力,根据质量守恒定律及动量定理,对第 i 齿腔内射流区 I 和涡流区 II 可建立如下控制方程:

$$\frac{\partial \rho_i W_{1i} A_1}{\partial t} + \frac{2\rho_i W_{1i} A_1}{Rs_1} \frac{\partial W_{1i}}{\partial \varphi} + \frac{\rho_i W_{1i}^2 A_1}{Rs_1} \frac{\partial A_1}{\partial \varphi} + \frac{W_{1i}^2 A_1}{Rs_1} \frac{\partial \rho_i}{\partial \varphi} + \dot{m}_{ri} W_{ri} + \dot{m}_{i+1} W_{1i} - \dot{m}_i W_{1i-1}$$

$$= -\frac{A_1}{Rs_1} \frac{\partial P_i}{\partial \varphi} + \tau_{ji} L - \tau_{si} a_s L \tag{6.1}$$

$$\frac{\partial \rho_i W_{2i} A_2}{\partial t} + \frac{2\rho_i W_{2i} A_2}{Rs_2} \frac{\partial W_{2i}}{\partial \varphi} + \frac{\rho_i W_{2i}^2 A_2}{Rs_2} \frac{\partial A_2}{\partial \varphi} + \frac{W_{2i}^2 A_2}{Rs_2} \frac{\partial \rho_i}{\partial \varphi} - \dot{m}_{ri} W_{ri}$$

$$= -\frac{A_2}{Rs_2} \frac{\partial P_i}{\partial \varphi} - \tau_{ji} L + \tau_{ri} a_r L \tag{6.2}$$

$$\frac{\partial \rho_i A_1}{\partial t} + \frac{\partial \rho_i W_{1i} A_1}{Rs_1 \partial \varphi} + \dot{m}_{i+1} - \dot{m}_i + \dot{m}_{ri} = 0 \tag{6.3}$$

$$\frac{\partial \rho_i A_2}{\partial t} + \frac{\partial \rho_i W_{2i} A_2}{Rs_2 \partial \varphi} - \dot{m}_{ri} = 0 \tag{6.4}$$

式中　A_1、A_2——分别为齿腔中射流区 I 和涡流区 II 的轴向截面面积;

Rs_1、Rs_2——分别为射流区 I 和涡流区 II 的半径,即 $Rs_2 = Rs$, $Rs_1 = Rs_2 + B$;

Rs——密封轮盘半径;

B——密封齿高度;

L——齿腔宽度;

φ——方位角;

ρ_i——第 i 个齿腔内的密封介质密度;

P_i——齿腔内气压;

W_{1i}、W_{2i}——分别为区域 I 和 II 密封介质的周向流速;

W_{ri}——射流区Ⅰ和涡流区Ⅱ之间的界面处流体周向流速；

$\dot{m}_{ri}$——流经区域界面的流量；

$\dot{m}_i$——流经第 i 个齿腔的泄漏量。

周向动量方程(6.1)及(6.2)中，a_r 和 a_s 分别为转子及定子表面上流体剪切作用长度系数；τ_r 和 τ_s 分别为流体在转子及定子表面的周向切应力；τ_j 为射流区Ⅰ和涡流区Ⅱ在分离界面处的切应力。a_r、a_s、τ_r、τ_s 和 τ_j 可表达为如下形式[2]：

$$a_r = (2B + L)/L, \quad a_s = 1 \tag{6.5}$$

$$\tau_{ri} = 0.5\rho_i n_r \sqrt{(Rs_2\omega - W_{2i})^2 + U_{2i}^2}\,(Rs_2\omega - W_{2i}) \cdot (\sqrt{(Rs_2\omega - W_{2i})^2 + U_{2i}^2}\,D_{h2}/\nu)^{m_r} \tag{6.6}$$

$$\tau_{si} = 0.5\rho_i n_s W_{1i}\sqrt{W_{1i}^2 + U_{1i}^2}\,(\sqrt{W_{1i}^2 + U_{1i}^2}\,D_{h1}/\nu)^{m_s} \tag{6.7}$$

$$\tau_{ji} = 0.142\,1\rho_i\sqrt{(W_{2i} - W_{1i})^2 + (U_{2i} - U_{1i})^2}\,(W_{2i} - W_{1i}) \tag{6.8}$$

式中 m_r、m_s、n_r、n_s——摩擦系数；

ω——转子转速；

ν——密封介质的运动黏度；

D_{h1}、D_{h2}——分别为区域Ⅰ、Ⅱ的水力直径，两者的表达式[2]为

$$D_{h1} = 2CrL/(Cr + L), \quad D_{h2} = 2BL/(B + L) \tag{6.9}$$

式中 Cr——迷宫密封径向间隙。

在连续方程(6.3)和(6.4)中，当转子与定子内壁同轴时，稳态泄漏量可表示如下[3-5]：

$$\dot{m}_i = \mu_{1i}\mu_{2i}A_{scl}\sqrt{\frac{P_{i-1}^2 - P_i^2}{RT}} \tag{6.10}$$

式中 A_{scl}——密封齿与定子之间密封间隙的截面积。

流量系数 μ_{1i} 和动能携带系数 μ_{2i} 可采用以下公式[6,7]求解：

$$\mu_{1i} = \frac{\pi}{\pi + 2 - 5s_i + 2s_i^2}, \quad \mu_{2i} = (1 - \alpha)^{-1/2} \tag{6.11}$$

$$s_i = (P_{i-1}/P_i)^{\frac{r-1}{r}} - 1, \quad \alpha = \frac{8.52}{L/Cr + 7.23} \tag{6.12}$$

式中 r——密封介质的绝热指数。

当流经最末齿的密封介质流速达到当地音速即 Mach=1 时，发生末齿壅塞流动现象。该情况下，迷宫密封泄漏量应采用 Fliegner 公式[2,8]进行计算：

$$\dot{m}_{Nt-1} = 0.51\frac{\mu_{2Nt-1}}{\sqrt{RT}}A_{Nt-1}P_{Nt-1} \tag{6.13}$$

式中 Nt——密封齿齿数；

R——密封介质的气体常数；

T——密封介质温度。

转子无偏心时,由控制方程(6.1)~(6.4)可得到零阶方程如下:

$$\dot{m}_{i+1} = \dot{m}_i \quad (i=1, 2, \cdots, Nc) \tag{6.14}$$

$$\dot{m}_{i+1} W_{10i} - \dot{m}_i W_{10i-1} = \tau_{ji0} L - \tau_{si0} a_s L \tag{6.15}$$

$$\tau_{ji0} L - \tau_{ri0} a_r L = 0 \tag{6.16}$$

采用牛顿-拉斐逊迭代法,结合不同条件下的泄漏量计算公式(6.10)、(6.13),求解零阶方程(6.14)~(6.16),可以得到迷宫密封内泄漏量($\dot{m}_i$)、气压分布(P_i)及周向流速(W_{1i} 和 W_{2i})。 相应地,密封齿顶处轴向流速(U_{si})及密封腔内轴向流速(U_{1i} 和 U_{2i})可通过如下公式计算获得:

$$U_{si} = \frac{2\dot{m}_i RT}{(P_{i-1}+P_i)A_{scl}}, \quad U_{1i} = \frac{\dot{m}_i RT}{P_i A_{scl}}, \quad U_{2i} = 0.206 U_{1i} \tag{6.17}$$

大量的实验及理论研究表明,作用于密封轮盘的流体激振力及其自身重力使得以角速度 ω 旋转的转子偏离与机匣内表面同心的位置。 此时,径向密封间隙的瞬态值可由稳态的对称项及非稳态的不对称项表示:

$$H = Cr + \varepsilon H_1, \quad \varepsilon = e_0/(Cr+B) \tag{6.18}$$

式中　ε——扰动系数;

e_0——转子偏心距。

转子的偏心扰动同样使得腔室气压(P_i)、周向流速(W_{1i}、W_{2i})及泄漏量($\dot{m}_i$)等参数偏离稳态值,产生小扰动项。 则上述流动参数可采用与(6.18)类似的形式表征如下:

$$P_i = P_{0i} + \varepsilon P_{1i}, \quad W_{1i} = W_{10i} + \varepsilon W_{11i}, \quad W_{2i} = W_{20i} + \varepsilon W_{21i}, \quad \dot{m}_i = \dot{m}_{0i} + \varepsilon \dot{m}_{1i},$$
$$\tau_{ri} = \tau_{r0i} + \varepsilon \tau_{r1i}, \quad \tau_{si} = \tau_{s0i} + \varepsilon \tau_{s1i}, \quad \tau_{ji} = \tau_{j0i} + \varepsilon \tau_{j1i} \tag{6.19}$$

将上述流动参数(6.18)~(6.19)代入控制方程(6.1)~(6.4)中,忽略 ε 的二阶项(ε^2)及其更高阶微小项(ε^3, ε^4, $\cdots$),推导可得第 i 齿腔内射流区Ⅰ和涡流区Ⅱ的一阶连续方程及周向动量方程如下:

$$\begin{cases} \mathfrak{B}_{1i} \dfrac{\partial P_{1i}}{\partial t} + \mathfrak{B}_{2i} \dfrac{\partial P_{1i}}{\partial \varphi} + \mathfrak{B}_{3i} \dfrac{\partial W_{11i}}{\partial \varphi} + \mathfrak{B}_{4i} \dfrac{\partial W_{21i}}{\partial \varphi} + \mathfrak{B}_{5i} P_{1i} + \mathfrak{B}_{6i} P_{1i-1} + \mathfrak{B}_{7i} P_{1i+1} \\[2mm] \quad = -\mathfrak{B}_{8i} H_1 - \mathfrak{B}_{9i} \dfrac{\partial H_1}{\partial t} - \mathfrak{B}_{10i} \dfrac{\partial H_1}{\partial \varphi} \\[2mm] \mathfrak{R}_{1i} \dfrac{\partial W_{11i}}{\partial t} + \mathfrak{R}_{1i} \dfrac{W_{10i}}{Rs_1} \dfrac{\partial W_{11i}}{\partial \varphi} + \left[\mathfrak{R}_{2i} + \mathfrak{R}_{3i} \dfrac{W_{20i}}{Rs_2} \right] \dfrac{\partial P_{1i}}{\partial \varphi} + \mathfrak{R}_{3i} \dfrac{\partial P_{1i}}{\partial t} + \mathfrak{R}_{3i} \dfrac{P_{0i}}{Rs_2} \dfrac{\partial W_{21i}}{\partial \varphi} \\[2mm] \quad + \mathfrak{R}_{4i} P_{1i} + \mathfrak{R}_{5i} P_{1i-1} + \mathfrak{R}_{6i} W_{11i} + \mathfrak{R}_{7i} W_{21i} - \dot{m}_{0i} W_{11i-1} = \mathfrak{R}_{8i} H_1 \\[2mm] \mathfrak{I}_{1i} \dfrac{\partial W_{21i}}{\partial t} + \left[\mathfrak{I}_{2i} \dfrac{P_{0i}}{Rs_2} + \mathfrak{I}_{1i} \dfrac{W_{20i}}{Rs_2} \right] \dfrac{\partial W_{21i}}{\partial \varphi} + \left[\mathfrak{I}_{3i} + \mathfrak{I}_{2i} \dfrac{W_{20i}}{Rs_2} \right] \dfrac{\partial P_{1i}}{\partial \varphi} + \mathfrak{I}_{2i} \dfrac{\partial P_{1i}}{\partial t} \\[2mm] \quad + \mathfrak{I}_{4i} P_{1i} + \mathfrak{I}_{5i} W_{21i} + \mathfrak{I}_{6i} P_{1i-1} + \mathfrak{I}_{7i} W_{11i} = \mathfrak{I}_{8i} H_1 \end{cases}$$

$$\tag{6.20}$$

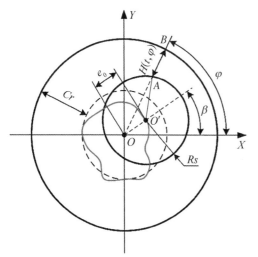

图 6.2　转子涡动轨迹示意图

其中，$\mathscr{B}(\mathscr{B}_{1i}$、$\mathscr{B}_{2i}$ 等)、$\mathscr{R}(\mathscr{R}_{1i}$、$\mathscr{R}_{2i}$ 等)及 $\mathscr{I}(\mathscr{I}_{1i}$、$\mathscr{I}_{2i}$ 等)均为稳态泄漏量($\dot{m}_{0i}$)、齿腔内稳态气压(P_{0i})、稳态轴向流速(W_{10i}、W_{20i})及流体剪切应力(τ_{j0i}、τ_{r0i}、τ_{s0i})的函数表达式，参数 H_1、P_{1i}、W_{11i} 及 W_{21i} 为由转子偏离中心位置的扰动而引起的摄动量。

转子运行时轴心的空间坐标为时间和转角的函数，运动轨迹为非规则的环形，如图 6.2 所示。根据几何关系，径向密封间隙 H 可表示为

$$H(t,\varphi)=Cr+Rs-\overline{OA} \qquad (6.21)$$

将式(6.18)代入式(6.21)中，并应用三角函数关系可得径向密封间隙的扰动量为

$$H_1=-(Cr+B)\cos(\varphi-\beta) \qquad (6.22)$$

类似地，腔室气压及轴向流速的摄动量(P_{1i}、W_{11i} 和 W_{21i})可表示为

$$\begin{cases} P_{1i}=P_{ci}^+\cos(\varphi+\beta)+P_{si}^+\sin(\varphi+\beta)+P_{ci}^-\cos(\varphi-\beta)+P_{si}^-\sin(\varphi-\beta) \\ W_{11i}=W_{1ci}^+\cos(\varphi+\beta)+W_{1si}^+\sin(\varphi+\beta)+W_{1ci}^-\cos(\varphi-\beta)+W_{1si}^-\sin(\varphi-\beta) \\ W_{21i}=W_{2ci}^+\cos(\varphi+\beta)+W_{2si}^+\sin(\varphi+\beta)+W_{2ci}^-\cos(\varphi-\beta)+W_{2si}^-\sin(\varphi-\beta) \end{cases}$$
$$(6.23)$$

将式(6.22)~(6.23)代入式(6.20)中，分别消去连续方程及周向动量方程中的 $\cos(\varphi+\beta)$、$\cos(\varphi-\beta)$、$\sin(\varphi+\beta)$ 和 $\sin(\varphi-\beta)$，则每个齿腔内($i=1,2,\cdots,Nc$)的控制方程均可由如下矩阵形式的线性方程组表示：

$$\boldsymbol{A}_i^S\boldsymbol{Q}_{Ti-1}+\boldsymbol{A}_i\boldsymbol{Q}_{Ti}+\boldsymbol{A}_i^P\boldsymbol{Q}_{Ti+1}=\boldsymbol{R}_{Ti} \qquad (6.24)$$

其中，向量 $\boldsymbol{Q}_{Ti}$ 的表达式如下：

$$\boldsymbol{Q}_{Ti}=[P_{si}^+,\ P_{ci}^+,\ P_{si}^-,\ P_{ci}^-,\ W_{1si}^+,\ W_{1ci}^+,\ W_{1si}^-,\ W_{1ci}^-,\ W_{2si}^+,\ W_{2ci}^+,\ W_{2si}^-,\ W_{2ci}^-]^{\mathrm{T}}$$
$$(6.25)$$

矩阵 $\boldsymbol{A}_i^S$ 为 12×12 方阵，矩阵中各元素表达式如下：

$$\begin{cases} A_{i\_1,2}^S=A_{i\_2,1}^S=A_{i\_3,4}^S=A_{i\_4,3}^S=\mathscr{B}_{6i} \\ A_{i\_5,2}^S=A_{i\_6,1}^S=A_{i\_7,4}^S=A_{i\_8,3}^S=\mathscr{R}_{5i} \\ A_{i\_5,6}^S=A_{i\_6,5}^S=A_{i\_7,8}^S=A_{i\_8,7}^S=-\dot{m}_{0i} \\ A_{i\_9,2}^S=A_{i\_10,1}^S=A_{i\_11,4}^S=A_{i\_12,3}^S=\mathscr{I}_{6i} \end{cases} \qquad (6.26)$$

$\boldsymbol{A}_i^S$ 中其余各元素为零。

矩阵 $\boldsymbol{A}_i$ 为 12×12 方阵,矩阵中各元素表达式如下:

$A_{i\_1,\,1} = -A_{i\_2,\,2} = \mathfrak{B}_{1i}\omega + \mathfrak{B}_{2i}$;　　　　　　$A_{i\_1,\,2} = A_{i\_2,\,1} = A_{i\_3,\,4} = A_{i\_4,\,3} = \mathfrak{B}_{5i}$;

$A_{i\_1,\,5} = -A_{i\_2,\,6} = A_{i\_3,\,7} = -A_{i\_4,\,8} = \mathfrak{B}_{3i}$;　　　$A_{i\_3,\,3} = -A_{i\_4,\,4} = -\mathfrak{B}_{1i}\omega + \mathfrak{B}_{2i}$;

$A_{i\_1,\,9} = A_{i\_3,\,11} = -A_{i\_2,\,10} = -A_{i\_4,\,12} = \mathfrak{B}_{4i}$;

$A_{i\_5,\,1} = -A_{i\_6,\,2} = \mathfrak{R}_{3i}\omega + \mathfrak{R}_{2i} + \mathfrak{R}_{3i}W_{20i}/Rs_2$;

$A_{i\_5,\,2} = A_{i\_6,\,1} = A_{i\_7,\,4} = A_{i\_8,\,3} = \mathfrak{R}_{4i}$;　　　$A_{i\_5,\,5} = -A_{i\_6,\,6} = \mathfrak{R}_{1i}(\omega + W_{10i}/Rs_1)$;

$A_{i\_5,\,6} = A_{i\_6,\,5} = A_{i\_7,\,8} = A_{i\_8,\,7} = \mathfrak{R}_{6i}$;　　　$A_{i\_5,\,10} = A_{i\_6,\,9} = A_{i\_7,\,12} = A_{i\_8,\,11} = \mathfrak{R}_{7i}$;

$A_{i\_5,\,9} = -A_{i\_6,\,10} = A_{i\_7,\,11} = -A_{i\_8,\,12} = \mathfrak{R}_{3i}P_{0i}/Rs_2$;

$A_{i\_7,\,3} = -A_{i\_8,\,4} = -\mathfrak{R}_{3i}\omega + \mathfrak{R}_{2i} + \mathfrak{R}_{3i}W_{20i}/Rs_2$;

$A_{i\_7,\,7} = -A_{i\_8,\,8} = \mathfrak{R}_{1i}(W_{10i}/Rs_1 - \omega)$;　　　$A_{i\_9,\,2} = A_{i\_10,\,1} = A_{i\_11,\,4} = A_{i\_12,\,3} = \mathfrak{J}_{4i}$;

$A_{i\_9,\,1} = -A_{i\_10,\,2} = \mathfrak{J}_{2i}\omega + \mathfrak{J}_{3i} + \mathfrak{J}_{2i}W_{20i}/Rs_2$;　$A_{i\_9,\,6} = A_{i\_10,\,5} = A_{i\_11,\,8} = A_{i\_12,\,7} = \mathfrak{J}_{7i}$;

$A_{i\_9,\,9} = -A_{i\_10,\,10} = \mathfrak{J}_{1i}\omega + \mathfrak{J}_{1i}W_{20i}/Rs_2 + \mathfrak{J}_{2i}P_{0i}/Rs_2$;

$A_{i\_9,\,10} = A_{i\_10,\,9} = A_{i\_11,\,12} = A_{i\_12,\,11} = \mathfrak{J}_{5i}$　　　　　　　　　　　　　(6.27)

$\boldsymbol{A}_i$ 中其余各元素为零。

矩阵 $\boldsymbol{A}_i^P$ 为 12×12 方阵,矩阵中各元素表达式如下:

$$A_{i\_1,\,2}^P = A_{i\_2,\,1}^P = A_{i\_3,\,4}^P = A_{i\_4,\,3}^P = \mathfrak{B}_{7i} \qquad (6.28)$$

$\boldsymbol{A}_i^P$ 中其余各元素为零。

向量 $\boldsymbol{R}_{Ti}$ 的表达式如下:

$$\boldsymbol{R}_{Ti} = [0,\,0,\,\mathfrak{B}_{8i}(Cr + B),\,(\mathfrak{B}_{9i}\omega - \mathfrak{B}_{10i})(Cr + B),\,0,\,0,\,$$
$$-\mathfrak{R}_{8i}(Cr + B),\,0,\,0,\,0,\,-\mathfrak{J}_{8i}(Cr + B),\,0]^{\mathrm{T}} \qquad (6.29)$$

则对于具有 Nt 个密封齿的迷宫密封,可以得到 $(12Nt - 12)$ 个相互耦合的线性方程,对这些方程进行整理并以矩阵形式表示如下:

$$
\begin{bmatrix}
\boldsymbol{A}_1 & \boldsymbol{A}_1^P & & & & \\
& \cdots & & & & \\
& & \boldsymbol{A}_i^S & \boldsymbol{A}_i & \boldsymbol{A}_i^P & \\
& & & \cdots & & \\
& & & & \boldsymbol{A}_{Nt-1}^S & \boldsymbol{A}_{Nt-1}
\end{bmatrix}
\begin{bmatrix}
\boldsymbol{Q}_{T1} \\
\vdots \\
\boldsymbol{Q}_{Ti-1} \\
\boldsymbol{Q}_{Ti} \\
\boldsymbol{Q}_{Ti+1} \\
\vdots \\
\boldsymbol{Q}_{TNt-1}
\end{bmatrix}
=
\begin{bmatrix}
\boldsymbol{R}_{T1} \\
\vdots \\
\boldsymbol{R}_{Ti} \\
\vdots \\
\boldsymbol{R}_{TNt-1}
\end{bmatrix} \qquad (6.30)
$$

采用 Gauss - Jordan 法求解方程组(6.30),可得到密封齿腔内的流动参数的一阶摄动量 $\boldsymbol{Q}_{Ti}$。由于密封介质流动参数的稳态项为对称项,则将脉动气压及扰动剪切应力关于 φ 周向积分,即可得到密封腔内作用于轮盘表面的气动力如下:

$$
\begin{cases}
F_{cX} = -\varepsilon \pi R s \sum_{i=1}^{Nt-1} \int_0^{2\pi} (P_{1i}L\cos\varphi + a_r \tau_{r1i}L\sin\varphi)\mathrm{d}\varphi \\
F_{cY} = -\varepsilon \pi R s \sum_{i=1}^{Nt-1} \int_0^{2\pi} (P_{1i}L\sin\varphi - a_r \tau_{r1i}L\cos\varphi)\mathrm{d}\varphi
\end{cases}
\tag{6.31}
$$

6.2.2 齿顶间隙处流体激振力模型

密封介质流经密封齿隙后流速迅速增加,进入齿腔内体积膨胀,大部分动能转变为热能而耗散。连续经过多个齿隙及齿腔后,介质流速降低,泄漏量减小,从而达到节流密封的目的。因此,各类密封结构的齿隙设计尺寸相对于密封齿腔一般很小。对于迷宫密封,当密封齿厚度与齿腔轴向尺寸之比不能忽略时,齿顶间隙处的密封力对转子的激振作用也需考虑在内[9]。当转子小扰动时,密封间隙处的扰动系数为:$\varepsilon = e_0/Cr$,这与式(6.18)所述的密封腔内的扰动系数存在明显差异。由于密封齿高(B)的尺寸一般远大于密封间隙(Cr)的尺寸,可以得到:$e_0/(Cr+B) \ll e_0/Cr$。因此,对于密封齿顶间隙,摄动法的应用前提条件($\varepsilon \ll 1$)无法满足,所以无法采用与上节中类似的方法来建立齿顶间隙的密封流体激振力模型。此外,由于转子的偏心转动,狭窄的齿顶间隙处的流体在周向上的压力分布不均匀,且随着转子的涡动,密封力呈现典型的非线性特征。因此,本文采用Muszynska模型来表征齿顶间隙处的密封力。该模型是 Muszynska 和 Bently 基于大量实验[10-15]而提出的,能够较为准确地表征密封力的非线性特征。假定不可压缩介质在密封结构中等温流动,Muszynska 模型表达式如下:

$$
\begin{bmatrix} F_{sX} \\ F_{sY} \end{bmatrix} = -\begin{bmatrix} K - m_f\tau^2\omega^2 & \tau\omega D \\ -\tau\omega D & K - m_f\tau^2\omega^2 \end{bmatrix} \begin{bmatrix} X_s \\ Y_s \end{bmatrix} \\
-\begin{bmatrix} D & 2\tau m_f\omega \\ -2\tau m_f\omega & D \end{bmatrix} \begin{bmatrix} \dot{X}_s \\ \dot{Y}_s \end{bmatrix} - \begin{bmatrix} m_f & 0 \\ 0 & m_f \end{bmatrix} \begin{bmatrix} \ddot{X}_s \\ \ddot{Y}_s \end{bmatrix}
\tag{6.32}
$$

其中,X_s 和 Y_s 分别为密封轮盘在水平方向和铅直方向的位移;上标"·"和"··"分别代表参数的一阶微分和二阶微分。$\tau\omega$ 为齿顶间隙处介质的周向平均流速,同时也是作用于密封轮盘上的流体合力在周向上的角速度;τ 为流体周向平均速度比,若不存在进口预旋,则 $\tau < 1/2$。对于同心旋转的转子,密封激振力可由集总参数模型表征,其流体等效刚度、等效阻尼及等效质量分别表示为 K、D 和 m_f。该解析模型中,交叉刚度项是由密封力的切向分力而产生的,交叉阻尼则是由 Coriolis 惯性力引起的。当转子偏离定子轴心位置转动时,需从主刚度中减去 $m_f\tau^2\omega^2$,该项是因流动介质的周向惯性而产生的。Tam[16] 及 Muszynska 和 Bently[17] 的研究表明,系数 D 和 m_f 均为转子偏心率及流体参数的非线性函数,流体主刚度 K 为转子偏心率的非线性增函数;流体环流比 τ 随转子偏心率的增大而非线性减小[18]。式(6.32)中系数 K、D 和 m_f 以及 τ 的表达式如下[17]:

$$
K = K_0(1-e^2)^{-n}, \quad D = D_0(1-e^2)^{-n}, \quad m_f = \mu_{m2}\mu_{m3}T_m^2, \quad \tau = \tau_0(1-e)^b
$$

$$
\tag{6.33}
$$

其中，

$$K_0 = \mu_{m0}\mu_{m3}, \quad D_0 = \mu_{m1}\mu_{m3}T_m, \quad e = \sqrt{X_s^2 + Y_s^2}/Cr,$$

$$\mu_{m0} = \frac{2\sigma_m^2}{1+\xi_m+2\sigma_m}E_m(1-m_0), \qquad \mu_{m1} = \frac{2\sigma_m E_m + \sigma_m^2 B_m(E_m+1/6)}{1+\xi_m+2\sigma_m},$$

$$\mu_{m2} = \frac{\sigma_m(E_m+1/6)}{1+\xi_m+2\sigma_m}, \qquad \mu_{m3} = \pi R s_1 (P_{0i-1} - P_{0i})/\lambda,$$

$$T_m = W/U_{si}, \qquad \lambda = n_0 R_a^{m0}\left[1+(R_v/2R_a)^2\right]^{(1+m_0)/2},$$

$$R_v = \omega R s_1 Cr/\nu, \qquad R_a = 2U_{si}Cr/\nu,$$

$$B_m = 2 - \frac{(R_v/R_a)^2 - m_0}{(R_v/R_a)^2 + 1}, \qquad E_m = \frac{1+\xi_m}{2(1+\xi_m+2\sigma_m)} \tag{6.34}$$

式中　n、b、τ_0——经验系数，均与迷宫密封结构相关；

　　　　σ_m——摩擦损失梯度系数；

　　　　ξ_m——密封介质周向进口损失系数；

　　　　W——密封齿宽度（见图 6.1）；

　　　　m_0、n_0——Hirs 湍流方程的系数[19]；

　　　　R_a、R_v——轴向和周向雷诺数。

因此，对于具有 Nt 个密封齿的迷宫密封，Nt 个齿顶间隙处的流动介质作用在轮盘上的流体激振力为

$$\begin{bmatrix} F_{sX} \\ F_{sY} \end{bmatrix} = \begin{bmatrix} \sum\limits_{i=1}^{Nt} F_{sXi} \\ \sum\limits_{i=1}^{Nt} F_{sYi} \end{bmatrix} = -\begin{bmatrix} \sum\limits_{i=1}^{Nt}(K_i - m_{fi}\tau_i^2\omega^2) & \sum\limits_{i=1}^{Nt}\tau_i\omega D_i \\ -\sum\limits_{i=1}^{Nt}\tau_i\omega D_i & \sum\limits_{i=1}^{Nt}(K_i - m_{fi}\tau_i^2\omega^2) \end{bmatrix}\begin{bmatrix} X_s \\ Y_s \end{bmatrix}$$

$$-\begin{bmatrix} \sum\limits_{i=1}^{Nt} D_i & 2\sum\limits_{i=1}^{Nt}\tau_i m_{fi}\omega \\ -2\sum\limits_{i=1}^{Nt}\tau_i m_{fi}\omega & \sum\limits_{i=1}^{Nt} D_i \end{bmatrix}\begin{bmatrix} \dot{X}_s \\ \dot{Y}_s \end{bmatrix} - \begin{bmatrix} \sum\limits_{i=1}^{Nt} m_{fi} & 0 \\ 0 & \sum\limits_{i=1}^{Nt} m_{fi} \end{bmatrix}\begin{bmatrix} \ddot{X}_s \\ \ddot{Y}_s \end{bmatrix} \tag{6.35}$$

至此，由上述推导过程可以得到整个迷宫密封结构内的流体激振力，表达式如下：

$$\begin{bmatrix} F_{LX} \\ F_{LY} \end{bmatrix} = \begin{bmatrix} F_{cX} \\ F_{cY} \end{bmatrix} + \begin{bmatrix} F_{sX} \\ F_{sY} \end{bmatrix} \tag{6.36}$$

6.3　迷宫密封–转子系统动力学模型

　　旋转机械运转时受到密封流体激振力、轴承油膜力、不平衡力、外载荷、基座振动/松动等多源耦合激励的影响，其核心部件（转子系统）的振动因而不可避免。然而，随着工程

实际需求的提高,对旋转机械的性能、效率、转速、稳定性、安全性和可靠性等方面的要求也越来越高,相应地,转子系统减振的标准也随之提高。迷宫密封作为节流阻漏的装置,其结构形式、密封介质参数等决定流场分布及动能与内能的交换,进而影响泄漏量、流体激振力及转子系统的振动响应[20]。通常情况下,作用在转子上的不均匀间隙流体激振力会使得转子系统的稳定性降低,振动幅值增加;严重情况下,会诱发剧烈振动、转子碰摩乃至机毁人亡的重大事故。因此,研究迷宫密封阻漏性能及密封力对转子系统动力学行为及振动响应所造成的影响就尤为迫切。

安装有密封件的轮盘,当在转轴上偏置时,因转子转动引起的陀螺效应对转子-密封系统动态特性的影响显著。为了明确密封流体激振力对转子系统动力学特性的影响,并与其他激励因素以及陀螺效应的影响区分开,本章以轮盘中置的集中质量的简单转子-迷宫密封系统为研究对象,仅研究密封结构形式、介质参数、工况和不平衡量对密封性能及转子系统动力学特性的影响。迷宫密封-转子系统的动力学模型如图 6.3 所示,转子两端简支,密封力等效作用在位于转子中心的集中质量轮盘处。由于加工精度的制约,制造误差无法完全消除,转子存在值为 r_p 的偏心距。应用拉格朗日方程,对该系统进行动力学建模,得到系统的动力学方程如下:

$$\begin{bmatrix} F_{LX} \\ F_{LY} \end{bmatrix} - \begin{bmatrix} 0 \\ mg \end{bmatrix} + m_p r_p \omega^2 \begin{bmatrix} \cos \omega t \\ \sin \omega t \end{bmatrix} = \begin{bmatrix} m & 0 \\ 0 & m \end{bmatrix} \begin{bmatrix} \ddot{X}_s \\ \ddot{Y}_s \end{bmatrix} + \begin{bmatrix} D_e & 0 \\ 0 & D_e \end{bmatrix} \begin{bmatrix} \dot{X}_s \\ \dot{Y}_s \end{bmatrix} + \begin{bmatrix} K_e & 0 \\ 0 & K_e \end{bmatrix} \begin{bmatrix} X_s \\ Y_s \end{bmatrix}$$

$$(6.37)$$

式中　　m ——转子横向振动有效质量;

$\quad\quad m_p$ ——转子不平衡质量;

$\quad\quad D_e$ ——转子外阻尼;

$\quad\quad K_e$ ——转子刚度。

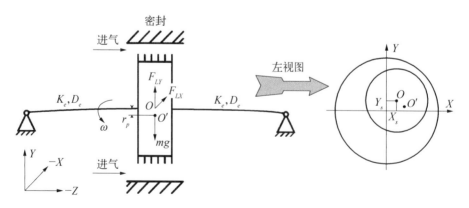

图 6.3　转子-密封系统动力学模型

联立密封力方程(6.31)、(6.35)、(6.36)及系统动力学方程(6.37),并对其进行无量纲化处理,可得如下方程:

$$\begin{bmatrix} 1 & 0 \\ 0 & 1 \end{bmatrix} \begin{bmatrix} \ddot{x} \\ \ddot{y} \end{bmatrix} + \begin{bmatrix} D_{sy1} & D_{sy2} \\ -D_{sy2} & D_{sy1} \end{bmatrix} \begin{bmatrix} \dot{x} \\ \dot{y} \end{bmatrix} + \begin{bmatrix} K_{sy1} & K_{sy2} \\ -K_{sy2} & K_{sy1} \end{bmatrix} \begin{bmatrix} x \\ y \end{bmatrix} = \begin{bmatrix} G_{sy1} \\ G_{sy2} \end{bmatrix} \tag{6.38}$$

其中,

$$D_{sy1} = \frac{D_e + \sum_{i=1}^{Nt} D_i}{M\omega}, \quad D_{sy2} = \frac{2\sum_{i=1}^{Nt} \tau_i m_{fi}}{M}, \quad K_{sy1} = \frac{K_e + \sum_{i=1}^{Nt} (K_i - \tau_i^2 \omega^2 m_{fi})}{M\omega^2},$$

$$K_{sy2} = \frac{\sum_{i=1}^{Nt} \tau_i D_i}{M\omega}, \quad G_{sy1} = \frac{F_{cX} + m_p r_p \omega^2 \cos \omega t}{MCr\omega^2},$$

$$G_{sy2} = \frac{F_{cY} + m_p r_p \omega^2 \sin \omega t - mg}{MCr\omega^2}, \quad M = m + \sum_{i=1}^{Nt} m_{fi} \tag{6.39}$$

6.4 迷宫密封性能及转子-密封系统动力学特性分析

本节分别以转子转速、压比、密封间隙、密封齿高及密封长度为控制参数,分析 TOR 迷宫密封(图 6.4)的密封性能及密封流体力激励作用下转子系统的振动响应、稳定性等动力学特性。迷宫密封-转子系统的结构参数及工作条件见表 6.1,如无特殊说明,各参数值保持不变。

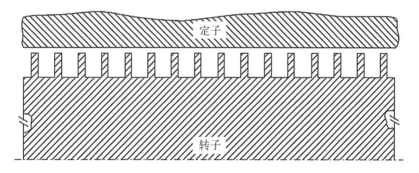

图 6.4 齿在转子上的直通型迷宫密封示意图

表 6.1 迷宫密封-转子系统的结构参数及工作条件

参 数 名 称	数值	参 数 名 称	数值
密封齿数 Nt	16	密封半径 Rs/mm	150
密封间隙 Cr/mm	0.4	入口压力 P_{in}/MPa	1.3
密封腔宽度 L/mm	5	压比 $R_P = P_{in}/P_{out}$	2
密封齿厚度 Ws/mm	2	入口预旋比	0.5
密封齿高度 B/mm	7	偏心距 r_p/mm	5

6.4.1 转速对密封性能及动力学特性的影响

转子角速度 ω 是旋转机械运行中的重要控制参数,其对齿腔内的介质压力 P_i 的影响较小[图 6.5(a)],当转子转速由 1 000 r/min 增加至 8 000 r/min 时,各齿腔内的介质压力 P_i 几乎保持不变,ω 增至 15 000 r/min 时,各腔内压力 P_i 有所增大,但最大增长比率约为 1.22%。周向流速 W_{2i} 随转速的变化较为显著[图 6.5(b)],$\omega = 1\,000$ r/min 时,W_{2i} 由 7.85 m/s(第一齿腔处)缓慢增长至 8.71 m/s(最末齿腔处);$\omega = 8\,000$ m/s 时,W_{2i} 由 62.83 m/s($i=1$)增长至 81.36 m/s($i=16$),相对于 $\omega = 1\,000$ r/min 时周向流速的最大增加比为 8.345($i=13$);将转子转速继续增大到 15 000 r/min,前 8 个齿腔内的周向流速增长较快,之后 W_{2i} 增速逐渐变缓,最末齿腔中 W_{2i} 达到最大值 155.71 m/s;$\omega = 15\,000$ r/min 时各齿腔的周向流速相对于 $\omega = 10\,000$ r/min 时的最大增长率为 17.097($i=10$)。转速对齿顶处轴向流速 U_{si} 的影响也较小[图 6.5(c)],转速由 1 000 r/min 增大到 8 000 r/min 时,轴向流速最大增比为 1.45%(最末齿顶处),转速由 1 000 r/min 增大到 15 000 r/min 时,迷宫密封进口处附近的 U_{si} 变化幅度不大,出口处的轴向流速增长率最大,相对于 8 000 r/min 时为 7.04%。由图 6.5(d)可以发现,转速较低时,泄漏量的增长较为缓慢,而在中高速时,随着转速的增加,泄漏量的增速逐渐增大,这主要是由于密封轮盘对流体剪切作用增强造成

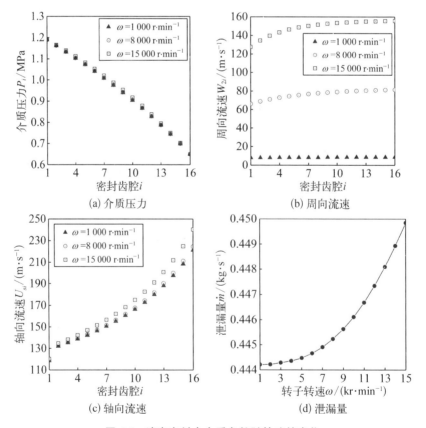

图 6.5 迷宫密封内介质参数随转速的变化

的;尽管如此,ω 由 1 000 r/min 增大到 15 000 r/min,$\dot{m}$ 仅增加了 1.27%。

图 6.6 为迷宫密封-转子系统在升速过程中的动力学响应。在低速范围内运转时($\omega \leqslant 7\ 750$ r/min),系统的振动主要由转子不平衡引起,频谱图中仅存在单一的工频成分 f_r。$\omega = 3\ 250$ r/min 时,工频振幅较大,径向最大振幅 $D_{\max}$ 达到极大值,此时,各腔内周向环流比的平均值约为 0.54。随着转子转速的升高,工频分量的幅值逐渐降低,当 $\omega = 8\ 000$ r/min 时,工频 f_r 的幅值很小,系统发生跳频,突然出现了 $f = 60.7$ Hz 的频谱分量,其幅值远大于工频,系统径向振幅急剧增大。继续增大转子转速 ω,幅值占绝对优势的频率成分 f_{wl} 随之增大,而其幅值变化不明显;f_{wl} 与工频 f_r 之比由 0.455 逐渐增大至 0.495,此振动频率分量主要由密封流体激励引起,在 8 000 r/min$<\omega<$12 000 r/min 范围内,系统振动的频谱特性与由滑动轴承支承的转子系统的半频涡动(油膜涡动)相似,f_{wl}/f_r 略小于 0.5。$\omega = 2\omega_{cr} = 12\ 000$ r/min 时,$f_{wp} = 99$ Hz,略小于 $f_r/2 = 100$ Hz;随着转子转速的继续增大,f_{wp} 为主激振频率,其幅值变化不大;尽管 f_r 由 200 Hz 增大至 250 Hz,主激振频率 f_{wp} 则锁定在 98.8～99 Hz 范围内,该种现象为密封流体振荡(fluid whip)[21],与滑动轴承油膜振荡[22]的产生机理相同。自密封流体涡动出现至密封流体振荡发生之前,转子径向振幅 $D_{\max}$ 小幅增加,密封流体振荡发生后,径向振幅变化很小,转子振动维持在较强烈的水平。

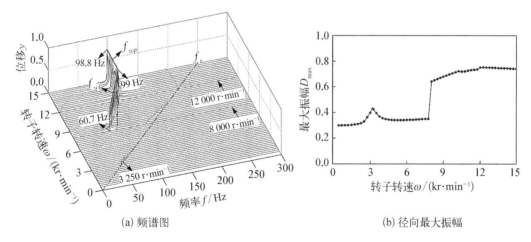

(a) 频谱图　　　　　　　　　　　(b) 径向最大振幅

图 6.6　转子系统动力学响应

假定转子轴心纵坐标 Y 为负时,方位角 $-180° < \alpha_e < 0°$,$Y > 0$ 时,$0° < \alpha_e < 180°$;类似地,密封力 F_{LY} 为正时,密封力夹角 $-180° < \alpha_F < 0°$,而当 $F_{LY} < 0$ 时,$0° < \alpha_F < 180°$(图 6.7)。密封流体涡动未发生之前,以 $\omega = 3\ 250$ r/min 为例,密封力 F_L 呈正弦规律变化,密封力夹角 α_F 与方位角 α_e 均在 $-104°\sim-57°$ 范围内变化,且 α_F 略滞后于 α_e[图 6.8(a)],滞后角度平均值为 6.12°;此时,轮盘在迷宫密封内较低位置处转动,轴心轨迹呈椭圆形,密封力频率成分为 N 倍工频[图 6.9(a)]。系统发生密封流体涡动后,以 $\omega = 8\ 000$ r/min 为例,密封力 F_L 的非线性变化特征十分明显,密封力夹角 α_F 与方位角 α_e 均在 $-180°\sim180°$ 范围内变化,且 α_F 滞后于 α_e 的角度减小[图 6.8(b)],其平均值为 2.01°,表明系

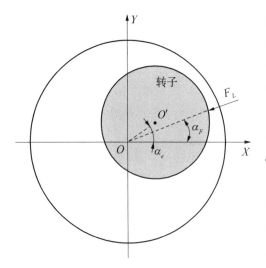

图 6.7 转子方位角 α_e 及密封力夹角 α_F

统振动加剧;此时,系统轴心轨迹为多个大小相套的椭圆环[图 6.9(b)],密封力频率则以 f_{wl} 为主,工频 f_r 的幅值远小于其他组合频率及倍频分量($f_r \pm N f_{wl}$、$N f_{wl}$),主频幅值远大于系统稳定时的主激励频率幅值。在密封流体振荡的转速域内,密封力夹角 α_F 与方位角 α_e 随时间变化时的差值很小,与图 6.8(b)相似,此处不再示出;由图 6.9(c)~(d)可见,密封力频率仍以 f_{wp} 的倍频及 f_{wp} 和工频 f_r 的组合频率 $f_r \pm N f_{wp}$ 为主,流体激励频率分量 f_{wp} 的数值及其幅值变化均很小;流体振荡发生后,随着转速的增加,轴心轨迹的变化不大,稳定在极限环上,为多个半径接近的近似圆环。

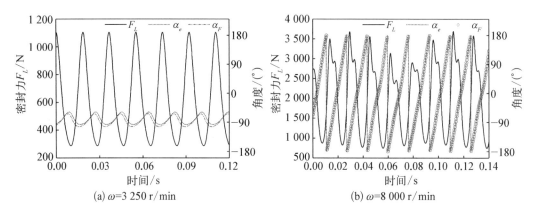

图 6.8 密封力 F_L、密封力夹角 α_F 及转子方位角 α_e 随时间的变化

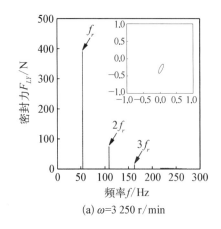

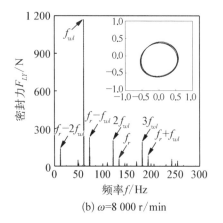

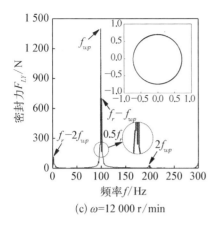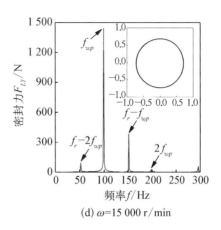

图 6.9　不同转速时的密封力频率响应及转子轴心轨迹

6.4.2　压比对密封性能及动力学特性的影响

保持密封进口压力 P_{in} 不变,在 $\omega=8\,000$ r/min 的转速条件下调整压比 R_P,迷宫密封各齿腔内介质压力分布、泄漏量及轴向平均流速如图 6.10 所示。随着压比由 $R_P=1.5$ 增大至 $R_P=3.0$,各齿腔内介质压力均降低,且随着压比的增加,压力值沿轴向流动方向的减小率增大;当 R_P 由 3.0 增大至 3.5,各齿腔内介质压力的减小量很小,而继续将压比 R_P 提升至 4.0 时,各齿腔内的介质压力保持不变,这表明在最末齿处发生了壅塞流动,此时,无论出口处压力值如何降低(即无论 R_P 如何增大),各齿腔内介质压力将不再变化。由图 6.10(b)可知,压比由 1.5 增加到 3.4 的过程中,泄漏量由 0.383 kg/s 增大到 0.494 kg/s,增加了将近 29%,轴向平均流速则增大了约 63.6%;$R_P=3.4$ 时,末齿处密封介质的实际流速达到当地音速值,泄漏量达到最大值,R_P 从 3.4 继续增大时,由于已处于临界条件,泄漏量及轴向平均流速均不再变化。

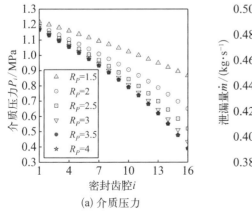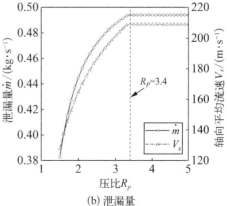

(a) 介质压力　　　　　　(b) 泄漏量

图 6.10　迷宫密封内介质参数随压比的变化($\omega=8\,000$ r/min)

压比 R_P 的变化改变了迷宫密封内介质参数,作用于转子上的密封力也随之发生变化。分别分析转子系统在不同压比条件下的动力学响应,所得到的系统频谱特征与图 6.6(a) 相似,不再一一展示;R_P 由 1.5 增大到 2.5 时,系统失稳转速依次由 $R_P = 1.5$ 时的 8 250 r/min 和 $R_P = 2.0$ 时的 8 000 r/min 减小至 $R_P = 2.5$ 时的 7 750 r/min,径向最大振动幅值明显降低[图 6.11(a)];将 R_P 增大到 3.5 时,转子系统失稳转速保持在 7 750 r/min,$D_{\max}$ 的变化量也很小;继续增加压比,系统失稳转速仍然不再改变,且径向最大振幅也不再发生变化。在转速 $\omega = 8\,000$ r/min 的条件下调整压比 R_P,得到迷宫密封-转子系统的频率响应如图 6.11(b) 所示;$R_P = 1.5$ 和 1.6 时,频谱图中仅有工频 f_r,为单周期运动,系统稳定运行;$R_P = 1.7$ 时,由密封力引起的激振频率分量 f_{wl} 出现,其幅值远大于工频幅值,系统失稳;R_P 由 1.7 增大到 3.0 的过程中,涡动频率 f_{wl} 的幅值多次发生大幅波动,在 $R_P = 3.0$ 时,f_{wl} 的幅值达到极小值;继续增大 R_P 时,f_{wl} 的幅值逐渐增大。系统失稳后,频率 f_{wl} 的由 59.3 Hz 缓慢增长至 62.7 Hz,这主要是由于周向流速比的增加引起的[21]。

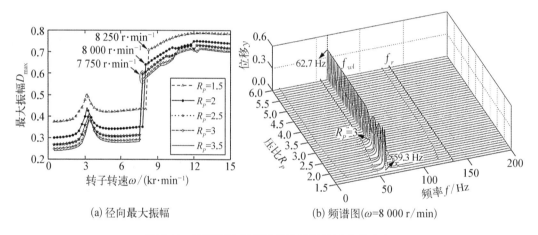

(a) 径向最大振幅 (b) 频谱图($\omega = 8\,000$ r/min)

图 6.11　不同压比条件下的转子系统动力学响应

6.4.3　密封间隙对密封性能及动力学特性的影响

具有不同间隙 Cr 的迷宫密封在相同工况条件下,随着密封间隙的增大,每个齿腔内的介质压力均降低[图 6.12(a)]。密封间隙变宽直接导致通流面积增加,介质流经曲折型密封结构时动能与内能的交换强度降低,能量耗散量减小,对密封介质的节流作用减弱,轴向流速快速升高。Cr 由 0.1 mm 增至 0.6 mm 时,轴向平均流速呈线性由 112 m/s 增大到 191 m/s,升高了约 71%;泄漏量由 0.076 kg/s 增大到 0.761 kg/s,增加了 9 倍,密封性能严重降低[图 6.12(b)]。

密封间隙的改变不仅使得齿腔及齿顶处的介质流动参数发生变化,作用于轮盘上的密封流体力也随之改变,进而转子-密封系统的动力学行为也受到影响。特别地,周向流

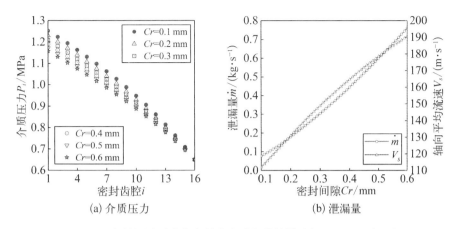

图 6.12　密封间隙对迷宫密封内介质参数的影响($\omega = 8\,000$ r/min)

速也因密封结构的不同而变化,这进一步对系统稳定性造成较大影响。分析具有不同密封间隙的转子系统在相同转速($\omega = 8\,000$ r/min)时的动力学特性可以发现(图 6.13),密封间隙较小时,系统的不平衡作用较强,工频 f_r 为主振动频率;随着 Cr 的增加,工频幅值降低,在 0.23 mm$\leqslant Cr \leqslant 0.26$ mm 的条件下,系统产生倍周期运动,由密封力引起的半频振动分量($f_r/2$)成为主振动频率,其幅值远大于工频,且随密封间隙的增加先增大后减小; 0.26 mm$< Cr$ 时,系统为同步周期运动;随着密封间隙的继续增加(0.36 mm$< Cr$),流体作用力增强,工频 f_r 与主频 f_{wl} 之比为非整数,系统出现概周期运动;继续增大密封间隙,密封力激振频率 f_{wl} 由 62 Hz 缓慢移动到 56 Hz,其幅值也发生多次改变,但整体来看,主频 f_{wl} 的幅值增大,流体激振作用增强。

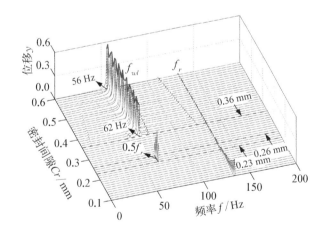

图 6.13　密封间隙对迷宫密封-转子系统动力学响应的影响($\omega = 8\,000$ r/min)

由上述可知,在同一工况条件下,转子系统的动力学行为由于密封间隙的不同而发生较大变化,系统的稳定性也因之改变。为得到 Cr 对迷宫密封-转子系统稳定性的影响,分析了 11 组具有不同密封间隙的转子系统在升速过程中的动力学特性,得到系统失稳转速随密封间隙的变化趋势,如图 6.14 所示。系统失稳转速与密封间隙并不呈线性变化关系,Cr 由 0.1 mm 增加到 0.25 mm 时,系统失稳转速快速减小;而从 0.25 mm 增大到 0.3 mm 时,失稳转速则随之增加,稳定性提高;密封间隙继续增加时,失稳转速再次降低,系统稳定域范围减小。通过以上可知,尽管密封间隙越小,密封效果越好,但在一定范围内,转子系统的稳定性并不一定最优。为了达到密封性能与转子-密封系统稳定性之间的平衡,密封间隙 Cr 的选择至关重要。

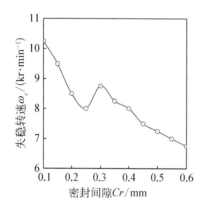

图 6.14 密封间隙对迷宫密封-转子
系统失稳转速的影响

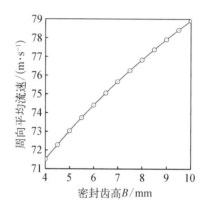

图 6.15 迷宫密封内周向平均流速随密封
齿高的变化($\omega = 8\,000$ r/min)

6.4.4 密封齿高对密封性能及动力学特性的影响

相同工况条件下,齿高的变化对迷宫密封的各齿腔内介质压力分布、轴向平均流速及泄漏量的影响很小:密封齿高由 4 mm 增大到 10 mm 时,齿腔内介质压力分布与图 6.5 中基本相同,轴向平均流速和泄漏量分别由 164.62 m/s 和 0.445 13 kg/s 增大到 164.91 m/s 和 0.445 32 kg/s,分别增加了 0.176% 和 0.043%。密封齿腔涡流区 Ⅱ 中的周向平均流速变化相对明显,其随着密封齿高的增加,升高了约 10%(图 6.15)。

具有不同齿高的迷宫密封在 $\omega = 8\,000$ r/min 时的有效阻尼和有效刚度[23]随时间的变化如图 6.16 所示。密封齿高 B 由 4 mm 增加到 6 mm 时[图 6.16(a)、(b)],有效阻尼 C_{eff} 整体上降低了约 547 N·s/m,有效刚度 K_{eff} 降低了约 447 kN/m,降幅较大;尽管有效阻尼 C_{eff} 的降低能够导致稳定性的降低,但有效刚度 K_{eff} 的降低则有助于稳定性的提升,由于此时 K_{eff} 的降低对稳定性的提升作用远大于 C_{eff} 的降低对稳定性的削弱作用,因此齿高由 4 mm 增大 6 mm 时系统的稳定性提高。B 由 6 mm 增大到 8 mm 和由 8 mm 再次增大到 10 mm 时[图 6.16(c)、(d)],有效阻尼 C_{eff} 的降幅明显小于图 6.16(a)中所示的降幅,分别降低了 340 N·s/m 和 196 N·s/m,有效刚度 K_{eff} 则降低了约 346 kN/m 和 114 kN/m,综合来看,稳定性仍有所提升,但程度较小。

为进一步了解密封齿高对转子-密封系统稳定性的影响,对具有不同密封齿高的转子系统在升速过程中的动力学特性进行了分析,得到系统失稳转速随齿高的变化趋势,如

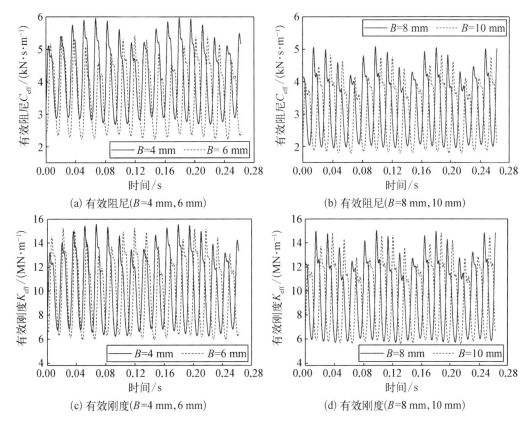

图 6.16　$\omega = 8\,000$ r/min 时迷宫密封的有效阻尼和有效刚度

图 6.17 所示。随着密封齿高的增加,齿腔体积增大,介质在齿腔中的涡流强度降低,有效阻尼和有效刚度减小,系统失稳转速呈阶梯状增大,且在齿高的较小参数值的变化域内,失稳转速的增加较快:B 由 4 mm 增大到 6 mm 时,失稳转速由 7 250 r/min 升高到 7 750 r/min,增加了 500 r/min,而由 6 mm 增加到 8 mm 并再次增大到 10 mm 时,系统失稳转速则由 7 750 r/min 经 8 000 r/min 增大到 8 250 r/min,分别增加了 250 r/min,ω_c 的增速明显降低,这与图 6.16 中得到的结果一致。

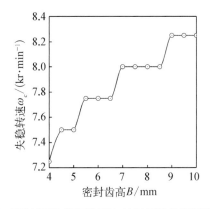

图 6.17　密封齿高对迷宫密封-转子系统失稳转速的影响

6.4.5 密封长度对密封性能及动力学特性的影响

保持齿腔宽度及密封齿厚度不变,增加密封齿数(图 6.18),迷宫密封的有效总长度随之线性增大,密封中介质的动能同内能的交换加剧,密封节流效果增强,泄漏量及轴向平均流速均随之降低,流体在密封轮盘表面摩擦力的剪切作用下,周向平均流速增大;特别地,当齿数较少时,泄漏量、轴向及周向平均流速的变化速度均较快,而当齿数较多时,三者的变化速度降低,由此可以预见密封节流作用不能随密封长度的增加而无限增强。

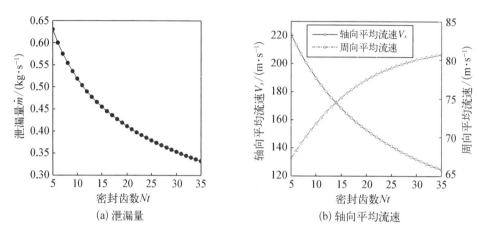

(a) 泄漏量　　　　　　　　　　(b) 轴向平均流速

图 6.18　密封齿数 Nt 对迷宫密封内介质参数的影响($\omega = 8\,000$ r/min)

在转子转速 $\omega = 8\,000$ r/min 时,具有不同齿数的迷宫密封内的流体作用于转子上的切向密封力的频率特征如图 6.19 所示。齿数较少时[图 6.19(a)],仅有 N 倍工频的密封力频率分量,转子轴心轨迹是较为规则的圆环,系统此时为同步周期运动。密封长度增加 1 倍时[图 6.19(b)],密封力的频率特征变得较为丰富,以 $N \times 0.5F_r$ 为主,另外还存在许多其他频率分量;在该条件下,转子为概周期运动,轴心轨迹为多个不重合的大小相套的椭圆环。密封齿数再次增加 1 倍时[图 6.19(c)],0.5 倍工频和 1 倍工频分量的幅值基本相等,且仅存在 $N \times 0.5F_r$ 频率成分,系统此时为倍周期运动,由于不平衡量较小,密封力作用远大于不平衡激振力作用,转子轴心轨迹为一个椭圆环,而非大、小两圈叠连的形状。观察图 6.19 可以发现,齿数较少时,切向密封力随着齿数的增加快速增大,齿数较多时,密封力增速减小。切向密封力 F_t 是影响系统稳定性的关键因素,随着 F_t 的增加,转子系统的稳定性降低。

图 6.20 为迷宫密封-转子系统的失稳转速随齿数 N_t 的变化情况。齿数较少时,系统的失稳转速很大,随着齿数的增加,密封流体力对转子的激振作用增强,失稳转速急剧减小,系统稳定性快速降低。密封齿数增大到一定程度时,系统失稳转速的变化很小,齿数增大所引起的密封力对系统稳定性的削弱作用不再增强,系统的失稳转速趋于定值。综合图 6.18、图 6.19 及图 6.20 可知,密封长度的增加尽管能够增强迷宫密封的节流作用,但是同时也诱发了切向密封力的增大和稳定性的降低,就平衡密封性能及系统的稳定性而言,密封长度的选择非常关键。

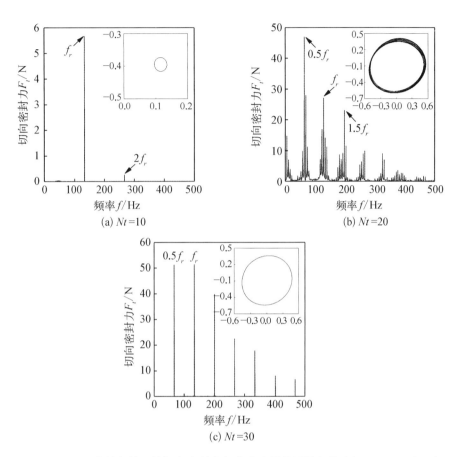

图 6.19　不同齿数条件下的切向密封力频率响应及转子轴心轨迹($\omega = 8\,000$ r/min)

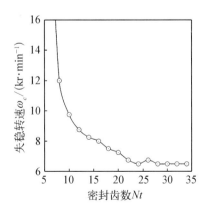

图 6.20　密封齿数对迷宫密封‐转子系统失稳转速的影响

6.5 本章小结

为合理描述迷宫密封齿腔内及齿顶处流体激振力的动力学特征,本章提出了一种非线性密封力模型。将齿腔流场划分为射流区和环流区,并将转子轨迹设置为随时间和转角变化的非规则环形,应用摄动法,通过将密封介质的非定常压力在转子表面进行积分来获得齿腔区域的流体力;在齿顶间隙处应用 Muszynska 模型来模拟非线性流体激振力。应用该模型,建立了迷宫密封-转子系统的动力学模型。分析了密封结构参数、密封介质属性、工况参数和不平衡量等对迷宫密封性能及转子系统动力学响应及稳定性的影响,得到以下结论:转速对齿腔内气压分布的影响很小,周向和轴向流速及泄漏量随转速增加而增大,周向流速对转速的变化最敏感;系统在升速过程中,出现了密封流体涡动和密封流体振荡现象;压比的增加使得密封泄漏量和轴向流速增大,达到临界条件时,发生壅塞流动;系统稳定性随压比的增大而降低,径向振幅减小;壅塞流动发生后,密封力及转子径向最大振幅不再改变,振动维持在相对稳定的水平;密封间隙越小,密封效果越好;系统的失稳转速随密封间隙的增加而减小,稳定性降低,但在部分范围内,失稳转速则随间隙的增加而增大;齿高的增加对密封效果的削弱和对稳定性提升作用很小;齿高较小时,失稳转速的增加相对较快,稳定性的提升程度相对较大;密封长度对迷宫密封节流性能及转子-密封系统稳定性的影响显著,密封长度较小时,密封效果较差,但系统失稳转速较高,稳定性较强;随着密封长度的增加,密封效果提升,系统稳定性降低。

参 考 文 献

[1] Scharrer J K. A comparison of experimental and theoretical results for labyrinth seals[D]. Texas A&M University, 1987: 6-50.

[2] Scharrer J K. Theory versus experiment for the rotordynamic coefficients of labyrinth gas seals: Part I—A two control volume model[J]. Journal of Vibration, Acoustics, Stress, and Reliability in Design, 1988, 110(3): 270-280.

[3] Neumann K. Zur Frage der Verwendung von Durchblickdichtungen im Dampfturbinenbau[J]. Maschinentechnik, 1964, 13(4): 188-195.

[4] Childs D W. Turbomachinery Rotordynamics Phenomena, Modeling, and Analysis[M]. New York: John Wiley and Sons, 1993: 297-301.

[5] Dursun E, Kazakia J Y. Air flow in cavities of labyrinth seals[J]. International Journal of Engineering Science, 1995, 33(15): 2309-2326.

[6] Gurevich M I. The Theory of Jets in an Ideal Fluid[M]. Oxford: Pergamon Press, 1966: 319-323.

[7] Vermes G. A fluid mechanics approach to the labyrinth seal leakage problem[J]. Journal of Engineering for Gas Turbines and Power, 1961, 83(2): 161-169.

[8] John J E A. Gas Dynamics[M]. New Jersey: Prentice-Hall, 1984: 68-102.

[9] 王炜哲.超超临界汽轮发电机组迷宫密封-转子系统动力特性数值与模拟实验研究[D].上海交通大

学,2007：72.

[10] Muszynska A. Whirl and whip-rotor/bearing stability problems [J]. Journal of Sound and Vibration, 1986, 110(3)：443 - 462.

[11] Muszynska A. Improvements in lightly loaded rotor/bearing and rotor/seal models[J]. Journal of Vibration, Acoustics, Stress, and Reliability in Design, 1988, 110(2)：129 - 136.

[12] Bently D E, Muszynska A. The dynamic stiffness characteristics of high eccentricity ratio bearings and seals by perturbation testing, rotordynamic instability problems in high performance turbomachinery [C]//1984, Texas A&M University, NASA CP-2338：481 - 491.

[13] Bently D E, Muszynska A. Anti-swirl arrangements prevent rotor/seal instability[J]. Journal of Vibration, Acoustics, Stress, and Reliability in Design, 1989, 111(2)：156 - 162.

[14] Muszynska A. Modal testing of rotor/bearing systems[J]. The International Journal of Analytical and Experimental Modal Analysis. 1986, 1(3)：15 - 34.

[15] Muszynska A. Fluid-related rotor/bearing/seal instability problems[C]//Bently Rotor Dynamics Research Corporation Report, Minden, NV, 1986：1 - 10.

[16] Tam L T, Przekwas A J, Muszynska A, et al. Numerical and analytical study of fluid dynamic forces in seals and bearings[J]. Journal of Vibration, Acoustics, Stress, and Reliability in Design, 1998, 110(3)：315 - 325.

[17] Muszynska A, Bently D E. Frequency swept rotating input perturbation techniques and identification of the fluid force models in rotor/bearing/seal systems and fluid handling machines [J]. Journal of Sound and Vibration, 1990, 143(1)：103 - 124.

[18] Hendricks R, Tam L T, Muszynska A. Turbomachine sealing and secondary flows. part 2 — review of rotordynamics issues in inherently unsteady flow systems with small clearances[C]// NASA TM-211991. Lewis Field：NASA Glenn Research Center, 2004, 31 - 39.

[19] Childs D W. Dynamic analysis of turbulent annular seals based on hirs' lubrication equation[J]. Journal of Lubrication Technology, 1983, 105(3)：429 - 436.

[20] 张恩杰,焦映厚,陈照波,等.迷宫密封激振力作用下转子系统非线性动力学分析[J].振动与冲击, 2016,35(9)：159 - 163.

[21] Muszynska A. Rotordynamics[M]. Florida：CRC Press, 2005, 209 - 542.

[22] 闻邦椿,顾家柳,夏松波,等.高等转子动力学：理论、技术与应用[M].北京：机械工业出版社, 2000：179 - 193.

[23] Picardo A, Childs D W. Rotordynamic coefficients for a tooth-on-stator labyrinth seal at 70 bar supply pressures measurements versus theory and comparisons to a hole-pattern stator seal[J]. Journal of Engineering for Gas Turbines and Power, 2004, 127(4)：843 - 855.

第7章　基础振动的转子-轴承-密封系统动力学特性分析

7.1　引言

交通运输中作为动力输出设备的旋转机械,受到来自转轴不平衡质量、密封流体和轴承油膜的激励作用,此外,还常受到不同形式的基础振动激励作用。转子系统在长期、周期性振动作用下,特别是当支承部件安装质量不高、固定螺栓的强度不够时,支承结合面将会出现紧力不足或间隙过大,最终导致支座与基础之间的松动,从而加剧系统振动,甚至诱发严重事故,造成重大损失[1,2]。在以往关于基础振动的研究中,多以转子-轴承系统作为研究对象。实际上,作为功率输出设备的旋转机械转子系统,不可避免地会受到来自工作介质的作用,而在用于降低泄漏量、提高机器效率的节流阻漏部件——密封——位置处,密封流体对转子的激振作用不可忽略[3,4]。为更准确地对旋转机械进行性能预测和安全评估,亟须建立基础振动的转子-密封-轴承系统动力学模型,并对此类转子系统的动力学特性进行全面分析。

7.2　基础振动的转子-密封-轴承系统动力学模型

7.2.1　基础振动的转子系统动力学模型

受转子系统的基础振动的影响,转子上各点的位移及速度均为基础振动变量的函数。为建立基础振动的转子-密封-轴承系统[见示意图 7.1(a)]的动力学模型,首先定义如下坐标系:惯性坐标系 $F_g(X_g, Y_g, Z_g)$ 和固定于运动基础的非惯性坐标系 $F_b(X_b, Y_b, Z_b)$。

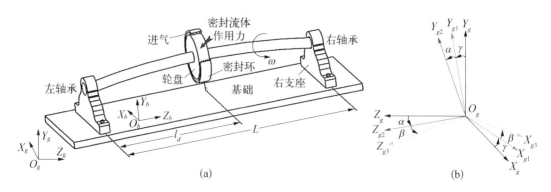

图 7.1　基础振动的转子系统示意图及其坐标系

　　基础坐标系 F_b 与惯性坐标系 F_g 之间存在以下关系[图 7.1(b)]：（1）绕坐标轴 $O_g Z_g$ 转动 γ 角，得到中间坐标系 $O_g(X_{g1}, Y_{g1}, Z_g)$；（2）绕坐标轴 $O_g X_{g1}$ 转动 α 角，得到中间坐标系 $O_g(X_{g1}, Y_{g2}, Z_{g2})$；（3）绕坐标轴 $O_g Y_{g2}$ 转动 β 角，得到坐标系 $O_g(X_{g3}, Y_{g2}, Z_{g3})$，该坐标系与基础坐标系 $F_b(X_b, Y_b, Z_b)$ 平行。则向量 $\boldsymbol{\zeta}$ 在基础坐标系 F_b 中的表示与其在全局坐标系 F_g 中的表示之间的坐标变换关系如下：

$$(\boldsymbol{\zeta})_{F_b} = \boldsymbol{T}_{bg} (\boldsymbol{\zeta})_{F_g} \tag{7.1}$$

其中

$$\boldsymbol{T}_{bg} = \boldsymbol{R}_{Y_{g2}, \beta} \boldsymbol{R}_{X_{g1}, \alpha} \boldsymbol{R}_{Z_g, \gamma}, \qquad \boldsymbol{R}_{Y_{g2}, \beta} = \begin{bmatrix} \cos\beta & 0 & -\sin\beta \\ 0 & 1 & 0 \\ \sin\beta & 0 & \cos\beta \end{bmatrix},$$

$$\boldsymbol{R}_{X_{g1}, \alpha} = \begin{bmatrix} 1 & 0 & 0 \\ 0 & \cos\alpha & \sin\alpha \\ 0 & -\sin\alpha & \cos\alpha \end{bmatrix}, \quad \boldsymbol{R}_{Z_g, \gamma} = \begin{bmatrix} \cos\gamma & \sin\gamma & 0 \\ -\sin\gamma & \cos\gamma & 0 \\ 0 & 0 & 1 \end{bmatrix} \tag{7.2}$$

　　基础坐标系 F_b 相对于全局坐标系 F_g 的角速度在基础坐标系 F_b 中表示为

$$(\boldsymbol{\omega}_{F_b}^{F_g})_{F_b} = \begin{bmatrix} \omega_{bX} \\ \omega_{bY} \\ \omega_{bZ} \end{bmatrix} = \begin{bmatrix} \dot{\alpha}\cos\beta - \dot{\gamma}\cos\alpha\sin\beta \\ \dot{\beta} + \dot{\gamma}\sin\alpha \\ \dot{\alpha}\sin\beta + \dot{\gamma}\cos\alpha\cos\beta \end{bmatrix} \tag{7.3}$$

　　基础坐标系的原点 O_b 在全局坐标系中的位置向量为

$$(\boldsymbol{O}_g \boldsymbol{O}_b)_{F_g} = [X_b, Y_b, Z_b]^{\mathrm{T}} \tag{7.4}$$

左端轴承中心 A 在基础坐标系中的位置向量表示为：

$$(\boldsymbol{O}_b \boldsymbol{A})_{F_b} = [X_{Ab}, Y_{Ab}, Z_{Ab}]^{\mathrm{T}} \tag{7.5}$$

　　密封轮盘转动时，其在基础坐标系 F_b 中的离心运动表示为沿 $O_b X_b$ 及 $O_b Y_b$ 方向的 X_d 和 Y_d，密封轮盘中心 O_d 的位置向量在坐标系 F_b 和 F_g 中则可分别表示为

$$\begin{cases} (\boldsymbol{O}_b \boldsymbol{O}_d)_{F_b} = [X_{Ab} + X_d, Y_{Ab} + Y_d, Z_{Ab} + l_d]^{\mathrm{T}} \\ (\boldsymbol{O}_g \boldsymbol{O}_d)_{F_g} = (\boldsymbol{O}_g \boldsymbol{O}_b)_{F_g} + T_{bg}^{-1} (\boldsymbol{O}_b \boldsymbol{O}_d)_{F_b} \end{cases} \tag{7.6}$$

其中，l_d 为密封轮盘中心与左轴承中心的轴向距离；$(\boldsymbol{O}_g \boldsymbol{O}_d)_{F_g}$ 的第二个元素为轮盘中心在全局坐标系中铅直方向的坐标 $D_{Y_{dg}}$；$T_{bg}^{-1} = \boldsymbol{T}_{bg}^{\mathrm{T}}$。

　　那么，轮盘中心在全局坐标系 F_g 中的绝对速度表示如下：

$$(\boldsymbol{V}_d)_{F_g} = (\boldsymbol{O}_g \boldsymbol{O}_b)'_{F_g} + \boldsymbol{T}_{bg}^{\mathrm{T}} (\boldsymbol{O}_b \boldsymbol{O}_d)'_{F_b} + \boldsymbol{T}_{bg}^{\mathrm{T}} (\boldsymbol{\omega}_{F_b}^{F_g})_{F_b} \times (\boldsymbol{O}_b \boldsymbol{O}_d)_{F_b} \tag{7.7}$$

　　类似地，可以得到左右轴颈中心在 F_g 坐标系中的绝对速度分别为

$$
\begin{cases}
(\boldsymbol{V}_{LB})_{F_g} = (\boldsymbol{O}_g\boldsymbol{O}_{LB})'_{F_g} + \boldsymbol{T}_{bg}^{\mathrm{T}}\,(\boldsymbol{O}_b\boldsymbol{O}_{LB})'_{F_b} + \boldsymbol{T}_{bg}^{\mathrm{T}}\,(\boldsymbol{\omega}_{F_b}^{F_g})_{F_b} \times (\boldsymbol{O}_b\boldsymbol{O}_{LB})_{F_b} \\
(\boldsymbol{V}_{RB})_{F_g} = (\boldsymbol{O}_g\boldsymbol{O}_{RB})'_{F_g} + \boldsymbol{T}_{bg}^{\mathrm{T}}\,(\boldsymbol{O}_b\boldsymbol{O}_{RB})'_{F_b} + \boldsymbol{T}_{bg}^{\mathrm{T}}\,(\boldsymbol{\omega}_{F_b}^{F_g})_{F_b} \times (\boldsymbol{O}_b\boldsymbol{O}_{RB})_{F_b}
\end{cases}
\tag{7.8}
$$

其中

$$
\begin{cases}
(\boldsymbol{O}_g\boldsymbol{O}_{LB})_{F_g} = (\boldsymbol{O}_g\boldsymbol{O}_b)_{F_g} + \boldsymbol{T}_{bg}^{\mathrm{T}}\,(\boldsymbol{O}_b\boldsymbol{O}_{LB})_{F_b} \\
(\boldsymbol{O}_g\boldsymbol{O}_{RB})_{F_g} = (\boldsymbol{O}_g\boldsymbol{O}_b)_{F_g} + \boldsymbol{T}_{bg}^{\mathrm{T}}\,(\boldsymbol{O}_b\boldsymbol{O}_{RB})_{F_b} \\
(\boldsymbol{O}_b\boldsymbol{O}_{LB})_{F_b} = [X_{Ab} + X_{LB},\, Y_{Ab} + Y_{LB},\, Z_{Ab}]^{\mathrm{T}} \\
(\boldsymbol{O}_b\boldsymbol{O}_{RB})_{F_b} = [X_{Ab} + X_{RB},\, Y_{Ab} + Y_{RB},\, Y_{Ab} + Y_{RB}]^{\mathrm{T}}
\end{cases}
\tag{7.9}
$$

式中，L 为转子长度；$(\boldsymbol{O}_g\boldsymbol{O}_{LB})_{F_g}$ 和 $(\boldsymbol{O}_g\boldsymbol{O}_{RB})_{F_g}$ 的第二个元素分别为左右轴颈中心在全局坐标系中铅直方向的坐标 $D_{Y_{LB}g}$、$D_{Y_{RB}g}$。

由于制造、装配误差等的存在，转子不平衡量不可避免，假定转子不平衡质量 m_{ub} 集中于密封轮盘上的 n_{ub} 点处，该点与基础坐标系 F_b 的水平坐标轴 O_bX_b 的夹角为 η_{ub}，偏心距为 r_{ub}，则偏心质量在全局坐标系 F_g 中的位置向量为

$$
(\boldsymbol{O}_g n_{ub})_{F_g} = (\boldsymbol{O}_g\boldsymbol{O}_d)_{F_g} + r_{ub}\boldsymbol{T}_{bg}^{\mathrm{T}}\,[\cos(\omega t + \eta_{ub}),\, \sin(\omega t + \eta_{ub}),\, 0]^{\mathrm{T}}
\tag{7.10}
$$

不平衡质量 m_{ub} 的在 F_g 坐标系中的绝对速度表示为

$$
(\boldsymbol{V}_{ub})_{F_g} = (\boldsymbol{V}_d)_{F_g} + r_{ub}\omega\boldsymbol{T}_{bg}^{\mathrm{T}}
\begin{bmatrix}
-\sin(\omega t + \eta_{ub}) \\
\cos(\omega t + \eta_{ub}) \\
0
\end{bmatrix}
+ \boldsymbol{T}_{bg}^{\mathrm{T}}\,(\boldsymbol{\omega}_{F_b}^{F_g})_{F_b} \times
\begin{bmatrix}
r_{ub}\cos(\omega t + \eta_{ub}) \\
r_{ub}\sin(\omega t + \eta_{ub}) \\
0
\end{bmatrix}
$$

$$
\tag{7.11}
$$

忽略陀螺效应的影响，转子系统的动能、势能及瑞丽耗散势能分别表示为

$$
\begin{cases}
\begin{aligned}
T_{\text{system}} &= \frac{1}{2}m_{LB}\,(\boldsymbol{V}_{LB})_{F_g}^{\mathrm{T}}\,(\boldsymbol{V}_{LB})_{F_g} + \frac{1}{2}m_d\,(\boldsymbol{V}_d)_{F_g}^{\mathrm{T}}\,(\boldsymbol{V}_d)_{F_g} \\
&\quad + \frac{1}{2}m_{ub}\,(\boldsymbol{V}_{ub})_{F_g}^{\mathrm{T}}\,(\boldsymbol{V}_{ub})_{F_g} + \frac{1}{2}m_{RB}\,(\boldsymbol{V}_{RB})_{F_g}^{\mathrm{T}}\,(\boldsymbol{V}_{RB})_{F_g}
\end{aligned} \\
U_{\text{system}} = \frac{1}{2}\boldsymbol{Q}_{dLB}^{\mathrm{T}}K_L^S\boldsymbol{Q}_{dLB} + \frac{1}{2}\boldsymbol{Q}_{dRB}^{\mathrm{T}}K_R^S\boldsymbol{Q}_{dRB} + m_{LB}gD_{Y_{LB}g} + m_dgD_{Y_dg} + m_{RB}gD_{Y_{RB}g} \\
D_{\text{system}} = \frac{1}{2}\boldsymbol{Q}_{dLB}^{\mathrm{T}}C_L^S\boldsymbol{Q}_{dLB} + \frac{1}{2}\boldsymbol{Q}_{dRB}^{\mathrm{T}}C_R^S\boldsymbol{Q}_{dRB}
\end{cases}
$$

$$
\tag{7.12}
$$

式中　m_d——密封处集中质量[5]，$m_d = m_{d0} + \rho A_S L/2$；

　　　m_{LB}——左端轴承处集中质量，$m_{LB} = \rho A_S l_d/2$；

　　　m_{RB}——右端轴承处集中质量，$m_{RB} = \rho A_S(L - l_d)/2$；

K_L^S、K_R^S——轮盘左右两侧轴段的刚度[6]；

　C_L^S、C_R^S——轮盘左右两侧轴段的阻尼；

m_{d0}——密封轮盘质量；

ρ——转轴密度；

A_S——转轴截面积。

转子系统动力学方程可应用拉格朗日方法推导得到，拉格朗日方程表示为

$$\frac{\mathrm{d}}{\mathrm{d}t}\left(\frac{\partial L_{\text{system}}}{\partial \dot{\boldsymbol{Q}}_{sy}}\right) - \frac{\partial L_{\text{system}}}{\partial \boldsymbol{Q}_{sy}} + \frac{\partial D_{\text{system}}}{\partial \dot{\boldsymbol{Q}}_{sy}} = \boldsymbol{F}_{ub} + \boldsymbol{F}_w \tag{7.13}$$

式中　L_{system}——拉格朗日函数，$L_{\text{system}} = T_{\text{system}} - U_{\text{system}}$；

　　　$\boldsymbol{Q}_{sy}$——系统状态向量，$\boldsymbol{Q}_{sy} = [X_{LB}, Y_{LB}, X_d, Y_d, X_{RB}, Y_{RB}]^{\mathrm{T}}$；

　　　$\boldsymbol{F}_{ub}$——不平衡惯性离心力，$\boldsymbol{F}_w = [F_{LBX}, F_{LBY}, F_{dX}, F_{dY}, F_{RBX}, F_{RBY}]^{\mathrm{T}}$；

　　　$\boldsymbol{F}_w$——系统外力，$\boldsymbol{F}_w = [F_{LBX}, F_{LBY}, F_{dX}, F_{dY}, F_{RBX}, F_{RBY}]^{\mathrm{T}}$；

F_{dX}，F_{dY}——轮盘处 X 方向、Y 方向密封力，见式(6.36)；

F_{LBX}，F_{LBY}——左轴颈处 X 方向、Y 方向油膜力；

F_{RBX}，F_{RBY}——右轴颈处 X 方向、Y 方向油膜力。

由式(6.36)以及式(7.6)~(7.13)，可以得到系统的动力学方程如下：

$$\boldsymbol{m}_{sy}\ddot{\boldsymbol{Q}}_{sy} + (\boldsymbol{C}_{sy1} + \boldsymbol{C}_{sy2})\dot{\boldsymbol{Q}}_{sy} + (\boldsymbol{K}_{sy1} + \boldsymbol{K}_{sy2})\boldsymbol{Q}_{sy}$$
$$= \boldsymbol{m}_{sy}\boldsymbol{c}_{f1} + \boldsymbol{m}_{sy}\boldsymbol{c}_{f2} + \boldsymbol{m}_{sy}\boldsymbol{c}_{f3} + \boldsymbol{m}_{sy}\boldsymbol{c}_{f4} + m_{ub}r_{ub}\boldsymbol{c}_{f5} + \boldsymbol{F}_w \tag{7.14}$$

其中，$\boldsymbol{m}_{sy}$ 为系统质量矩阵；$\boldsymbol{Q}_{sy}$ 为状态向量，表达式如下：

$$\begin{cases} \boldsymbol{m}_{sy} = \mathrm{diag}[m_{LB}, m_{LB}, m_d, m_d, m_{RB}, m_{RB}] \\ \boldsymbol{Q}_{sy} = [X_{LB}, Y_{LB}, X_d, Y_d, X_{RB}, Y_{RB}]^{\mathrm{T}} \end{cases} \tag{7.15}$$

令 $\cos\alpha = 1 - \alpha^2/2$，$\cos\beta = 1 - \beta^2/2$，$\cos\gamma = 1 - \gamma^2/2$，$\sin\alpha = \alpha$，$\sin\beta = \beta$，$\sin\gamma = \gamma$，对系统参数矩阵中各项进行泰勒展开，并忽略高阶项，则方程式(7.14)左侧中系数矩阵的非零元素的表达式如下：

$$C_{sy1\_1,2} = -2m_{LB}\omega_{bZ}, \qquad C_{sy1\_3,4} = -2m_d\omega_{bZ},$$

$$C_{sy1\_5,6} = -2m_{RB}\omega_{bZ};$$

$$C_{sy2\_1,1} = C_{sy2\_2,2} = C_L^S, \qquad C_{sy2\_3,3} = C_{sy2\_4,4} = C_L^S + C_R^S,$$

$$C_{sy2\_5,5} = C_{sy2\_6,6} = C_R^S, \qquad C_{sy2\_1,3} = C_{sy2\_2,4} = -C_L^S,$$

$$C_{sy2\_3,5} = C_{sy2\_4,6} = -C_R^S;$$

$$K_{sy1\_1,1} = -m_{LB}(\omega_{bY}^2 + \omega_{bZ}^2), \qquad K_{sy1\_1,2} = -m_{LB}(\dot{\omega}_{bZ} - \omega_{bX}\omega_{bY}),$$

$$K_{sy1\_2,1} = m_{LB}(\dot{\omega}_{bZ} + \omega_{bX}\omega_{bY}), \qquad K_{sy1\_2,2} = -m_{LB}(\omega_{bX}^2 + \omega_{bZ}^2),$$

$$K_{sy1\_3,3} = -m_d(\omega_{bY}^2 + \omega_{bZ}^2), \qquad K_{sy1\_3,4} = -m_d(\dot{\omega}_{bZ} - \omega_{bX}\omega_{bY}),$$

$$K_{sy1\_4,3} = m_d(\dot{\omega}_{bZ} + \omega_{bX}\omega_{bY}), \qquad K_{sy1\_4,4} = -m_d(\omega_{bX}^2 + \omega_{bZ}^2),$$

$$K_{sy1\_5,5} = -m_{RB}(\omega_{bY}^2 + \omega_{bZ}^2), \qquad K_{sy1\_5,6} = -m_{RB}(\dot{\omega}_{bZ} - \omega_{bX}\omega_{bY}),$$

$$K_{sy1\_6,5} = m_{RB}(\dot{\omega}_{bZ} + \omega_{bX}\omega_{bY}), \qquad K_{sy1\_6,6} = -m_{RB}(\omega_{bX}^2 + \omega_{bZ}^2);$$

$$K_{sy2\_1,1} = K_{sy2\_2,2} = K_L^S, \qquad\qquad K_{sy2\_3,3} = K_{sy2\_4,4} = K_L^S + K_R^S,$$

$$K_{sy2\_5,5} = K_{sy2\_6,6} = K_R^S, \qquad\qquad K_{sy2\_1,3} = K_{sy2\_2,4} = -K_L^S,$$

$$K_{sy2\_3,5} = K_{sy2\_4,6} = -K_R^S \tag{7.16}$$

方程式(7.14)右侧中 $\boldsymbol{c}_{f1}$ 为由基础转动引起的系数项,表达式如下:

$$\boldsymbol{c}_{f1} = [0, 0, l_d C_A^X, l_d C_A^Y, LC_A^X, LC_A^Y]^T \tag{7.17}$$

其中

$$\begin{cases} C_B^X = -[1, 0, 0] \cdot \boldsymbol{T}_{bg} \cdot (\boldsymbol{O}_g \boldsymbol{O}_b)_{F_g}'' \\ C_B^Y = -[0, 1, 0] \cdot \boldsymbol{T}_{bg} \cdot (\boldsymbol{O}_g \boldsymbol{O}_b)_{F_g}'' \end{cases} \tag{7.18}$$

方程式(7.14)右侧中 $\boldsymbol{c}_{f3}$ 为由基础转动及平移运动引起的耦合系数项,表达式如下:

$$\boldsymbol{c}_{f2} = [C_B^X, C_B^Y, C_B^X, C_B^Y, C_B^X, C_B^Y]^T \tag{7.19}$$

其中

$$\begin{cases} C_B^X = -[1, 0, 0] \cdot \boldsymbol{T}_{bg} \cdot (\boldsymbol{O}_g \boldsymbol{O}_b)_{F_g}'' \\ C_B^Y = -[0, 1, 0] \cdot \boldsymbol{T}_{bg} \cdot (\boldsymbol{O}_g \boldsymbol{O}_b)_{F_g}'' \end{cases} \tag{7.20}$$

方程式(7.14)右侧中 $\boldsymbol{c}_{f3}$ 为由基础转动及平移运动引起的耦合系数项,表达式如下:

$$\boldsymbol{c}_{f3} = [C_C^X, C_C^Y, C_C^X, C_C^Y, C_C^X, C_C^Y]^T \tag{7.21}$$

其中

$$\begin{cases} C_C^X = \dot{Y}_b \omega_{bZ} - \dot{Z}_b \omega_{bY} + X_{Ab}(\omega_{bY}^2 + \omega_{bZ}^2) + Y_{Ab}(\dot{\omega}_{bZ} - \omega_{bX}\omega_{bY}) - Z_{Ab}(\dot{\omega}_{bY} + \omega_{bX}\omega_{bZ}) \\ C_C^Y = -\dot{X}_b \omega_{bZ} + \dot{Z}_b \omega_{bX} - X_{Ab}(\dot{\omega}_{bZ} + \omega_{bX}\omega_{bY}) - Y_{Ab}(\omega_{bX}^2 + \omega_{bZ}^2) + Z_{Ab}(\dot{\omega}_{bX} - \omega_{bY}\omega_{bZ}) \end{cases} \tag{7.22}$$

方程式(7.14)右侧中 $\boldsymbol{c}_{f4}$ 为由基础转动引起的重力系数项,表达式如下:

$$\boldsymbol{c}_{f4} = [C_D^X, C_D^Y, C_D^X, C_D^Y, C_D^X, C_D^Y]^T \tag{7.23}$$

其中

$$C_D^X = -g(\cos\beta\sin\gamma + \sin\alpha\sin\beta\cos\gamma), \quad C_D^Y = -g \cdot \cos\alpha\cos\gamma \tag{7.24}$$

方程式(7.14)右侧中 $\boldsymbol{c}_{f5}$ 为由基础及转子转动引起的不平衡系数项,表达式如下:

$$\boldsymbol{c}_{f5} = [0, 0, C_{ub}^X, C_{ub}^Y, 0, 0]^T \tag{7.25}$$

其中

$$\begin{cases} C_{ub}^X = [(\omega + \omega_{bZ})^2 + \omega_{bY}^2]\cos(\omega t + \eta_u) + (\dot{\omega}_{bZ} - \omega_{bX}\omega_{bY})\sin(\omega t + \eta_u) \\ C_{ub}^Y = [(\omega + \omega_{bZ})^2 + \omega_{bX}^2]\sin(\omega t + \eta_u) - (\dot{\omega}_{bZ} + \omega_{bX}\omega_{bY})\cos(\omega t + \eta_u) \end{cases} \tag{7.26}$$

为方便动力学方程的求解,减小计算误差,进行如下无量纲变换:

$$\omega t = \Lambda, \quad x_{LB} = \frac{X_{LB}}{h_B}, \quad y_{LB} = \frac{Y_{LB}}{h_B},$$

$$x_d = \frac{X_d}{Cr}, \quad y_d = \frac{Y_d}{Cr}, \quad x_{RB} = \frac{X_{RB}}{h_B}, \quad y_{RB} = \frac{Y_{RB}}{h_B} \tag{7.27}$$

此外,定义以下参数矩阵:

$$\begin{cases} \boldsymbol{q}_{sy} = [x_{LB}, y_{LB}, x_d, y_d, x_{RB}, y_{RB}]^{\mathrm{T}} \\ \boldsymbol{g}_{nd} = \mathrm{diag}[h_B, h_B, Cr, Cr, h_B, h_B] \\ \boldsymbol{m}_{syt} = \mathrm{diag}\left[m_{LB}, m_{LB}, m_d + \sum_{i=1}^{Nt} m_{fi}, m_d + \sum_{i=1}^{Nt} m_{fi}, m_{RB}, m_{RB}\right] \end{cases} \tag{7.28}$$

则式(7.14)可表示为如下形式:

$$\begin{bmatrix} \ddot{\boldsymbol{q}}_{sy} \\ \dot{\boldsymbol{q}}_{sy} \end{bmatrix} = - \begin{bmatrix} \boldsymbol{A}\boldsymbol{a}_1 & \boldsymbol{A}\boldsymbol{a}_2 \\ -\boldsymbol{I} & \boldsymbol{0} \end{bmatrix} \begin{bmatrix} \dot{\boldsymbol{q}}_{sy} \\ \boldsymbol{q}_{sy} \end{bmatrix} + \begin{bmatrix} \boldsymbol{Bb} \\ \boldsymbol{0} \end{bmatrix} \tag{7.29}$$

其中

$$\begin{cases} \boldsymbol{A}\boldsymbol{a}_1 = \dfrac{1}{\omega} \boldsymbol{g}_{nd}^{-1} \boldsymbol{m}_{syt}^{-1} (\boldsymbol{C}_{sy1} \boldsymbol{g}_{nd} + \boldsymbol{C}_{sy2} \boldsymbol{g}_{nd}) \\ \boldsymbol{A}\boldsymbol{a}_2 = \dfrac{1}{\omega^2} \boldsymbol{g}_{nd}^{-1} \boldsymbol{m}_{syt}^{-1} (\boldsymbol{K}_{sy1} \boldsymbol{g}_{nd} + \boldsymbol{K}_{sy2} \boldsymbol{g}_{nd}) \\ \boldsymbol{Bb} = \dfrac{\boldsymbol{g}_{nd}^{-1} \boldsymbol{m}_{syt}^{-1}}{\omega^2} (\boldsymbol{m}_{sy}\boldsymbol{c}_{f1} + \boldsymbol{m}_{sy}\boldsymbol{c}_{f2} + \boldsymbol{m}_{sy}\boldsymbol{c}_{f3} + \boldsymbol{m}_{sy}\boldsymbol{c}_{f4} + m_{ub}r_{ub}\boldsymbol{c}_{f5} + \boldsymbol{F}_{vt}) \end{cases} \tag{7.30}$$

7.2.2　密封力和轴承油膜力模型

转子运行时,受小间隙流体作用力的影响,系统可能发生涡动乃至振荡等非线性现象[7]。特别是在高速大偏心等复杂工况下,狭小间隙处流体力的非线性特征尤为显著,此时若仍采用线性函数表征流体力不尽合理。因此,采用非线性模型表征密封和轴承处流体作用力十分必要。本章采用上一章所建立的迷宫密封非线性密封力模型表征密封流体作用力,由于篇幅限制,此处不再赘述,以下仅论述轴承油膜力建模过程。

在等温及层流润滑的假设下,雷诺方程的无量纲形式[8]表述为

$$\left(\frac{R_B}{h_B}\right)^2 \frac{\partial}{\partial z_B}\left(H_{nd}^3 \frac{\partial P_{nd}}{\partial z_B}\right) = x_B \sin \delta_B - y_B \cos \delta_B - 2(\dot{x}_B \cos \delta_B + \dot{y}_B \sin \delta_B) \tag{7.31}$$

其中,P_{nd}、H_{nd} 和 x_B、y_B 分别为无量纲的油膜压力、油膜厚度和轴颈位移,表达式如下:

$$P_{nd} = \frac{Ph_B^2}{6\mu_B \omega R_B^2}, \quad H_{nd} = \frac{H_{\mathrm{oil}}}{h_B}, \quad x_B = \frac{X_B}{h_B}, \quad y_B = \frac{Y_B}{h_B}, \quad z_B = \frac{Z_B}{L_B} \tag{7.32}$$

式中 P——油膜压力；

    δ_B——位置角；

    R_B——轴承半径；

    L_B——轴承长度；

    h_B——轴承径向间隙；

    μ_B——润滑油动力黏度；

   H_{oil}——油膜厚度。

则由式(7.31)可知：

$$P_{nd} = \frac{1}{2}\left(\frac{L_B}{2R_B}\right)^2 \frac{(x_B - 2\dot{y}_B)\sin\delta_B - (y_B + 2\dot{x}_B)\cos\delta_B}{(1 - x_B\cos\delta_B - y_B\sin\delta_B)^3}(4z_B^2 - 1) \tag{7.33}$$

假定油膜在 $[\alpha_B, \alpha_B + \pi]$ 范围内分布，则 α_B 的表达式[9]如下：

$$\alpha_B = \arctan\frac{y_B + 2\dot{x}_B}{x_B - 2\dot{y}_B} - \frac{\pi}{2}\mathrm{sign}\frac{y_B + 2\dot{x}_B}{x_B - 2\dot{y}_B} - \frac{\pi}{2}\mathrm{sign}(y_B + 2\dot{x}_B) \tag{7.34}$$

将油膜压力 P_{nd} 对润滑区域进行积分，得到无量纲的油膜力：

$$\begin{bmatrix} f_{Bx} \\ f_{By} \end{bmatrix} = -\frac{\sqrt{(x_B - 2\dot{y}_B)^2 + (y_B + 2\dot{x}_B)^2}}{1 - x_B^2 - y_B^2}\begin{bmatrix} 3x_B V_B - G_B\sin\alpha_B - 2S_B\cos\alpha_B \\ 3y_B V_B + G_B\cos\alpha_B - 2S_B\sin\alpha_B \end{bmatrix} \tag{7.35}$$

其中

$$V_B = \frac{2 + (y_B\cos\alpha_B - x_B\sin\alpha_B)G_B}{1 - x_B^2 - y_B^2}, \quad S_B = \frac{x_B\cos\alpha_B + y_B\sin\alpha_B}{1 - (x_B\cos\alpha_B + y_B\sin\alpha_B)^2},$$

$$G_B = \frac{2}{\sqrt{1 - x_B^2 - y_B^2}}\left(\frac{\pi}{2} + \arctan\frac{y_B\cos\alpha_B - x_B\sin\alpha_B}{\sqrt{1 - x_B^2 - y_B^2}}\right) \tag{7.36}$$

那么，转轴左右两端轴径处的非线性油膜力可表示为

$$\begin{bmatrix} F_{LBx} \\ F_{LBy} \end{bmatrix} = \frac{\omega\mu_B R_B L_B^3}{4h_B^2}\begin{bmatrix} f_{LBx} \\ f_{LBy} \end{bmatrix}, \quad \begin{bmatrix} F_{RBx} \\ F_{RBy} \end{bmatrix} = \frac{\omega\mu_B R_B L_B^3}{4h_B^2}\begin{bmatrix} f_{RBx} \\ f_{RBy} \end{bmatrix} \tag{7.37}$$

7.3 基础振动对转子-密封-轴承系统动力学特性的影响

受基础振动的影响，转子-轴承-密封系统可能发生失稳，致使振动加剧，甚至诱发严重故障。本节分析基础振动的频率和幅值对转子-轴承-密封系统动力学特性的影响，基础的转动和垂直振动分别表示为简谐激励形式：

$$\alpha = \alpha_0\cos\omega_b t, \quad \beta = \beta_0\cos\omega_b t, \quad \gamma = \gamma_0\cos\omega_b t, \quad Y_b = Y_{b0}\sin\omega_v t \tag{7.38}$$

　　TOR 迷宫密封及密封轮盘的结构参数及工作条件见表 6.1,转子系统的其他参数见表 7.1,如无特殊说明,各参数值保持不变。

表 7.1　转子系统的结构参数及工作条件

参　数　名　称	数值	参　数　名　称	数值
转轴密度 $\rho/(\text{kg}\cdot\text{m}^{-3})$	7 800	偏心距 r_{ub}/mm	100
转轴半径/mm	28.5	偏心角 $\eta_{ub}/(°)$	0
转子长度 L/m	1.125	轴承长度 L_B/mm	14.25
转子阻尼 C_L^S、$C_R^S/(\text{N}\cdot\text{s}\cdot\text{m}^{-1})$	750	轴承半径 R_B/mm	28.5
轮盘位置 l_d	$L/2$	轴承间隙 h_B/mm	0.2
不平衡质量 m_{ub}/g	5	润滑油黏度 $\mu_B/(\text{Pa}\cdot\text{s})$	0.018

7.3.1　转速对基础振动转子系统动力学特性的影响

　　转子-密封-轴承系统不受基础振动的影响时,系统的动力学响应如图 7.2 所示。升速过程中,$\omega<9\,250$ r/min 时,频谱图中仅存在工频成分[图 7.2(a)],分岔图上每个转速下则只有一个映射点[图 7.2(b)],轴心轨迹为重叠的单一椭圆环(图 7.3),说明系统以单周期形式稳定运行。$\omega=9\,250$ r/min 时,$f_{wl}=69.4$ Hz 的频率成分出现,其幅值远大于转频。在 $\omega\in[9\,250,\,12\,750]$r/min 的区间内,$f_{wl}$ 随转速的增加而增大,f_{wl}/f_r 保持在 0.45 左右,系统发生涡动。继续增大转速 ω,主振动频率仅在[96.7, 97.5]Hz 的微小范围内变动,出现锁频,系统发生流体振荡。自涡动发生后,分岔图上每个转速下均为多个映射点,系统作概周期运动。

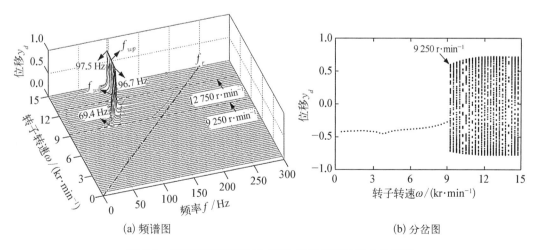

(a) 频谱图　　　　　　　　　　　(b) 分岔图

图 7.2　无基础振动时转子-密封-轴承系统的动力学响应

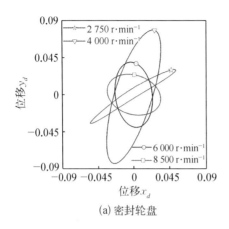
(a) 密封轮盘

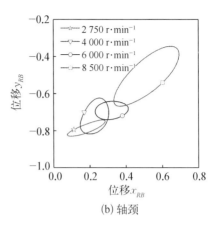
(b) 轴颈

图 7.3　系统轴心轨迹

为评估系统的振动情况,引入振动烈度作为评定参数[10]。根据《大型旋转振动烈度现场测量与评定》(GB 11347—89)的规定,以 10~1 000 Hz 范围内振动速度的均方根值作为表征机器振动状态的测量参数。对于已知振动速度为 $V(t)$ 时,振动烈度的定义为

$$V_{rms} = \sqrt{\frac{1}{T}\int_0^T V^2(t)\,\mathrm{d}t} \tag{7.39}$$

式中,T 为计算时所取的某一时间间隔。对于振动速度为离散信号 $V_i(i=0,1,\cdots,K-1)$ 时,振动烈度 V_{rms} 可写作如下形式:

$$V_{rms} = \sqrt{\frac{1}{K}\sum_{i=1}^{K} V_i^2} \tag{7.40}$$

基础没有振动时,转子-密封-轴承系统的振动烈度随转速的变化如图 7.4 所示。转子转速 $\omega<3\,000$ r/min 时,密封轮盘及右端轴颈水平方向的振动烈度基本相等,且均大于各自在铅垂方向的振动烈度;结合图 7.3 可知,轮盘及右端轴颈在 X 方向的幅值均大于 Y 方向,这均表明系统振动以水平方向为主。ω 由 3 000 r/min 增大至 4 000 r/min 时,轮盘和右轴颈的铅直方向振动烈度增速很快,其值均大于各自在水平方向的振动烈度值,振动能量在铅垂方向的积累逐渐高于水平方向。同时,轮盘的振动烈度比右轴颈增加更快,观察图 7.3 可知,轮盘在 Y 方向的振动相对于右轴颈更为强烈。随着转速 ω 的继续增大(4 000 r/min$<\omega<$8 500 r/min),右轴颈在铅垂方向的振动烈度先减小后快速增大,在水平方向的振动烈度也快速增大,其值大于铅垂方向的 V_{rms} 值,右端轴颈的振动此时以 X 方向为主[图 7.3(b)]。密封轮盘在 X 方向的振动烈度-转速曲线较为平稳,变化较小,在接近 9 000 r/min 时增长较快;在 Y 方向振动烈度逐渐减小,Y 方向 V_{rms} 值大于 X 方向 V_{rms} 值,结合图 7.3(a)可知,轮盘在此转速区间的振动以 Y 方向为主,在接近 9 000 r/min 时 Y 方向 V_{rms} 值同样开始增大。ω 由 8 500 r/min 增大至 9 000 r/min 时,右轴颈在 X 方向的振动烈度由最大值快速降低,在 Y 方向的振动烈度变化不大;轮盘在 X 方向和 Y 方向的振动

烈度整体增大。流体涡动发生后,右轴颈及轮盘的振动烈度均急剧增大,且随转速的增加而增大;右轴颈在水平和铅垂方向的振动烈度相当,轮盘在水平和铅垂方向的振动烈度基本相等,轮盘的振动烈度值大于右轴颈。当流体振荡发生后,轮盘及右轴颈在各方向的振动烈度值均趋于平稳状态,变化不大。值得指出的是,左轴颈的振动烈度及轴心轨迹均与右轴颈相似。

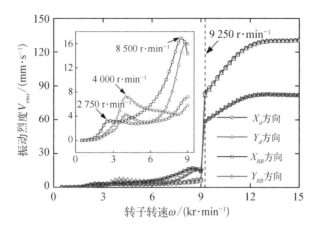

图 7.4　无基础振动时转子-密封-轴承系统的振动烈度

由振动烈度随转速的变化关系(图 7.4)可知,$\omega < 3\,000$ r/min 时,轮盘和轴颈均以水平方向的振动为主,轮盘的振动强于轴颈,振动能量集中于轮盘;$3\,000$ r/min $< \omega <$ $4\,000$ r/min 时,轮盘的振动仍强于轴颈,但铅垂方向振动能量要多于水平方向;以上过程表明随着转速的增加,由不平衡量引起的振动增强并逐渐超过了流体激振力的作用。$4\,000$ r/min $< \omega < 5\,750$ r/min 时,轮盘的振动减弱,轴颈的振动增强,轴颈水平方向的振动逐渐占据优势;$5\,750$ r/min $< \omega < 8\,500$ r/min 时,轴颈的振动强于轮盘,并以水平方向振动为主;以上过程表明系统的振动主要由轴承油膜力诱发。在转速 ω 由 $8\,500$ r/min 增大至 $9\,000$ r/min 的过程中,密封激振力作用增强,轮盘的振动加剧,而轴颈的振动减弱;涡动发生后,轮盘和轴颈的振动均急剧增强,轮盘的振动强度迅速超过了轴颈,这说明密封力的影响强于油膜力,系统此后的振动可归类于由密封流体引起的涡动及振荡。

图 7.5 为基础俯仰振动($\alpha_0 = 0.1°$, $\omega_b = 20$ Hz)时密封轮盘的动力学响应,需要指出的是,系统中左右轴颈的频谱及分岔特征均与轮盘相似。观察频谱图[图 7.5(a)]发现,$\omega < 8\,250$ r/min 时,工频幅值不明显,基础俯仰振动频率 $f_{\omega b}$ 的幅值最大,为主振动频率,同时,频谱图中还存在基础俯仰振动的倍频成分 $Nf_{\omega b}$,其幅值较为明显。分岔图[图 7.5(b)]中每个转速下均有多个映射点,轴心轨迹图和相图(图 7.6)中均为多个大小相套的不规则圆环,系统发生概周期运动。涡动频率 $f_{\omega l}$ 出现后,基础振动频率及其倍频分量的幅值均快速减小或消失,涡动频率成为主振动频率。基础振动作用下的系统在涡动发生之后的分岔特征[图 7.5(b)]、轴心轨迹和相平面特征(图 7.6)均与无基础振动时相似。基础振动使得系统的稳定性大幅降低,同时,流体涡动及振荡的门槛值均降低,分别由 $9\,250$ r/min 和 $12\,750$ r/min 降低至 $8\,250$ r/min 和 $12\,000$ r/min。

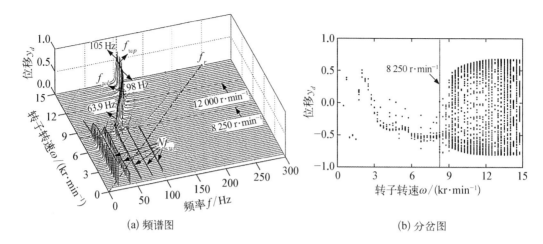

(a) 频谱图　　　　　　　　　　　　(b) 分岔图

图 7.5　基础振动时转子-轴承-密封系统的动力学响应

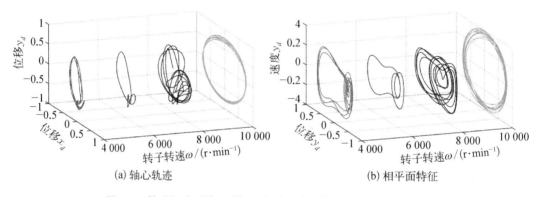

(a) 轴心轨迹　　　　　　　　　　　(b) 相平面特征

图 7.6　基础振动时转子-轴承-密封系统的轴心轨迹及相平面特征

基础俯仰振动作用下的转子-密封-轴承系统的振动烈度随转速的变化如图 7.7 所示。流体涡动发生之前($\omega<8\,250$ r/min),密封轮盘及轴颈在 X 方向的振动烈度大小基本相等,均小于两者在 Y 方向的振动烈度;在铅直方向上,轮盘的振动烈度大于轴颈。ω

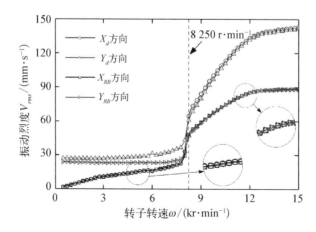

图 7.7　基础振动时的转子-密封-轴承系统的振动烈度

接近 8 250 r/min 时,系统各方向的振动烈度均快速增大,轮盘水平方向的振动烈度变化最大;流体涡动发生后,系统的振动烈度-转速变化趋势与不受基础振动影响的转子系统的趋势一致。对比图 7.4 可知,基础的俯仰振动为系统持续输入能量,使得水平及铅直方向的振动烈度均增大,系统振动更为激烈。

7.3.2　基础振动频率对转子系统动力学特性的影响

（1）基础俯仰振动频率对系统动力学特性的影响

保持基础俯仰振动的幅值（$\alpha_0=0.1°$）及转子转速（$\omega=4\,000$ r/min）不变,转子-密封-轴承系统在俯仰振动频率 ω_b 变化时的动力学响应如图 7.8 所示。基础俯仰振动频率 ω_b 较小时,水平和铅直方向的频谱图中仅工频成分 f_r 较为明显。铅直方向上,系统响应的频率分量 $f_{\omega b}$（$f_{\omega b}=\omega_b$）的幅值随 ω_b 的增加呈线性增大趋势,其幅值远大于其他频率成分,为铅直方向的主振动频率,其他频率成分（$2f_{\omega b}$,$3f_{\omega b}$,$4f_{\omega b}$）的幅值较小;转子系统在水平方向振动的主频率[图 7.8(a)]则呈交替变换状态:$\omega_b<18$ Hz 时,$f_{\omega b}$ 的幅值较大,为该方向主频率;18 Hz$<\omega_b<26$ Hz 时,$2f_{\omega b}$ 的幅值大于 $f_{\omega b}$ 的幅值,$2f_{\omega b}$ 为该方向主频率;26 Hz$<\omega_b<32$ Hz 时,$f_{\omega b}$ 为该方向主频率;32 Hz$<\omega_b<72$ Hz 时,$2f_{\omega b}$ 的幅值先增大后减小,其幅值大于 $f_{\omega b}$ 的,$2f_{\omega b}$ 成为该方向主频率。值得注意的是,未发生流体涡动时的其他各转速条件下,转子系统在水平和铅直方向的振动频率特征均与图 7.8 中显示的一致。

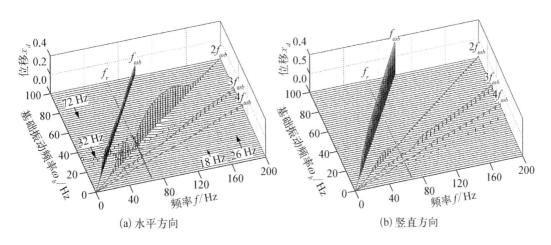

（a）水平方向　　　　　　　　　　　（b）竖直方向

图 7.8　俯仰振动频率变化时转子-密封-轴承系统的频谱图

由图 7.9 可知,基础俯仰振动的频率 $\omega_b<12$ Hz 时,密封轮盘及轴颈在各方向的振动烈度均较小,且随 ω_b 的增大几乎保持不变;12 Hz$<\omega_b<28$ Hz 时,轮盘及轴颈在水平方向的振动烈度先增大,后有所减小,而在铅直方向上则呈整体增大趋势。$\omega_b>28$ Hz 时,轮盘在不平衡质量及密封力的激励作用下,对基础俯仰振动最敏感,其在铅直方向上的振动烈度随 ω_b 的增大整体呈线性增大趋势,而其水平方向的振动烈度则从 56 Hz 处开始减小,后于 76 Hz 逐渐趋于定值;轴颈在铅直方向的振动烈度同样随 ω_b 的增加而线性增大,但其变化率小于轮盘,其在水平方向的振动烈度由 52 Hz 处减小,后又于 70 Hz 开始逐渐增大。

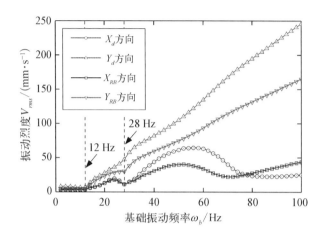

图 7.9 俯仰振动频率变化时转子-密封-轴承系统的振动烈度

特别需要指出的是,基础俯仰或偏航振动对转子-密封-轴承系统动力学响应的影响具有明确的方向性,系统在基础偏航振动时的水平方向的振动特征与基础俯仰振动时系统的铅直方向的振动特征相似,而受到基础偏航振动影响时的铅直方向的振动特征则与基础俯仰振动时系统水平方向的振动特征相似,这里不再展示转子振动的频率及烈度特征,仅展示轴心轨迹的变化。由图 7.10 可知,$\omega_b = 20$ Hz 时,基础俯仰振动时转子的轴心轨迹形状为多个不规则圆环重叠成的逗点形,基础偏航振动时转子轴心轨迹则与俯仰振动时的转子轨迹旋转 90° 并在铅直方向上压缩后所得的相似。$\omega_b = 60$ Hz 时,在基础俯仰振动的影响下,转子轴心轨迹[图 7.10(a)]呈 8 字形,随着基础振动频率 ω_b 的增加,轴心轨迹则逐渐变化为长边在铅直方向排列、短边为 U 形的环形;基础偏航振动时,基础振动在转子动力学响应上的影响主要体现在水平方向上,转子的轴心轨迹[图 7.10(b)]恰好与俯仰振动时的转子轨迹翻转 90° 后所得的相似。

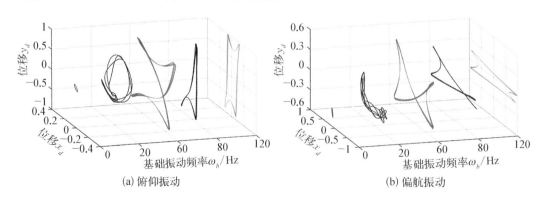

(a) 俯仰振动   (b) 偏航振动

图 7.10 基础振动频率变化时转子-轴承-密封系统的轴心轨迹

（2）基础滚转振动频率对系统动力学特性的影响

保持基础滚转振动的幅值及转子转速不变（$\gamma_0 = 0.1°$，$\omega = 4\,000$ r/min），转子-密封-轴承系统在滚转振动频率 ω_b 变化时的动力学响应如图 7.11 所示。基础滚转振动时的转子系统在水平和铅直方向上的动力学响应特征相似，主振动频率 $f_{\omega b}$ 等于滚转振动频率 ω_b，其幅值随 ω_b 的增加而增大，ω_b 的 2 倍频 $2f_{\omega b}$ 和 3 倍频 $3f_{\omega b}$ 的幅值均较小，$2f_{\omega b}$ 的幅值随 ω_b 的增加先增大后减小，在 $\omega_b = 98$ Hz 时突然增大，$f_{\omega b}$ 的幅值则减小。在 ω_b 由 0 Hz 增大到 100 Hz 的过程中，没有出现 $2f_{\omega b}$ 的幅值大于 $f_{\omega b}$ 的幅值的情况，这与俯仰振动及偏航振动时存在明显差异。

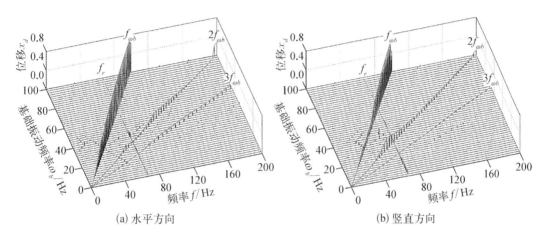

（a）水平方向　　　　　　　　　　（b）竖直方向

图 7.11　滚转振动频率变化时转子-密封-轴承系统的频谱图

系统的振动烈度随滚转振动频率 ω_b 的变化如图 7.12 所示。轮盘及轴颈在水平方向的振动烈度在 $\omega_b < 18$ Hz 时均变化不大，在铅直方向上则在 20 Hz 之前保持在很低的振动水平；随着 ω_b 的增加，在水平方向上，轮盘及轴颈的振动烈度均随之整体呈线性增大趋势；在铅直方向上，$\omega_b \in [20, 28]$ Hz 的范围内，振动烈度 V_{rms} 线性增大，在 $\omega_b \in$

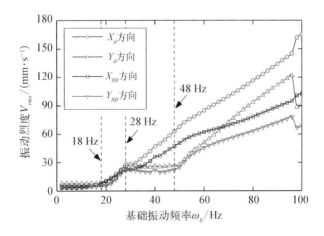

图 7.12　滚转振动频率变化时转子-密封-轴承系统的振动烈度

[28,48] Hz 的范围内,轮盘及转轴的 V_{rms} 几乎都保持不变,$\omega_b > 48$ Hz 时,振动烈度随 ω_b 的增加再次线性增大,$\omega_b = 98$ Hz 时,V_{rms} 大幅降低,后又重新开始增大。

转子系统在基础滚转振动作用下,$\omega_b = 20$ Hz 时,由于自重的影响,转子轴心轨迹呈反曲刀形状(图 7.13);随着滚转振动频率 ω_b 的增加,由于基础振动激励同时作用于转子水平及铅直方向,轴心轨迹由关于 Y 轴基本对称的三角形逐渐变化为较规则的四边形。由图 7.10 和图 7.13 可知,基础俯仰振动和偏航振动对转子轴心轨迹的影响分别体现在铅直方向和水平方向上,基础滚转振动在水平和铅直方向上对轴心轨迹的影响则基本相同。

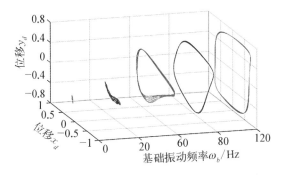

图 7.13　基础滚转振动频率变化时转子-轴承-密封系统的轴心轨迹

7.3.3　基础振动幅值对转子系统动力学特性的影响

分别保持转子转速 $\omega = 4\,000$ r/min、$6\,000$ r/min、$8\,000$ r/min,并令基础振动频率 $\omega_b = 10$ Hz,改变基础振动幅值 α_0、β_0 和 γ_0 的大小,得到转子-密封-轴承系统的振动烈度的变化如图 7.14 所示。

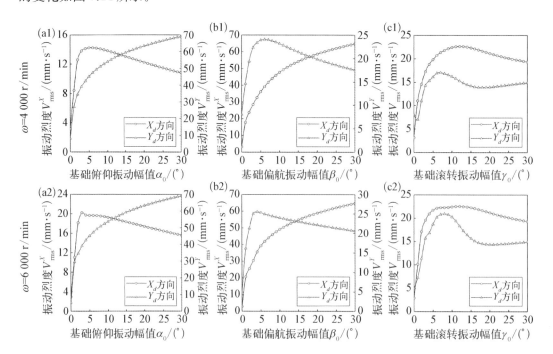

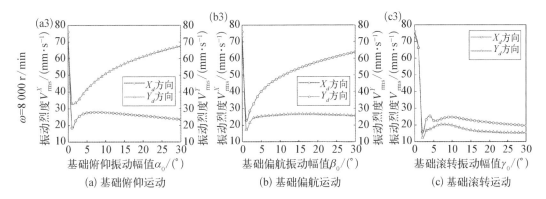

图 7.14　基础振动幅值变化时转子-密封-轴承系统的振动烈度

在基础俯仰振动时,转子转速等于 4 000 r/min 和 6 000 r/min 的情况下[图 7.14(a1)～(a2)],随着基础振动幅值 α_0 的增加,X 方向的振动烈度 V_{rms}^X 均先快速增大,分别在 $6°$ 和 $3°$ 时达到最大值,之后均随 α_0 的增大而减小,水平方向振动减弱;在 α_0 取相同值的条件下,V_{rms}^X 随转速增加而增大。Y 方向振动烈度 V_{rms}^Y 均随 α_0 的增加而增大,振动增强;在相同 α_0 条件下,V_{rms}^Y 随转速增加变化不大,基本相等。转子转速 $\omega=8\ 000$ r/min 时[图 7.14(a3)],$\alpha_0=0°$ 条件下的转子系统的振动非常剧烈,水平和铅直方向的 V_{rms} 值分别为 75.9 mm/s 和 73.3 mm/s,当基础振动出现时,X 方向和 Y 方向的振动烈度均大幅降低,振动减弱;但随着 α_0 的继续增加,V_{rms}^X 和 V_{rms}^Y 都随之增加,V_{rms}^X 在 $\alpha_0=7°$ 时升至极大值,后逐渐减小,铅直方向振动烈度 V_{rms}^Y 则随 α_0 不断增加,振动增强。

基础偏航振动时,转子系统在水平和铅直方向的振动烈度变化趋势分别与受到基础俯仰振动的转子系统在铅直和水平方向的一致;另外,在 β_0 和 ω 分别取值相等的条件下,基础偏航振动的转子系统的 V_{rms}^X 小于基础俯仰振动的转子系统的 V_{rms}^Y,基础偏航振动的转子系统的 V_{rms}^Y 大于基础俯仰振动的转子系统的 V_{rms}^X。

基础存在滚转振动时,除高速($\omega=8\ 000$ r/min)条件外,系统在 X 方向的振动烈度 V_{rms}^X 随 γ_0 的增加先增大后减小,即水平方向的振动随着基础滚转振动幅值的增加先增强后减弱;V_{rms}^Y 值在 γ_0 较小时随 γ_0 的增加快速增大,在 $\gamma_0=7°\sim8°$ 时达到最大值,随后振动烈度 V_{rms}^Y 逐渐降低,在 $\gamma_0=18°\sim20°$ 时减至极小值,随后随着 γ_0 的增加而增大,转子转速较高时的振动烈度增大速率明显变缓。转子转速 $\omega=8\ 000$ r/min 时,γ_0 由 $0°\rightarrow4°$ 增大的过程中,系统水平和铅直方向的 V_{rms} 变化趋势均与基础俯仰或偏航振动时的相似;但当 γ_0 继续增加并超过 $10°$ 之后,V_{rms}^X 和 V_{rms}^Y 都呈减小趋势,水平方向及铅直方向的振动均减弱。

7.3.4　基础垂直振动对转子系统动力学特性的影响

仅考虑基础垂直方向的振动($Y_{b0}=10\ \mu m$,$\omega=4\ 000$ r/min),基础振动频率 ω_v 对转子-密封-轴承系统振动的频率特征的影响如图 7.15 所示。在 ω_v 变化的过程中,除了一直

保持较大幅值状态的转子工频 f_r 外,还存在多个频率分量:与基础振动频率相等的 $f_{\omega v}$,基础振动频率与转子工频的组合频率分量 $|f_r-f_{\omega v}|$、$f_r+f_{\omega v}$、$|2f_r-f_{\omega v}|$。

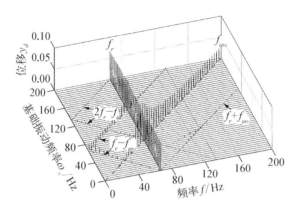

图 7.15 基础垂直振动频率变化时转子-密封-轴承系统的频谱图

由图 7.16 可知,在 ω_v 较小时,转子工频 f_r 的幅值保持不变,基础振动频率 $f_{\omega v}$ 和组合频率分量 $|f_r-f_{\omega v}|$ 的幅值随之增大,两者在水平方向的幅值在 $\omega_v=5f_r/2-f=40\ \mathrm{Hz}$ 时达到最大值,其中 f 为转子系统固有频率。之后,随着 ω_v 的增加,f_r 的幅值减小并在 $\omega_v=4f_r-f=60\ \mathrm{Hz}$ 时减至最小值,基础振动频率 $f_{\omega v}$ 在铅直方向的幅值增至最大值,其在水平方向的幅值以及组合频率成分 $|f_r-f_{\omega v}|$ 的幅值均增至极大值。随后,系统在水平方向和铅直方向的工频幅值增大,基础振动频率 $f_{\omega v}$ 和组合频率 $|f_r-f_{\omega v}|$ 的幅值则快速降低;在 $\omega_v=3f_r/2=100\ \mathrm{Hz}$ 时,工频 f_r 和 $|f_r-f_{\omega v}|$ 在铅直方向的幅值分别出现峰值和谷值,工频 f_r 在水平方向的幅值则于 $\omega_v=f/2=103\ \mathrm{Hz}$ 时出现峰值。

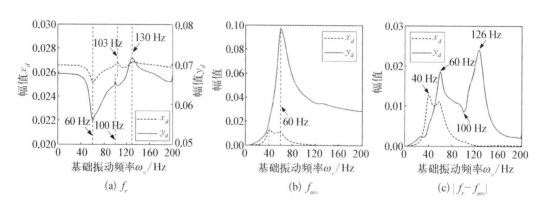

图 7.16 基础垂直振动频率变化时不同频率分量的幅值

然后,工频 f_r 的幅值及 $|f_r-f_{\omega v}|$ 在铅直方向的幅值都随基础垂直振动频率 ω_v 的增加而继续增大,分别在 $\omega_v=(7f_r-f)/2=130\ \mathrm{Hz}$ 和 $\omega_v=3f-5f_r=126\ \mathrm{Hz}$ 时达到最大值,$|f_r-f_{\omega v}|$ 在铅直方向的幅值和 $f_{\omega v}$ 的幅值均减小。之后,系统振动的各频率分量的幅值均随基础垂直振动频率 ω_v 的增加而减小。

转子系统在基础垂直振动影响下,水平方向和铅直方向的振动烈度随基础振动频率 ω_v 的变化如图 7.17 所示。由于基础激励仅作用于铅直方向上,系统在水平方向的振动烈度较小,铅直方向的振动较强。当基础振动频率 ω_v 较小时,水平和铅直方向上的振动烈度分别保持在 3.15 mm/s 和 8 mm/s。随着 ω_v 的增加,水平方向的振动烈度分别于 $\omega_v=$ 40 Hz 和 103 Hz 时出现最大值和极大值;铅直方向上的振动烈度则于 $\omega_v=60$ Hz 和 130 Hz 时出现最大值和极大值;V_{rms}^Y 随 ω_v 的增加整体上呈逐渐增大趋势,V_{rms}^X 则整体呈波动变化形式。

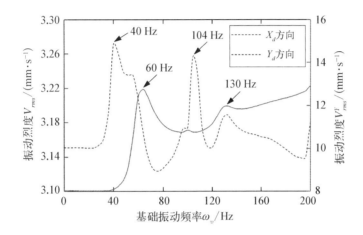

图 7.17　基础垂直振动频率变化时转子-密封-轴承系统的振动烈度

7.4　本章小结

本章应用密封力模型,考虑滑动轴承油膜力的作用,建立了转子-密封-轴承-基础系统的动力学模型,详细对比分析了基础振动形式、频率及幅值对系统动力学特性的影响。通过上述分析,得到以下结论:对于无故障转子,涡动发生前的升速过程中,转子不平衡、轴承油膜力和密封流体力交替成为主激振因素,主振动方向在水平和铅直方向之间变换,轮盘及轴颈也交替成为主振动位置;对于基础旋转振动的转子系统,转速很低时即发生失稳,流体涡动及振荡的门槛值均减小,系统的振动增强,稳定性大幅降低;升速过程中,轮盘的振动情况最严重;基础的旋转振动对系统动力学特性的影响具有明确的方向性,基础俯仰和偏航振动的影响分别体现在铅直和水平方向上,基础滚转振动的影响在各方向上基本相同;基础旋转振动的频率较小时,系统的振动保持在很低的水平;基础振动频率较大时,系统的振动随基础振动频率的增加而增强;转速较高且基础旋转振动的幅值较小时,系统的振动反而比基础无振动时要弱;同一转速下,基础振动频率及幅值相等时,俯仰振动对系统振动的恶化作用最强,滚转振动对系统振动的恶化作用最小。

参 考 文 献

［1］ 闻邦椿,武新华,丁千,等.故障旋转机械非线性动力学的理论及试验[M].科学出版社,2004：24－
102.

［2］ 曹树谦,黄亚明.转子系统支承松动故障非线性参数识别[J].振动、测试与诊断,2018(3)：446－
453.

［3］ Zhang W F, Yang J G, Cao H. et al. Experimental identification of fluid-induced force in labyrinth
seals[J]. Journal of Mechanical Science and Technology, 2011(25)：2485－2494.

［4］ Zhang M, Yang J, Zhang W, et al. Annular seal destabilizing force reduction with circumferential
flow suppression using multi-arch teeth[J]. Tribology International,2021(164)：107233.

［5］ 王立刚.叶片-转子-轴承耦合系统的非线性动力学特性研究[D].哈尔滨：哈尔滨工业大学,2009：
58.

［6］ 钟一锷,何衍宗,王正,等.转子动力学[M].北京：清华大学出版社,1987：6－119.

［7］ 闻邦椿,顾家柳,夏松波,等.高等转子动力学：理论、技术与应用[M].北京：机械工业出版社,2000.

［8］ Adiletta G, Guido A R, Rossi C. Chaotic motions of a rigid rotor in short journal bearings[J].
Nonlinear Dynamics,1996,10(3)：251－269.

［9］ Capone G. Analytical description of fluid-dynamic force field in cylindrical journal bearing[J].
L'Energia Elettrica, 1991, 3：105－110.

［10］ 张恩杰,焦映厚,陈照波,等.基础振动作用下转子轴承密封系统动力学分析[J].振动工程学报,
2021,34(6)：1169－1176.

第8章 拉杆转子-轴承-密封系统动力学特性分析

8.1 引言

拉杆转子结构被广泛应用到重型燃气轮机的转子中,拉杆转子与传统转子具有很大的结构上的不同,主要表现在转子并非具有传统连续转子的结构形式[1-3],而是由一系列轮盘通过拉杆提供的预紧力串联连接组成,轮盘之间存在一些结构形式不同的端面接触,而这些端面接触对拉杆转子的动力学特性具有重要影响[4-18]。可倾瓦滑动轴承和迷宫密封是燃气轮机中的重要组成部分,它们的性能直接影响燃机的工作效率和系统稳定性,重型燃气轮机中存在大量的迷宫密封,其密封腔内以及齿顶间隙处的流体激振力对转子系统的动力学特性和稳定性具有重要影响[19,20]。重型燃气轮机拉杆转子支撑跨度较大,导致重型燃气转子的柔度较大,同时拉杆转子的结构复杂,会出现传统整段转子不会出现的故障,综合这些因素,重型燃气轮机的工作条件更加恶劣,近年来发生多起因密封气流激振等引发的重大失稳事故。除此之外,拉杆转子同样会受到滑动轴承非线性油膜力的作用,在工程中,非线性油膜力引起的转子的自激涡动和自激振荡是转子失稳的主要原因,另外密封力与油膜力同时作用于转子上,它们之间会相互影响、相互作用,这种耦合作用在一定条件下会使转子-轴承-密封系统成为自激振动系统,导致机组发生激烈的振动,引发严重事故。因此,同时考虑可倾瓦滑动轴承非线性油膜力、迷宫密封非线性气流激振力对重型燃气轮机拉杆转子的激励作用,分析拉杆转子的结构参数及故障参数对拉杆转子-轴承-密封系统的动力学特性及稳定性的影响规律,为重型燃气轮机转子动力学设计提供理论依据很有必要。本章考虑了可倾瓦滑动轴承非线性油膜力和迷宫密封激振力的影响,建立了周向拉杆转子-可倾瓦滑动轴承-迷宫密封系统的动力学模型,分析了拉杆转子结构参数及一些常见故障[4,5]对周向拉杆转子-可倾瓦滑动轴承-迷宫密封系统动力学特性及稳定性的影响规律。

8.2 轮盘间接触层模型的建立

8.2.1 拉杆提供的轴向力确定

考虑如图 8.1 所示的一个模型拉杆转子,该拉杆转子由四个轮盘和多个轴段组成,其中四个轮盘通过 12 根拉杆[如图 8.2(b)所示]提供的预紧力连在一起,每两个轮盘之间连接部分为接触层,该接触层由两个圆形接触端面贴合在一起而组成。沿周向分布的 12 根拉杆中的第 i 个拉杆示意图如图 8.2(a)所示,而两个轮盘紧紧贴合在一起的力正是由这些拉杆的轴向力提供。拉杆转子装配完成之后,转子轮盘靠拉杆提供的初始预紧力紧紧地贴合在一起,此时,轴向力等于初始预紧力。但拉杆转子在实际运行中会发生周期性的弹性变形,这就会导致拉杆两端的相对位移发生变化,此时,转子轴向力不再等于拉杆提供的初始预紧力而是会发生周期的变化。当轴向力发生变化时,轮盘接触端面上的接触载荷也发生变化,因此接触层的接触刚度也会随之发生变化,因此在建立接触层的接触刚度矩阵之前,需要确定拉杆所提供的轴向力。

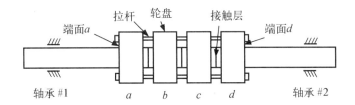

图 8.1 周向拉杆转子结构与示意图

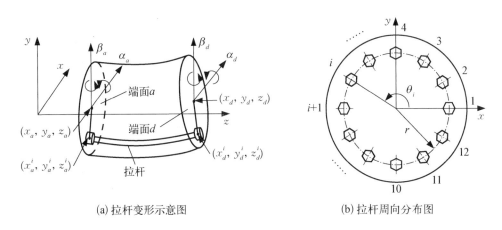

(a) 拉杆变形示意图   (b) 拉杆周向分布图

图 8.2 拉杆位置示意图

Liu 等[21]提出了一种非常好的方法计算了拉杆转子所提供的轴向力,他们认为由于拉杆较细、质量较轻,所以忽略了拉杆的质量以及结构阻尼,只考虑拉杆的刚度,将拉杆等效为一个沿轴向伸缩变形的弹簧,本章借鉴了他们的经验,但与他们的研究方法有所不同,本章在求拉杆轴向力的时候采用的是旋转坐标系,而不是惯性系,这样做可以省去一些复杂的运算。

如图 8.2(a)所示,拉杆两端轮盘 a 端面的位移可以表示为 $\boldsymbol{q}_a = [x_a, y_a, z_a, \alpha_a, \beta_a, \gamma_a]^\mathrm{T}$,轮盘 d 端面的位移表示为 $\boldsymbol{q}_d = [x_d, y_d, z_d, \alpha_d, \beta_d, \gamma_d]^\mathrm{T}$。对于第 i 个拉杆,拉杆两个端点在旋转坐标系中的坐标如图 8.2(a)所示,其中 a 代表的是轮盘的端面 a,d 代表的是轮盘端面 d。在旋转坐标系 x, y, z 下,轮盘端面 a 上的拉杆的一端的点位置坐标

为 (x_a^i, y_a^i, z_a^i) 与该轮盘端面中心的坐标的关系可以表示为：

$$\begin{cases} x_a^i = x_a + r\cos\theta_i\cos\beta_a\cos\gamma_a + r\sin\theta_i(\cos\alpha_a\sin\gamma_a + \sin\alpha_a\sin\beta_a\cos\gamma_a) \\ y_a^i = y_a - r\cos\theta_i\cos\beta_a\sin\gamma_a + r\sin\theta_i(\cos\alpha_a\cos\gamma_a - \sin\alpha_a\sin\beta_a\sin\gamma_a) \\ z_a^i = z_a + r\cos\theta_i\sin\beta_a - r\sin\theta_i\sin\alpha_a\cos\beta_a \end{cases} \quad (8.1)$$

式中　α_a，β_a，γ_a——轮盘端面 a 绕 x 轴、y 轴、z 轴转角（rad）；

$\quad\quad\quad r$——拉杆位置圆半径（m）；

$\quad\quad\quad \theta_i$——第 i 个拉杆相位角（rad），如图 8.2(b)所示。

同理，对于拉杆 d 端：

$$\begin{cases} x_d^i = x_d + r\cos\theta_i\cos\beta_d\cos\gamma_d + r\sin\theta_i(\cos\alpha_d\sin\gamma_d + \sin\alpha_d\sin\beta_d\cos\gamma_d) \\ y_d^i = y_d - r\cos\theta_i\cos\beta_d\sin\gamma_d + r\sin\theta_i(\cos\alpha_d\cos\gamma_d - \sin\alpha_d\sin\beta_d\sin\gamma_d) \\ z_d^i = z_d + r\cos\theta_i\sin\beta_d - r\sin\theta_i\sin\alpha_d\cos\beta_d \end{cases} \quad (8.2)$$

所以第 i 个拉杆的变形有

$$\Delta L^i = \sqrt{(x_d^i - x_a^i)^2 + (y_d^i - y_a^i)^2 + (L_0 + z_d^i - z_a^i)^2} - L_0 \quad (8.3)$$

式中　L_0——拉杆的初始长度（m）。

忽略转子的轴向变形，并忽略高阶小量，式(8.3)可以化简为

$$\Delta L' = r\cos\theta_i(\beta_d - \beta_a) - r\sin\theta_i(\alpha_d - \alpha_a) \quad (8.4)$$

第 i 个拉杆中的轴向力可以表示为

$$F^i = F_0^i + \Delta F^i = F_0^i + \frac{E_r A_i}{L_0} \cdot \Delta L^i \quad (8.5)$$

式中　F_0^i——第 i 个拉杆初始预紧力（N）；

$\quad\quad A_i$——第 i 个拉杆截面面积（m²）；

$\quad\quad E_r$——拉杆弹性模量（Pa）。

转子所受总的轴向力可以表示为

$$F_{ax} = F_{\mathrm{pre}} + \frac{E_r}{L_0}\sum_{i=1}^{n_0} A_i\left[\cos\theta_i(\beta_d - \beta_a) - \sin\theta_i(\alpha_d - \alpha_a)\right] \quad (8.6)$$

式中　F_{pre}——总初始预紧力（N），$\quad F_{\mathrm{pre}} = \sum_{i=1}^{n} F_0^i$； $\quad\quad\quad\quad\quad\quad\quad$ (8.7)

$\quad\quad n_0$——拉杆的总数量。

8.2.2　接触层非线性接触刚度矩阵的建立

研究一个具有圆形接触端面（如图 8.3 所示）的接触层，该接触层的初始厚度为 d_0，

并且该接触层可以分为接触区域和分离区域两部分,两部分的边界为一条叫作分离线的直线,如图 8.3 和图 8.4 所示。

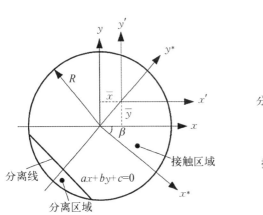

图 8.3　接触端面示意图

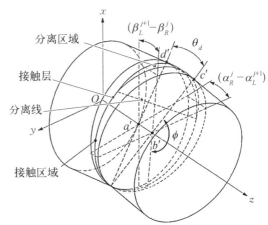

图 8.4　接触层微观变形示意图

为了计算接触层的接触刚度,首先需要建立三个坐标系如图 8.3 所示,第一个为坐标系 x^*,y^*,z^*,该坐标系的 x^* 轴平行于分离线,该坐标系 y^* 轴的正向指向接触区域压强增加的方向,z^* 轴垂直于变形前的接触面。第二个坐标系为全局坐标系 x,y,z,该全局坐标系由坐标系 x^*,y^*,z^* 绕 z^* 轴旋转角度 β 得到。如果将全局坐标系 x,y,z 先沿着 x 轴平移位移 $\bar{x}$,再沿 y 轴平移位移 $\bar{y}$ 就可以得到第三个坐标系 x',y',z',其中 $(\bar{x}, \bar{y})$ 是接触区域在坐标平面 x,O,y 中的形心。

首先,假设接触平面上的压强 p 分布为坐标 x 和 y 的线性函数[8,9]:

$$p(x, y) = ax + by + c \tag{8.8}$$

式中,a,b,c 为待定系数。设 P_{ax} 为接触端面轴向压力,M 为接触层两端弯矩,它们可以在坐标系 x,y,$(\beta^{j+1} - \beta^j)$ 中表示为

$$\begin{cases} P_{ax} = \iint_A p(x, y)\mathrm{d}A = \iint_A (ax + by + c)\mathrm{d}A = aS_y + bS_x + cA \\ M_x = \iint_A p(x, y)y\mathrm{d}A = \iint_A (axy + by^2 + cy)\mathrm{d}A = aI_{xy} + bI_x + cS_x \\ M_y = \iint_A p(x, y)x\mathrm{d}A = \iint_A (ax^2 + bxy + cx)\mathrm{d}A = aI_y + bI_{xy} + cS_y \end{cases} \tag{8.9}$$

其中

$$\begin{cases} A = A^*, \ S_y = S_y^* \cos\beta - S_x^* \sin\beta \\ S_x = S_y^* \sin\beta + S_x^* \cos\beta, \ I_y = I_y^* \cos^2\beta + I_x^* \sin^2\beta - I_{xy}^* \sin 2\beta \\ I_x = I_y^* \sin^2\beta + I_x^* \cos^2\beta + I_{xy}^* \sin 2\beta, I_{xy} = \frac{(I_y^* - I_x^*)}{2}\sin\beta + I_{xy}^* \cos 2\beta \end{cases} \tag{8.10}$$

式中　A^*——名义接触面积，$A^* = \iint_{A^*} \mathrm{d}A = 2R^2 \int_{\tau_0}^1 (1-\tau^2)^{\frac{1}{2}} \mathrm{d}\tau$；

　　　S_y^*——接触面对 x^* 轴的静矩，$S_y^* = \iint_{A^*} x \mathrm{d}A$；

　　　S_x^*——接触面对 y^* 轴的静矩，$S_x^* = \iint_{A^*} y \mathrm{d}A = 2R^3 \int_{\tau_0}^1 \tau (1-\tau^2)^{\frac{1}{2}} \mathrm{d}\tau$；

　　　I_x^*——接触面对 y^* 轴的惯性矩，$I_x^* = \iint_{A^*} y^2 \mathrm{d}A = 2R^4 \int_{\tau_0}^1 \tau^2 (1-\tau^2)^{\frac{1}{2}} \mathrm{d}\tau$；

　　　I_y^*——接触面对 x^* 轴的惯性矩，$I_y^* = \iint_{A^*} x^2 \mathrm{d}A = \frac{2}{3} R^4 \int_{\tau_0}^1 (1-\tau^2)^{\frac{3}{2}} \mathrm{d}\tau$；

　　　I_{xy}^*——接触面的惯性积，$I_{xy}^* = \iint_{A^*} xy \mathrm{d}A$。

上述公式中的 τ_0 为

$$\tau_0 = \begin{cases} -1, & \tau_1 \geqslant 1 \\ -\tau_1, & -1 < \tau_1 < 1 \\ 1, & \tau_1 \leqslant -1 \end{cases} \tag{8.11}$$

其中，$\tau_1 = c/(R\sqrt{a^2+b^2})$。$|\tau_1|$ 的物理意义是分离线距离接触端面圆心的无量纲距离，τ_1 是判断接触层接触状态的重要参数，当分离线距离接触端面圆心的无量纲距离大于 1 且接触端面处于分离区域一侧时，有 $\tau_1 \leqslant -1$，此时接触层两接触面处于完全分离的状态，这种状态只是一种极限情况，它表示本来接触的两轮盘已经完全脱离，这种状态在实际情况中并不会发生；当分离线距离接触端面圆心的无量纲距离大于 1 且接触端面处于接触区域一侧时，有 $\tau_1 \geqslant 1$，此时接触层处于完全接触状态；当 $-1 < \tau_1 < 1$ 时，表示分离线距离接触端面圆心的无量纲距离小于 1，接触层处于部分接触状态，这种状况经常发生在当转子预紧力不足或者预紧力不均匀的情况下。当上述参数求出之后，就可以求出 a, b, c 如下：

$$a = \frac{D_1}{D}, \ b = \frac{D_2}{D}, \ c = \frac{D_3}{D} \tag{8.12}$$

其中

$$D = \begin{vmatrix} S_y & S_x & A \\ I_{xy} & I_x & S_x \\ I_y & I_{xy} & S_y \end{vmatrix}, \ D_1 = \begin{vmatrix} P & S_x & A \\ M_x & I_x & S_x \\ M_y & I_{xy} & S_y \end{vmatrix}, \ D_2 = \begin{vmatrix} S_y & P & A \\ I_{xy} & M_x & S_x \\ I_y & M_y & S_y \end{vmatrix}, \ D_3 = \begin{vmatrix} S_y & S_x & P \\ I_{xy} & I_x & M_x \\ I_y & I_{xy} & M_y \end{vmatrix}$$

并且接触面的压力 P 以及弯矩 M_x 和 M_y 可以通过拉杆两端所在的轮盘端面的转角位移的差值和接触层两端面的转角位移的差值表示出来如下所示：

$$
\left\{
\begin{aligned}
P_{ax} &= F_{\text{pre}} + \frac{E_r r}{L_0} \sum_{i=1}^{n} A_i \left[\cos\theta_i (\beta_d - \beta_a) - \sin\theta_i (\alpha_d - \alpha_a) \right] \\
M_x &= r \sum_{i=1}^{n_0} F_0^i \cdot \sin(\theta_i + \Omega t) + E_{\text{eq}} I_x \frac{\alpha^j - \alpha^{j+1}}{d_0} \\
&\quad + \frac{E_r r^2}{L_0} \sum_{i=1}^{n} A_i \left[\sin\theta_i \cos\theta_i (\beta^{j+1} - \beta^j) - \sin^2\theta_i (\alpha^{j+1} - \alpha^j) \right] \\
M_y &= r \sum_{i=1}^{n_0} F_0^i \cdot \cos(\theta_i + \Omega t) + E_{\text{eq}} I_y \frac{\beta^{j+1} - \beta^j}{d_0} \\
&\quad + \frac{E_r r^2}{L_0} \sum_{i=1}^{n_0} A_i \left[\cos^2\theta_i (\beta^{j+1} - \beta^j) - \sin\theta_i \cos\theta_i (\alpha^{j+1} - \alpha^j) \right]
\end{aligned}
\right.
\tag{8.13}
$$

式中　　ω——转子转速(rad/s);

　　　　E_{eq}——接触层等效弹性模量(Pa);

α^j, α^{j+1}——接触层两端面绕 x 轴的转角(rad);

β^j, β^{j+1}——接触层两端面绕 y 轴的转角(rad)。

由公式(8.13)可以看出,接触端面上一点的压强不仅与该点所在的位置有关,还由接触层两个接触端面的转角位移差以及拉杆提供的预紧力决定。而接触端面上一点的压强又决定该点的垂直接触刚度以及切向刚度。因此通过上述关系,可以建立接触刚度与接触层两端面位移之间的联系。坐标系 x'、y'、z' 中得到接触端面上一点的压强 $p(x', y')$ 与该点的垂直接触刚度 k_n 的关系可以表示为

$$
k_n(x', y') = f(p(x', y'))
\tag{8.14}
$$

以及剪切刚度:

$$
k_\tau = \frac{2(1-\nu)}{(2-\nu)} k_n
\tag{8.15}
$$

求得单位面积上的垂直接触刚度以及剪切刚度后,可以求出接触刚度所引入的弹性势能,对于一个微元接触平面,弹性势能可以表示为

$$
\Delta U = \frac{1}{2} k_n (z_L^{j+1} - z_R^j)_{x, y}^2 + \frac{1}{2} k_\tau (x_L^{j+1} - x_R^j)_{x, y}^2 + \frac{1}{2} k_\tau (y_L^{j+1} - y_R^j)_{x, y}^2
\tag{8.16}
$$

将上式在整个接触平面上进行积分

$$
U = \iint_{A'} \Delta U \, \mathrm{d}A' = \frac{1}{2} \boldsymbol{q}_c^{\mathrm{T}} \boldsymbol{K}_c \boldsymbol{q}_c
\tag{8.17}
$$

其中,$\boldsymbol{q}_c = [x^j, y^j, \alpha^j, \beta^j, \gamma^j, x^{j+1}, y^{j+1}, \alpha^{j+1}, \beta^{j+1}, \gamma^{j+1}]^{\mathrm{T}}$ 为接触层两接触端面节点的位移向量;$\boldsymbol{K}_c$ 为接触刚度矩阵,该矩阵中的元素可以表示为

$$
\boldsymbol{K}_c =
\begin{bmatrix}
K_1 & 0 & 0 & 0 & K_6 & -K_1 & 0 & 0 & 0 & -K_6 \\
0 & K_1 & 0 & 0 & -K_7 & 0 & -K_1 & 0 & 0 & K_7 \\
0 & 0 & K_3 & -K_5 & 0 & 0 & 0 & -K_3 & K_5 & 0 \\
0 & 0 & -K_5 & K_4 & 0 & 0 & 0 & K_5 & -K_4 & 0 \\
K_6 & -K_7 & 0 & 0 & K_2 & -K_6 & K_7 & 0 & 0 & -K_2 \\
-K_1 & 0 & 0 & 0 & -K_6 & K_1 & 0 & 0 & 0 & K_6 \\
0 & -K_1 & 0 & 0 & K_7 & 0 & K_1 & 0 & 0 & -K_7 \\
0 & 0 & -K_3 & K_5 & 0 & 0 & 0 & K_3 & -K_5 & 0 \\
0 & 0 & K_5 & -K_4 & 0 & 0 & 0 & -K_5 & K_4 & 0 \\
-K_6 & K_7 & 0 & 0 & -K_2 & K_6 & -K_7 & 0 & 0 & K_2
\end{bmatrix}
\tag{8.18}
$$

其中

$$
K_1 = \iint_{A'} k_\tau \, \mathrm{d}A', \quad K_2 = \iint_{A'} k_\tau (x'^2 + y'^2) \, \mathrm{d}A',
$$

$$
K_3 = \iint_{A'} k_n y'^2 \, \mathrm{d}A', \quad K_4 = \iint_{A'} k_n x'^2 \, \mathrm{d}A',
$$

$$
K_5 = \iint_{A'} k_n x' y' \, \mathrm{d}A', \quad K_6 = \iint_{A'} k_\tau y' \, \mathrm{d}A', \quad K_7 = \iint_{A'} k_\tau x' \, \mathrm{d}A'
\tag{8.19}
$$

式中　K_1——接触层横向变形刚度($\mathrm{N \cdot m^{-1}}$)；

　　　K_2——接触层扭转刚度($\mathrm{N \cdot m^{-1}}$)；

　K_3，K_4——接触层的弯曲刚度($\mathrm{N \cdot m^{-1}}$)；

　　　K_5——接触层弯曲刚度的耦合项($\mathrm{N \cdot m^{-1}}$)；

　K_6，K_7——接触层剪切刚度($\mathrm{N \cdot m^{-1}}$)。

　　在此需要说明，用上述方法所建立的接触刚度矩阵为非线性接触刚度矩阵，该刚度矩阵可以考虑接触层微观变形所引起的刚度系数的变化，也可以考虑拉杆轴向力的变化而引起的刚度系数的变化，如果忽略上述两个因素，则该接触刚度矩阵可以退化为线性接触刚度矩阵，应用线性接触刚度矩阵可以计算含接触层转子的临界转速。计算七个刚度系数之前，首先要得到如公式(8.14)所示的单位面积法向接触刚度 k_n 与接触面压强 p 的关系式，但由公式(8.14)可以看出 k_n 是 p 的隐函数，所以很难找到它们之间关系的具体表达式，因此首先应用第 2 章提出的考虑粗糙度的接触表面的接触模型计算得到单位面积接触刚度与接触面压强的关系，然后采用多项式拟合的方法得到单位面积接触刚度与压强的关系：

$$
k_n = k_1 p^3 + k_2 p^2 + k_3 p + k_4, \quad p \geqslant 0
\tag{8.20}
$$

其中，k_1，k_2，k_3，k_4 是四个需要求得待定系数。这里求得了不同考虑粗糙度的接触表面所对应的四个系数如表 8.1 所示。

表8.1 拟 合 系 数

系 数	Ra 0.414	Ra 1.165	Ra 1.282
k_1	8.685×10^{-10}	8.539×10^{-10}	2.821×10^{-10}
k_2	-1.53×10^{-2}	-8.9×10^{-3}	-4.3×10^{-3}
k_3	6.490×10^{5}	3.916×10^{5}	2.689×10^{5}
k_4	-1.622×10^{9}	-1.639×10^{9}	-1.599×10^{9}

8.3 周向拉杆力学模型

对于拉杆的处理与前述研究思路相同,由于拉杆较细质量较轻,所以在对拉杆进行动力学建模的时候忽略了拉杆的质量以及结构阻尼,只考虑拉杆的刚度,将拉杆等效为一个沿轴向伸缩变形的弹簧。如图 8.2(a)所示,拉杆两端所在轮盘 a 端面的位移可以表示为 $\boldsymbol{q}_a = [x_a, y_a, z_a, \alpha_a, \beta_a, \gamma_a]^{\mathrm{T}}$,轮盘 d 端面的位移可以表示为 $\boldsymbol{q}_d = [x_d, y_d, z_d, \alpha_d, \beta_d, \gamma_d]^{\mathrm{T}}$,对于第 i 个拉杆,其弹性势能可以表示为

$$U^i = \int_0^{\Delta L^i} \left(F_0^i + \frac{E_r A_i}{L_0} l \right) \mathrm{d}l = F_0^i \cdot \Delta L^i + \frac{E_r A_i}{2L_0} (\Delta L^i)^2 \tag{8.21}$$

n 个拉杆的总的弹性势能可以表示为

$$\sum_{i=1}^{n_0} U^i = \sum_{i=1}^{n_0} F_0^i \left[r\cos \theta_i (\beta_d - \beta_a) - r\sin \theta_i (\alpha_d - \alpha_a) \right]$$
$$+ \frac{E_r A_i}{2L_0} \sum_{i=1}^{n} \left[r\cos \theta_i (\beta_d - \beta_a) - r\sin \theta_i (\alpha_d - \alpha_a) \right]^2 \tag{8.22}$$

公式(8.22)可以进一步表示为

$$\sum_{i=1}^{n_0} U^i = [\alpha_a, \beta_a, \alpha_d, \beta_d] \begin{bmatrix} M_1^r \\ -M_2^r \\ -M_1^r \\ M_2^r \end{bmatrix} + \frac{1}{2} [\alpha_a, \beta_a, \alpha_d, \beta_d] \begin{bmatrix} K_1^r & -K_2^r & -K_1^r & K_2^r \\ -K_2^r & K_3^r & K_2^r & -K_3^r \\ -K_1^r & K_2^r & K_1^r & -K_2^r \\ K_2^r & -K_3^r & -K_2^r & K_3^r \end{bmatrix} \begin{bmatrix} \alpha_a \\ \beta_a \\ \alpha_d \\ \beta_d \end{bmatrix}$$
$$\tag{8.23}$$

公式(8.23)中的第一项是由拉杆预紧力所引入的广义力矩;公式中的第二项是考虑拉杆刚度所引入的刚度矩阵,当所有拉杆的预紧力都相等时,广义力矩为 0,拉杆只引入了刚度矩阵。拉杆所引入的刚度矩阵以及广义力矩可以分别表示为

$$\boldsymbol{K}_{\mathrm{rod}} = \begin{bmatrix} K_1^r & -K_2^r & -K_1^r & K_2^r \\ -K_2^r & K_3^r & K_2^r & -K_3^r \\ -K_1^r & K_2^r & K_1^r & -K_2^r \\ K_2^r & -K_3^r & -K_2^r & K_3^r \end{bmatrix}, \quad \boldsymbol{f}_{\mathrm{rod}} = \begin{bmatrix} -M_1^r \\ M_2^r \\ M_1^r \\ -M_2^r \end{bmatrix} \tag{8.24}$$

其中

$$M_1^r = r \sum_{i=1}^{n} F_0^i \sin(\theta_i + \omega t), \quad M_2^r = r \sum_{i=1}^{n} F_0^i \cos(\theta_i + \omega t),$$

$$K_1^r = r^2 \sum_{i=1}^{n} \frac{E_r A_i}{L_0} \sin^2 \theta_i, \quad K_2^r = r^2 \sum_{i=1}^{n} \frac{E_r A_i}{L_0} \sin \theta_i \cos \theta_i, \quad K_3^r = r^2 \sum_{i=1}^{n} \frac{E_r A_i}{L_0} \cos^2 \theta_i$$

$$\tag{8.25}$$

8.4　拉杆转子模型建立

完成对拉杆力学模型的建模后,结合接触层转子的力学模型,就可以建立拉杆转子的有限元模型。如图 8.5(a)所示,拉杆转子被离散为 14 个 Timoshenko 梁单元和 18 个节点。周向分布的拉杆的两端固定在节点 5 和 14 上。在节点(6,7),(9,10)和(12,13)之间形成三个接触界面。拉杆引入的刚度矩阵以及轮盘端面接触效应引入的非线性接触刚度矩阵都可以嵌入到以 Timoshenko 梁单元为基础的有限元模型中去。同时为了进行比较分析,同时建立了具有四个刚性轮盘的连续转子的有限元模型,该模型由 11 个梁单元和 12 个节点组成[如图 8.5(b)所示]。除拉杆和接触面外,该连续转子与拉杆转子的结构相同。两个转子的不平衡力都来自四个轮盘的质量偏心 ($e_a = e_b = e_c = e_d = e = 1.5 \times 10^{-4}$ m),同时转子轮盘质量偏心的相位相同 ($\varphi_a = \varphi_b = \varphi_c = \varphi_d = 0$)。

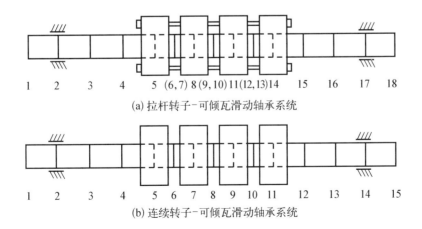

(a) 拉杆转子-可倾瓦滑动轴承系统

(b) 连续转子-可倾瓦滑动轴承系统

图 8.5　两种类型转子-可倾瓦滑动轴承系统的有限元模型

拉杆转子-可倾瓦滑动轴承系统的动力学模型表示为

$$M\ddot{x} + \omega G\dot{x} + Kx = Q + f \tag{8.26}$$

其中

$$M = M^s + M^d$$

$$G = G^s + G^d + C^s$$

$$K = K^s + K_{\text{rod}} + K_c$$

$$Q = Q^d, \quad f = f_{\text{rod}}$$

式中　M——转子轴承系统质量矩阵（kg）；

　　　G——转子轴承系统陀螺矩阵；

　　　K——转子轴承系统刚度矩阵（N/m）；

　　　Q——不平衡激励力（N）；

　　　f——广义弯曲力矩（N·m）。

在系统的陀螺矩阵中，出现了 C^s 项，引入该项是因为考虑了转子的结构阻尼的影响，在工程实际中，结构的阻尼通常假设为瑞利阻尼，这种能量耗散的模拟方法在数值分析中具有很好的优势，能够满足一般结构动力分析的需求，在本章中，采用瑞利阻尼表示转子的结构阻尼，该阻尼可以通过如下公式表示：

$$C^s = \alpha^s M + \beta^s K \tag{8.27}$$

其中

$$\begin{cases} \alpha^s = \dfrac{60(\omega_{n2}\xi_1 - \omega_{n1}\xi_2)\omega_{n1}\omega_{n2}}{\pi(\omega_{n2}^2 - \omega_{n1}^2)} \\[4mm] \beta^s = \dfrac{\pi(\omega_{n2}\xi_2 - \omega_{n1}\xi_1)}{15(\omega_{n2}^2 - \omega_{n1}^2)} \end{cases} \tag{8.28}$$

式中　ω_{n1}——第一阶临界转速（r/min）；

　　　ω_{n2}——第二阶临界转速（r/min）；

　　　ξ_1——第一阶模态阻尼比，$\xi_1 = 0.02$；

　　　ξ_2——第二阶模态阻尼比，$\xi_2 = 0.04$。

另外需要说明的是质量矩阵和陀螺仪矩阵的组装与传统方法相同，但是刚度矩阵的组装在这里有所不同，因为接触层和拉杆引入的刚度矩阵将在组装后改变刚度矩阵的结构，刚度矩阵的组装规则如图 8.6 所示。

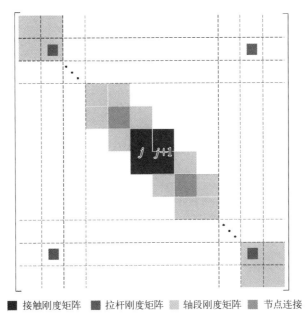

■ 接触刚度矩阵　■ 拉杆刚度矩阵　■ 轴段刚度矩阵　■ 节点连接

图 8.6　刚度矩阵的装配示意图

8.5　可倾瓦滑动轴承油膜力有限差分模型

使用有限差分法计算可倾瓦滑动轴承的非线性油膜力的基本思想是首先对雷诺方程求解域进行离散处理,在特定的边界条件下,在离散的求解域内采用差分去近似替代雷诺方程中的微分,并通过求和来近似表示积分,因此有限差分方程组可以用来代替原始的微分方程。求解有限差分方程组可以在求解域内的离散点处获得原始问题的近似解。利用有限差分法求解可倾瓦滑动轴承的非线性油膜力,从理论上讲,只要求解域单元网格划分得足够精细,就可以达到理想的精度,但是这样也会导致求解油膜力的计算量太大,因此可倾瓦滑动轴承的非线性油膜力有限差分模型很少被直接应用到转子轴承系统的求解中去。

对雷诺方程有限差分格式的方程组进行了变形处理,采用双共轭梯度稳定算法求解变形之后的差分方程组,可以很大程度地提高可倾瓦滑动轴承非线性油膜力的计算效率,使其能够直接应用到周向拉杆转子-可倾瓦滑动轴承系统的求解中去。

8.5.1　可倾瓦滑动轴承的油膜厚度

在大多数情况下,雷诺方程可准确地表征油膜中产生的压力分布情况。对于不考虑惯性的等黏度不可压缩流体,简化两个表面之间的油膜的纳维-斯托克斯(Navier - Stokes)方程就会得到雷诺方程,可倾瓦滑动轴承的结构简图如图 8.7 所示。

设全局坐标系 XOY 的单位向量为 I 和 J,原点 O 为轴承的轴心,转子的轴心为 O_s,

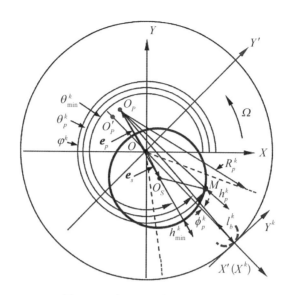

图 8.7 可倾瓦滑动轴承结构简图

设转子轴心在全局坐标系下的位置为 $e_s = x_s \boldsymbol{I} + y_s \boldsymbol{J}$，由于全局坐标系是惯性坐标系，所以转子轴心的速度就是可以表示为 $\dot{e}_s = \dot{x}_s \boldsymbol{I} + \dot{y}_s \boldsymbol{J}$，从结构简图中可以看出，第 k 块瓦圆弧圆心在全局坐标系的位置向量可以表示为

$$e_p = \left[R_B \cos \theta_p^k - (R_p^k + l_p^k) \cos(\phi_p^k + \theta_p^k) \right] \boldsymbol{I} + \left[R_B \sin \theta_p^k - (R_p^k + l_p^k) \sin(\phi_p^k + \theta_p^k) \right] \boldsymbol{J}$$

$$(8.29)$$

式中 　$[\ ]^k$——瓦块编号为 k；

　　　R_b^k——瓦块圆弧半径（m）；

　　　l_b^k——瓦块的厚度（m）；

　　　R_B——轴承外径（m）；

　　　ϕ_p^k——瓦块支点相位角（rad）；

　　　ϕ_p^k——瓦块绕支点转角（rad）。

　　通过向量运算可以得到转子轴心到瓦块圆弧中心的距离为

$$e = |\ e_s - e_p\ | \tag{8.30}$$

根据如图 8.7 所示的几何关系，做一些高阶项的忽略，同时考虑轴承瓦块预载荷，可以得到第 k 块瓦上得油膜厚度，可以表示为

$$h_p^k \approx C_b - x_s \cos \varphi^k - y_s \sin \varphi^k - R_p^k \phi_p^k \sin(\varphi^k - \theta_p^k) - m_p C_b \cos(\varphi^k - \theta_p^k)$$

$$(8.31)$$

式中 　C_b——瓦块圆与轴径圆半径间隙（m），$C_b = R_p^k - r_s$；

　　　r_s——转子轴半径（m）；

　　　m_p——瓦块预载荷（N）。

将公式(8.31)无量纲化,取 $\bar{h}_p^k = h_p^k / C_b$, $\bar{x}_s = x_s / C_b$, $\bar{y}_s = y_s / C_b$, $\bar{R}_p^k = R_p^k / C_b$, 可以得到无量纲形式的油膜厚度,可以表示为

$$\bar{h}_p^k \approx 1 - \bar{x}_s \cos \varphi^k - \bar{y}_s \sin \phi^k - \bar{R}_p^k \phi_p^k \sin(\varphi - \theta_p^k) - m_p \cos(\varphi - \theta_p^k) \quad (8.32)$$

这里需要说明的是第 k 块瓦块绕支点的转动角度 ϕ_p^k 具有一定变化范围,当瓦块的出油端与轴径表面相接触时,转动角度 ϕ_p^k 达到最大值 $\phi_{\max}^k$,当瓦块的进油端与轴径表面相接触时,转动角度 ϕ_p^k 达到最小值 $\phi_{\min}^k$,转动角度的最大值与最小值可以表示如下:

$$\begin{cases} \phi_{\max}^k = \dfrac{1 - \bar{e} \cos(\theta_p^k + \beta_{TE}^k - \theta_{\min}^k)}{\bar{R}_p^k (\theta_p^k + \beta_{TE}^k - \theta_p^k)} \\[4mm] \phi_{\min}^k = \dfrac{1 - \bar{e} \cos(\theta_p^k - \beta_{LE}^k - \theta_{\min}^k)}{\bar{R}_p^k (\theta_p^k - \beta_{LE}^k - \theta_p^k)} \end{cases} \quad (8.33)$$

式中　β_{TE}^k——瓦块出油端到瓦块支点之间包角(rad);

β_{LE}^k——瓦块进油端到瓦块支点之间包角(rad)。

8.5.2　双共轭梯度稳定算法求解雷诺方程

解决完上述问题后,给出旋转坐标系下可倾瓦滑动轴承的第 k 个瓦块上的雷诺方程:

$$\frac{1}{R_p^{k2}} \frac{\partial}{\partial \varphi^k} \left(\frac{h_p^{k3}}{\mu} \frac{\partial p^k}{\partial \varphi^k} \right) + \frac{\partial}{\partial z_b} \left(\frac{h_p^{k3}}{\mu} \frac{\partial p^k}{\partial z_b} \right) = 6 \left(\omega \frac{\partial h_p^k}{\partial \varphi^k} + 2 \frac{\partial h_p^k}{\partial t} \right) \quad (8.34)$$

引入如下无量纲变换: $\bar{h}_p^k = h_p^k / C_b$, $\bar{p}^k = p^k / p_0^k$, $p_0^k = 6 \mu \Omega (R_p^k / C_b)^2$, $\bar{z}_b = z_b / L_b$, $\tau = \Omega t$,可以得到无量纲的雷诺方程:

$$\frac{\partial}{\partial \varphi^k} \left(\bar{h}_p^{k3} \frac{\partial \bar{p}^k}{\partial \varphi^k} \right) + \left(\frac{R_p^k}{L_b} \right)^2 \frac{\partial}{\partial \bar{z}_b} \left(\bar{h}_p^{k3} \frac{\partial \bar{p}^k}{\partial \bar{z}_b} \right) = \frac{\partial \bar{h}_p^k}{\partial \varphi^k} + 2 \frac{\partial \bar{h}_p^k}{\partial \tau} \quad (8.35)$$

式中　L_b——轴承宽度(m);

$\bar{p}^k$——瓦块表面分布无量纲压强。

下面采用有限差分法求解无量纲雷诺方程,离散格式如图 8.8 所示,将可倾瓦滑动轴承第 k 个瓦块的圆弧面按照图 8.8(a)所示的方法划分成 $m_p \times n_p$ 个网格,网格在瓦块宽度方向上的取值范围如图 8.8(a)所示,网格在瓦块周向的取值范围为 $(\theta_p^k - \beta_{LE}^k, \theta_p^k + \beta_{TE}^k)$,在点 (i, j) 上雷诺方程的离散形式可以表示为

$$\frac{\partial}{\partial \varphi^k} \left(\bar{h}_p^{k3} \frac{\partial \bar{p}^k}{\partial \varphi^k} \right)_{i,j} + \left(\frac{R_p^k}{L_b} \right)^2 \frac{\partial}{\partial \bar{z}_b} \left(\bar{h}_p^{k3} \frac{\partial \bar{p}^k}{\partial \bar{z}_b} \right)_{i,j} = \left(\frac{\partial \bar{h}_p^k}{\partial \varphi^k} \right)_{i,j} + 2 \left(\frac{\partial \bar{h}_p^k}{\partial \tau} \right)_{i,j} \quad (8.36)$$

下面给出在 (i, j) 上的一点的各阶导数的差分形式。

一阶导数项:

$$\left(\frac{\partial \bar{p}^k}{\partial \varphi^k} \right)_{i,j} = \frac{(\bar{p}^k)_{i+1,j} - (\bar{p}^k)_{i-1,j}}{2 \Delta \varphi^k}, \quad \left(\frac{\partial \bar{h}_p^k}{\partial \varphi^k} \right)_{i,j} = \frac{(\bar{h}_p^k)_{i+1,j} - (\bar{h}_p^k)_{i-1,j}}{2 \Delta \varphi^k},$$

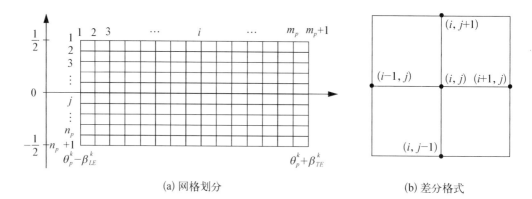

(a) 网格划分   (b) 差分格式

图 8.8　雷诺方程在求解域上的离散格式

$$\left(\frac{\partial \bar{p}^k}{\partial \bar{z}_b}\right)_{i,j}=\frac{(\bar{p}^k)_{i,j+1}-(\bar{p}^k)_{i,j+1}}{2\Delta \bar{z}_b},\quad \left(\frac{\partial \bar{h}_p^k}{\partial \tau}\right)_{i,j}=-\dot{\bar{x}}_s\cos\varphi^k-\dot{\bar{y}}_s\sin\varphi^k-\bar{R}_p^k\dot{\phi}_p^k\sin(\varphi^k-\theta_p^k)$$

$$(8.37)$$

二阶导数项:

$$
\begin{aligned}
\frac{\partial}{\partial \varphi^k}\left(\bar{h}_p^{k3}\frac{\partial \bar{p}^k}{\partial \varphi^k}\right)_{i,j}&=\left(3\bar{h}_p^{k2}\frac{\partial \bar{h}_p^k}{\partial \varphi^k}\right)_{i,j}\left(\frac{\partial \bar{p}^k}{\partial \varphi^k}\right)_{i,j}+(\bar{h}_p^{k3})_{i,j}\frac{\partial}{\partial \varphi^k}\left(\frac{\partial \bar{p}^k}{\partial \varphi^k}\right)_{i,j}\\
&=\frac{1}{(\Delta \varphi^k)^2}\left\{\left\{\frac{3}{4}(\bar{h}_p^{k2})_{i,j}\left[(\bar{h}_p^k)_{i+1,j}-(\bar{h}_p^k)_{i-1,j}\right]+(\bar{h}_p^{k3})_{i,j}\right\}(\bar{p}^k)_{i+1,j}\right.\\
&\quad\left.-2(\bar{h}_p^{k3})_{i,j}(\bar{p}^k)_{i,j}+\left\{(\bar{h}_p^{k3})_{i,j}-\frac{3}{4}(\bar{h}_p^{k2})_{i,j}\left[(\bar{h}_p^k)_{i+1,j}\right.\right.\right.\\
&\quad\left.\left.\left.-(\bar{h}_p^k)_{i-1,j}\right]\right\}(\bar{p}^k)_{i-1,j}\right\}
\end{aligned}
$$

$$(8.38a)$$

$$
\begin{aligned}
\frac{\partial}{\partial \bar{z}_b}\left(\bar{h}_p^{k3}\frac{\partial \bar{p}^k}{\partial \bar{z}_b}\right)_{i,j}&=3\bar{h}_p^{k2}\frac{\partial \bar{h}_p^k}{\partial \bar{z}_b}\left(\frac{\partial \bar{p}^k}{\partial \bar{z}_b}\right)_{i,j}+(\bar{h}_p^{k3})_{i,j}\frac{\partial}{\partial \bar{z}_b}\left(\frac{\partial \bar{p}^k}{\partial \bar{z}_b}\right)_{i,j}\\
&=\frac{1}{(\Delta \bar{z}_b)^2}\left[(\bar{h}_p^{k3})_{i,j}(\bar{p}^k)_{i,j+1}-2(\bar{h}_p^{k3})_{i,j}(\bar{p}^k)_{i,j}+(\bar{h}_p^{k3})_{i,j}(\bar{p}^k)_{i,j-1}\right]
\end{aligned}
$$

$$(8.38b)$$

将公式(8.37)和公式(8.38)代入到公式(8.36)所示的雷诺方程中,并做进一步的简化,可以得到:

$$A_{i,j}^k(\bar{p}^k)_{i+1,j}+B_{i,j}^k(\bar{p}^k)_{i-1,j}+C_{i,j}^k(\bar{p}^k)_{i,j+1}+C_{i,j}^k(\bar{p}^k)_{i,j-1}-D_{i,j}^k(\bar{p}^k)_{i,j}=F_{i,j}^k$$

$$(8.39)$$

其中,

$$A_{i,j}^k=\frac{3}{4}(\bar{h}_p^{k2})_{i,j}\left[(\bar{h}_p^k)_{i+1,j}-(\bar{h}_p^k)_{i-1,j}\right]+(\bar{h}_p^{k3})_{i,j},$$

$$B_{i,j}^k = (\bar{h}_p^{k3})_{i,j} - \frac{3}{4}(\bar{h}_p^{k2})_{i,j}\big[(\bar{h}_p^k)_{i+1,j} - (\bar{h}_p^k)_{i-1,j}\big],$$

$$C_{i,j}^k = \Big(\frac{R_p^k}{L_b}\Big)^2 \frac{(\Delta\varphi^k)^2}{(\Delta\bar{z}_p)^2}(\bar{h}_p^{k3})_{i,j}, \quad D_{i,j}^k = A_{i,j}^k + B_{i,j}^k + 2C_{i,j}^k,$$

$$F_{i,j}^k = \frac{(\Delta\varphi^k)}{2}\big[(\bar{h}_p^k)_{i+1,j} - (\bar{h}_p^k)_{i-1,j}\big] + 2(\Delta\varphi^k)^2\big[-\dot{\bar{x}}_s\cos\varphi^k - \dot{\bar{y}}_s\sin\varphi^k - \bar{R}_p^k\dot{\phi}_p^k\sin(\varphi^k - \theta_p^k)\big]$$

差分方程(8.39)的求解方法很多,而双共轭梯度稳定算法(BICGSTAB)具有收敛速度快的优点,应用该算方法前需要将将公式(8.39)写成线性方程组的形式:

$$\boldsymbol{A}_{as}\bar{p}_{as} = \boldsymbol{F}_{as} \tag{8.40}$$

其中,$\bar{p}_{as} = \big[(\bar{p}^k)_{1,1}, (\bar{p}^k)_{1,2}, \cdots, (\bar{p}^k)_{1,m_p+1}, \cdots, (\bar{p}^k)_{i,j}, \cdots, (\bar{p}^k)_{n_p+1,m_p+1}\big]^{\mathrm{T}}$ 是由 $(\bar{p}^k)_{i,j}$ 按照行编号重新排列得到的向量,矩阵 $\boldsymbol{A}_{as}$ 是由 $A_{i,j}^k$、$B_{i,j}^k$、$C_{i,j}^k$、$D_{i,j}^k$ 组成的稀疏矩阵,$\boldsymbol{F}_{as} = \big[F_{1,1}^k, F_{1,2}^k, \cdots, F_{1,m_p+1}^k, \cdots, F_{i,j}^k, \cdots, F_{n_p+1,m_p+1}^k\big]^{\mathrm{T}}$ 是由 $F_{i,j}^k$ 组成的列向量。这里需要说明的是,虽然本章选择按照差分网格节点的行编号重新排列得到线性方程组形式的差分方程组,但这并不是唯一方式,也可以选择按照列编号的形式对差分方程组进行变形。双共轭梯度稳定算法的计算原理可以参考文献[22],这里不再给出。这里需要说明的是,在对方程(8.40)进行求解之前,需要引入油膜雷诺边界条件:

$$\text{轴承两端:} \quad \bar{z}_b = \pm 1, \ \bar{p}^k = 0$$

$$\text{瓦块 } k \text{ 进油端:} \quad \varphi^k = \theta_p^k - \beta_{LE}^k, \ \bar{p}^k = 0$$

$$\text{瓦块 } k \text{ 出油端:} \quad \varphi^k = \theta_p^k + \beta_{TE}^k, \ \bar{p}^k = 0, \ \frac{\partial\bar{p}^k}{\partial\varphi^k} = 0$$

当每个瓦块上的油膜压力满足收敛准则后,迭代结束,然后将每个瓦块所得的油膜力进行求和就可以得到可倾瓦滑动轴承的总油膜力,总无量纲油膜力的计算公式如下:

$$\begin{Bmatrix} \bar{F}_x \\ \bar{F}_y \end{Bmatrix} = -\sum_{i=1}^{m}\sum_{j=1}^{n}\sum_{k=1}^{p}\big[(\bar{p}^k)_{i,j} + (\bar{p}^k)_{i+1,j} + (\bar{p}^k)_{i,j+1} + (\bar{p}^k)_{i+1,j+1}\big]\bar{R}_p^k\begin{Bmatrix}\cos\varphi^k \\ \sin\varphi^k\end{Bmatrix}\frac{\Delta\bar{z}_b\Delta\varphi^k}{4}$$

$$\tag{8.41}$$

8.5.3　瓦块运动方程

油膜压力同时要使第 k 块瓦块满足受力平衡的条件,当不考虑瓦块的平动,只考虑瓦块绕支点的转动时,需要考虑瓦块所受力矩要平衡:

$$I_{zz}^k\ddot{\phi}_p^k = M^k \tag{8.42}$$

式中　I_{zz}^k——第 k 块瓦块绕支点转动惯量(kg·m);

　　　M^k——第 k 块瓦块所受力矩(N·m)。

公式中 M^k 可以通过第 k 块瓦块上的流体压强求得。如图 8.9 所示第 k 块瓦块的受

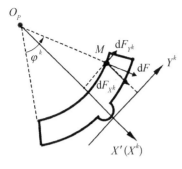

图 8.9 瓦块受力分析图

力分析,在 M 点处取一个面积微元 $\mathrm{d}s = \mathrm{d}z_b \mathrm{d}\varphi^k$,其上的压力微元表示为 $\mathrm{d}F = R_p^k p^k \mathrm{d}z_b \mathrm{d}\varphi^k$,压力微元 $\mathrm{d}F$ 在坐标系两个方向上的分量如图所示,压力微元产生的绕瓦块支点力矩微元可以表示为

$$\mathrm{d}M^k = -\mathrm{d}F \cdot \left[(l_p^k + R_p^k)\sin(\varphi^k - \theta_p^k) \right] \quad (8.43)$$

瓦块所受的力矩可以表示为

$$M^k = -\int_{\theta_p^k - \beta_{LE}^k}^{\theta_p^k + \beta_{TE}^k} \int_{-1/2}^{1/2} R_p^k p^k \cdot (l_p^k + R_p^k)\sin(\varphi^k - \theta_p^k)\mathrm{d}z_b \mathrm{d}\varphi^k$$

$$(8.44)$$

写成离散形式:

$$M^k = -(l_p^k + R_p^k)R_p^k \Delta z_b \Delta\varphi^k \sum_{i=1}^{m}\sum_{j=1}^{n} (p^k)_{i,j}\sin(i\Delta\varphi^k - \beta_{LE}^k) \quad (8.45)$$

同样引入无量纲变换 $\bar{p}^k = p^k/p_0^k$,$p_0^k = 6\mu\Omega(R_p^k/C_b)^2$,$\bar{z}_b = z_b/L_b$,$\bar{R}_p^k = R_p^k/C_b$,$\bar{l}_p^k = l_p^k/C_b$,$\tau = \Omega t$。于是可以得到无量纲的力矩表达式为

$$\bar{M}^k = -(\bar{l}_p^k + \bar{R}_p^k)\bar{R}_p^k \frac{\Delta\bar{z}_b \Delta\varphi^k}{4}\sum_{i=1}^{m}\sum_{j=1}^{n}\left[(\bar{p}^k)_{i,j} + (\bar{p}^k)_{i+1,j}\right.$$

$$\left. + (\bar{p}^k)_{i,j+1} + (\bar{p}^k)_{i+1,j+1}\right]\sin(i\Delta\varphi^k - \beta_{LE}^k) \quad (8.46)$$

而无量纲力矩平衡方程为

$$\bar{I}_{zz}^k \ddot{\bar{\phi}}_p^k = \bar{M}^k \quad (8.47)$$

式中,I_{zz}^k 为无量纲转动惯量,$\bar{I}_{zz}^k = I_{zz}^k \Omega/(6L_b\mu R_p^{k2})$;此时 $\ddot{\bar{\phi}}_p^k$ 表示瓦块转动角对无量纲时间 τ 的二阶导数。可倾瓦滑动轴承的结构参数如表 8.2 所示。

表 8.2 可倾瓦轴承参数

类　　型	参　　数	数　　值
可倾瓦滑动轴承	轴径 d_s /m	0.08
	润滑油黏度 μ_b /(Pa·s)	0.018
	轴承宽度 L_b /m	0.04
	轴承间隙 C_b /m	2.5×10^{-4}
	瓦块数目 N_b	4
	瓦块包角 θ_{pad} /(°)	80

续　表

类　　型	参　　数	数　　值
可倾瓦滑动轴承	载荷类型	瓦间
	瓦块预载荷	0
	瓦块厚度/m	1.58×10^{-2}
	瓦块转动惯量/(kg·m²)	2.49×10^{-4}
	支点偏移量	0.5

8.6　密封力模型

Muszynska 密封力模型是由 A. Muszynska 和 D. E. Bently 经过一系列实验研究提出的一个简洁的集总参数模型，Muszynska 密封力模型解析式包含了三个部分：弹性力部分、阻尼力部分和惯性力部分。除惯性力部分外，弹性力部分和阻尼力部分都有交叉项。该模型揭示了密封激振力的旋转效应是诱发转子失稳的主要因素[19]。该模型是以解析式的形式给出的，可以方便地应用到转子轴系动力学特性分析中去。同时该模型是基于实验提出的，得到了很多学者的认可。基于 Muszynska 模型的这些优点，采用 Muszynska 模型来描述非线性密封力，其表达式如下：

$$\begin{cases} F_x^s = -m_f \ddot{x} - D_f \dot{x} - 2\tau_f m_f \omega \dot{y} - (K_f - m_f \tau_f^2 \omega^2)x - \tau_f \omega D_f y \\ F_y^s = -m_f \ddot{y} - D_f \dot{y} + 2\tau_f m_f \omega \dot{x} - (K_f - m_f \tau_f^2 \omega^2)y + \tau_f \omega D_f x \end{cases} \tag{8.48}$$

其中，K_f，m_f，D_f，τ_f，分别表示的是当量刚度、当量质量、当量阻尼、流体周向速度比，这些参数都是转子位移的非线性函数，即：

$$K_f = K_0 (1-e^2)^{-n}, \ D_f = D_0 (1-e^2)^{-n}, \ n = \frac{1}{2} \sim 8, \ \tau = \tau_0 (1-e^2)^b, \ 0 < b < 1 \tag{8.49}$$

其中，$e = \sqrt{x^2 + y^2} / Cr$ 为转子相对偏心位移，Cr 为密封间隙；n，b，τ_0 均为与迷宫密封结构相关的经验系数，一般 $\tau_0 < 1/2$，K_f、D_f 以及 m_f 可以用 Childs 提出的动力学计算公式计算得出：

$$K_f = \mu_3 \mu_0, \ D_f = \mu_1 \mu_3 T_f, \ m_f = \mu_2 \mu_3 T_f^2 \tag{8.50}$$

其中

$$\mu_0 = \frac{2\sigma_f^2 E_f (1 - m_0)}{1 + \xi + 2\sigma_f}, \ \mu_1 = \frac{2\sigma_f E_f + \sigma_f^2 B(1/6 + E_f)}{1 + \xi + 2\sigma_f},$$

$$T_f = \frac{l_f}{\upsilon}, \ \mu_2 = \frac{\sigma_f(1/6 + E_f)}{1 + \xi + 2\sigma_f}, \ \mu_3 = \frac{\pi R_f \Delta P}{\lambda},$$

$$\lambda = n_0 R_a^{m_0} \left[1 + (R_v/2R_a)^2\right]^{(1+m_0)/2}, \ R_v = \omega R_f Cr/\nu,$$

$$R_a = 2\upsilon Cr/\nu, \ B = 2 - \frac{(R_v/R_a)^2 - m_0}{(R_v/R_a)^2 + 1}, \ E_f = \frac{1 + \xi}{2(1 + \xi + 2\sigma_f)}$$

式中 σ_f——摩擦损失梯度系数；

       ξ——密封介质周向进口损失系数；

     l_f——密封腔体宽度；

     υ——当量轴向速度；

    R_f——密封半径；

   ΔP——当量压降；

m_0、n_0——Hirs 湍流方程的系数；

R_a、R_v——轴向和周向雷诺数；

    ν——气体运动黏度。

8.7 拉杆转子-轴承-密封系统动力学模型

在前面的研究中,针对拉杆转子的结构特点建立了周向拉杆转子的力学模型,建立了可倾瓦滑动轴承力学模型、密封力模型。本节在前述研究的基础上,进一步建立了拉杆转子-可倾瓦滑动轴承-迷宫密封系统的动力学模型。这里直接给出无量纲化的动力学方程为

$$M\Omega^2 \frac{\mathrm{d}^2 X}{\mathrm{d}\tau^2} + G\Omega \frac{\mathrm{d}X}{\mathrm{d}\tau} + KX = \frac{Q + f}{\delta} \tag{8.51}$$

其中

$$M = M^s + M^d$$
$$G = G^s + G^d + C^s$$
$$K = K^s + K_{\mathrm{rod}} + K_c$$
$$Q = Q^d, \ f = f_{\mathrm{rod}} + f_{\mathrm{oil}} + f_{\mathrm{seal}}$$

式中 f_{rod}, f_{oil}, f_{seal}——广义弯曲力矩(N·m)、油膜力(N)和密封激振力(N)。

拉杆转子-轴承-密封系统有限元模型如图 8.10(a)所示,转子单元划分方法以及非线性油膜力施加节点与前述相同,这里不再赘述,密封激振力施加在节点 5 上,为了进行比较分析,建立了具有四个刚性轮盘的连续转子-可倾瓦滑动轴承-迷宫密封系统的有限元模型,除了密封激振力施加在 5 号节点外,其他参数同样与前述相同。除了前述已经给出的转子和轴承参数外,密封参数如表 8.3 所示。

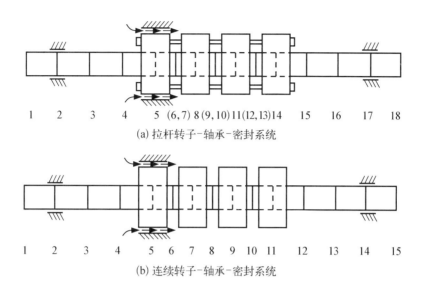

(a) 拉杆转子-轴承-密封系统

(b) 连续转子-轴承-密封系统

图 8.10　两种转子-轴承-密封系统有限元模型

表 8.3　迷宫密封参数

类　　型	参　　数	值
迷宫密封	密封间隙 Cr/m	1.5×10^{-3}
	密封介质周向进口损失系数 ξ	0.1
	密封长度 l_f/m	0.04
	当量轴向速度 υ	10
	气体通过密封后当量压降 $\Delta P/Pa$	1×10^4
	Hirs 湍流方程的系数 m_0	0.25
	Hirs 湍流方程的系数 n_0	0.079
	气体运动黏度 ν	1.5×10^{-5}

建立完拉杆转子-可倾瓦轴承-迷宫密封系统的动力学模型之后,为了求解方便,引入了无量纲因子 δ,将动力学方程做了无量纲处理:

$$\boldsymbol{X} = \frac{\boldsymbol{x}}{\delta}, \ \tau = \omega t \tag{8.52}$$

将上式代入到动力学方程中,得到无量纲化的动力学方程为

$$\boldsymbol{M}\Omega^2 \frac{\mathrm{d}^2 \boldsymbol{X}}{\mathrm{d}\tau^2} + \Omega \boldsymbol{G} \frac{\mathrm{d}\boldsymbol{X}}{\mathrm{d}\tau} + \boldsymbol{K}\boldsymbol{X} = \frac{\boldsymbol{Q} + \boldsymbol{f}}{\delta} \tag{8.53}$$

公式(8.53)可以通过数值方法求解。本章采用 Newmark-β 积分方法求解是因为它是一种在时域内求解非线性方程的鲁棒算法。采用 Newmark-β 积分方法求解动力学方程(8.53)的离散形式可以表示为

$$\widetilde{\boldsymbol{K}} \boldsymbol{X}_{\tau+\Delta\tau} = \widetilde{\boldsymbol{Q}}_{\tau+\Delta\tau} \tag{8.54a}$$

$$\ddot{\boldsymbol{X}}_{\tau+\Delta\tau} = \frac{1}{\beta_n \Delta\tau^2} \left[\boldsymbol{X}_{\tau+\Delta\tau} - \boldsymbol{X}_\tau \right] - \frac{1}{\beta_n \Delta\tau} \dot{\boldsymbol{X}}_\tau - \left(\frac{1}{2\beta_n} - 1 \right) \ddot{\boldsymbol{X}}_\tau \tag{8.54b}$$

$$\dot{\boldsymbol{X}}_{\tau+\Delta\tau} = \frac{\gamma_n}{\beta_n \Delta\tau} \left[\boldsymbol{X}_{\tau+\Delta\tau} - \boldsymbol{X}_\tau \right] - \left(1 - \frac{\gamma_n}{\beta_n} \right) \dot{\boldsymbol{X}}_\tau - \left(1 - \frac{\gamma_n}{2\beta_n} \right) \Delta\tau \ddot{\boldsymbol{X}}_\tau \tag{8.54c}$$

其中

$$\widetilde{\boldsymbol{K}} = \boldsymbol{K}^s + \boldsymbol{K}_{\text{rod}} + (\boldsymbol{K}_c)_\tau + \frac{\Omega^2}{\beta_n \Delta\tau^2} \boldsymbol{M} + \frac{\gamma_n \Omega}{\beta_n \Delta\tau} \boldsymbol{G} \tag{8.55}$$

$$\widetilde{\boldsymbol{Q}}_{\tau+\Delta\tau} = \frac{\boldsymbol{Q}_{\tau+\Delta\tau} + (\boldsymbol{f}_{\text{rod}})_{\tau+\Delta\tau} + (\boldsymbol{f}_{\text{oil}})_\tau}{\delta} + \omega^2 \boldsymbol{M} \left[\frac{1}{\beta_n \Delta\tau^2} \boldsymbol{X}_t + \frac{1}{\beta_n \Delta\tau} \dot{\boldsymbol{X}}_t + \left(\frac{1}{2\beta_n} - 1 \right) \dot{\boldsymbol{X}}_t \right]$$

$$+ \omega \boldsymbol{G} \left[\frac{\gamma_n}{\beta_n \Delta\tau^2} \boldsymbol{X}_t + \left(\frac{\gamma_n}{\beta_n} - 1 \right) \dot{\boldsymbol{X}}_t + \left(\frac{\gamma_n}{2\beta_n} - 1 \right) \Delta\tau \dot{\boldsymbol{X}}_t \right] \tag{8.56}$$

式中　　β_n——积分参数,取值 $\beta_n = 0.25$;

　　　　γ_n——积分参数,取值 $\gamma_n = 0.5$;

　　$(\boldsymbol{K}_c)_\tau$——τ 时刻的接触刚度矩阵(N·m^{-1});

　　$\boldsymbol{Q}_{\tau+\Delta\tau}$——$\tau + \Delta\tau$ 时刻的不平衡激振力(N);

$(\boldsymbol{f}_{\text{rod}})_{\tau+\Delta\tau}$——$\tau + \Delta\tau$ 时刻的广义弯曲力矩(N·m);

　　$(\boldsymbol{f}_{\text{oil}})_\tau$——$\tau$ 时刻的非线性油膜力(N)。

公式(8.54)中的参数 β_n 和 γ_n 决定了数值积分的精度和稳定性,研究表明,当 $\gamma_n \geqslant 0.5$, $\beta_n \geqslant 0.25(0.5 + \gamma_n)^2$ 时,Newmark-β 法无条件收敛,本章假定从时刻 τ 到时刻 $\tau + \Delta\tau$ 的速度不变,因此选取 $\beta_n = 0.25$, $\gamma_n = 0.5$。 在求解动力学方程(8.54)的时候,迭代过程的每个子步骤中都需要判断接触层的接触状态,然后根据判断出的接触状态,决定使用相应的策略来计算接触刚度矩阵 $\boldsymbol{K}_c$。 当完成所有计算步骤或接触层完全分离时,终止计算过程。

8.8　拉杆转子-轴承-密封系统动力学特性分析

8.8.1　预紧力的影响

提取了连续转子-轴承-密封系统和具有 12 根拉杆且拉杆提供的预紧力均匀分布的拉杆转子-轴承-密封系统中左轴承处节点 x 方向的频谱图如图 8.12 所示。图 8.12(a)和 8.12(b)所示拉杆转子的总预紧力分别为 1.2 kN 和 4.8 kN。

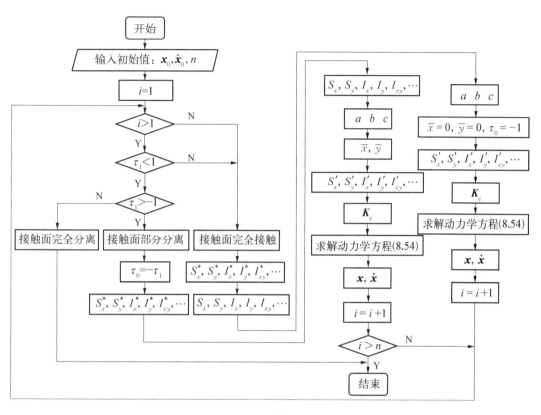

图 8.11　计算流程图

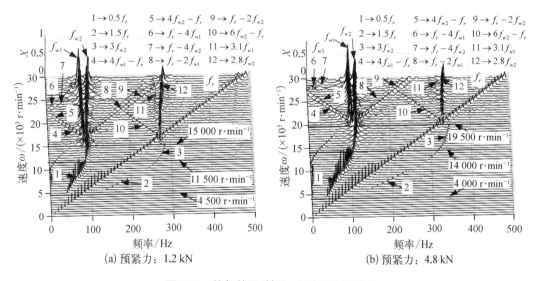

(a) 预紧力：1.2 kN　　　　　　　(b) 预紧力：4.8 kN

图 8.12　拉杆转子-轴承-密封系统频谱图

由图 8.12(a)可以看出,在低速范围内运行时($\Omega < 4\,500$ r/min),频谱图中仅存在单一的工频成分 f_r,同样说明拉杆转子-轴承-密封系统的振动主要由转子轮盘的不平衡量引起的。随着转子转速的升高,当转子的转速为 $\Omega = 4\,500$ r/min 的时候,系统出现了接近 0.5 倍工频的频率分量、1.5 倍工频分量,当转子转速为 $\Omega = 11\,500$ r/min 的时候,接近 0.5 倍工频分量消失,并且在此区间($\Omega \in [4\,500,\ 11\,500]$r/min),接近 0.5 倍工频的频率成分占主导地位,此时可以知道,系统出现了油膜涡动,由于接近 0.5 倍工频的频率成分也是油膜涡动引起的,与 0.5 倍工频产生机理相同并与 0.5 倍工频非常接近,后面的描述中只用 0.5 倍工频表示。由图 8.12(a)还可以看出当转子转速 $\Omega \in [4\,500,\ 7\,500]$r/min 时,系统是同时存在三种频率成分的。随着转速的继续增加,当转速 $\Omega \geqslant 11\,500$ r/min 时,除了工频,系统还出现了油膜失稳频率 f_{w2} 和气膜失稳频率 f_{w1},以及与它们相关的组合频率。此时系统的自激频率成分(f_w)、系统工频(f_r)以及它们的组合频率同时存在,且自激频率成分占主导地位,而组合频率成分表明了油膜力与密封力的耦合作用。

如图 8.12(a)、(b)所示,随着预紧力由 1.2 kN 增加到 4.8 kN,拉杆转子-轴承-密封系统中 0.5 倍工频($0.5f_r$)出现的转速下限值由 $\Omega = 4\,500$ r/min 降低为 $\Omega = 4\,000$ r/min,并等于连续转子 0.5 倍工频($0.5f_r$)出现的转速下限值 $\Omega = 4\,000$ r/min,同时上限值由 $\Omega = 11\,500$ r/min 增大为 $\Omega = 14\,000$ r/min,逐渐逼近连续转子 0.5 倍工频($0.5f_r$)消失的转速上限值 $\Omega = 15\,500$ r/min,由于 0.5 倍工频($0.5f_r$)消失的转速上限值等于转子出现自激振荡频率(f_w)的阈值,因此也可以说预紧力的增加同样提高了转子出现自激振荡频率(f_w)的阈值。随着预紧力的增加,0.5 倍工频($0.5f_r$)出现的转速下限值会降低,同时上限值会增大,导致 0.5 倍工频($0.5f_r$)出现的范围会变大,随着预紧力的继续增加,拉杆转子-轴承-密封系统的动力学特性逐渐接近连续转子-轴承-密封系统的动力学特性。

图 8.13 所示为转子在油膜涡动阶段,预紧力对转子轴承密封系统分岔图的影响规律。由图 8.13(b)可以看出,随着转子转速的升高,转子发生了多次的倍周期分岔,当转子

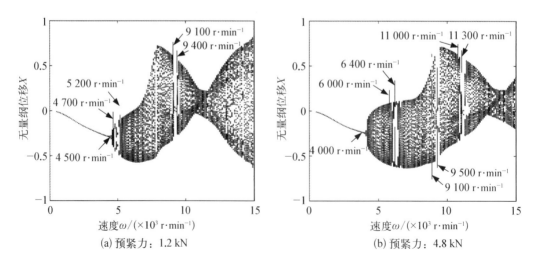

(a) 预紧力:1.2 kN (b) 预紧力:4.8 kN

图 8.13 拉杆转子-轴承-密封系统分岔图

的转速为 $\Omega=4\,000$ r/min 时,转子由 1 倍周期运动变为概周期运动,当转子转速为 $\Omega=6\,000$ r/min 时,转子由概周期运动转变为 2 倍周期运动,当转子转速升高为 $\Omega=6\,400$ r/min 时,转子由 2 倍周期运动重新变为概周期运动,之后随着转子转速的继续升高,转子发生了多次的概周期运动与 2 倍周期运动的相互转换。对比图 8.13(a)与 8.14(b)可以知道,预紧力变化影响了轮盘接触刚度的变化,进而影响了转子发生倍周期分岔的转速。图 8.14 为预紧力为 4.8 kN,不同转速时,拉杆转子轴承密封系统的相图。

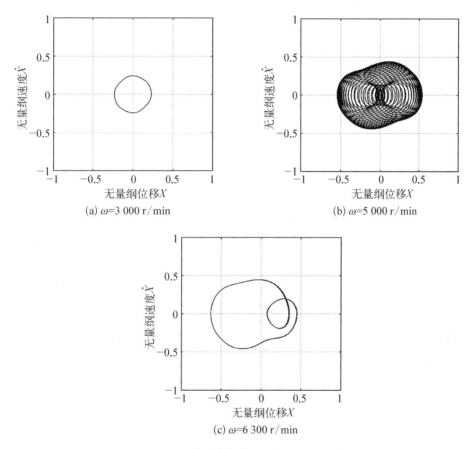

图 8.14　不同转速时拉杆转子-轴承-密封系统相图

密封气流激振力对转子轴承系统频率特性的影响主要在转子的高速运行阶段,因此绘制了转子转速为 $\Omega=20\,000$ r/min 时,预紧力对转子轴心轨迹的影响规律如图 8.16(a)、(b)所示,同时为了对比分析,图 8.15(c)所示为连续转子的轴心轨迹。图 8.16 为与轴心轨迹相对应的庞加莱映射图。

由图 8.16 可以看出,当转子的转速为 $\Omega=20\,000$ r/min 时,三种情况下转子都处于混沌运动状态,由图 8.16(a)、(b)可以知道,当转子总预紧力为 1.2 kN 时,转子的轴心轨迹最为紊乱,轴心轨迹由一些杂乱无章的曲线构成,同时转子的振幅也最大,当转子总预紧力为 4.8 kN 时,转子轴心轨迹变得更有规律性,转子由图 8.16(c)可以看出,当转子连续时,转子的轴心轨迹最为规律,同时转子振幅最小,转子的轴心轨迹为互相嵌套在一起的椭圆形曲线组成。

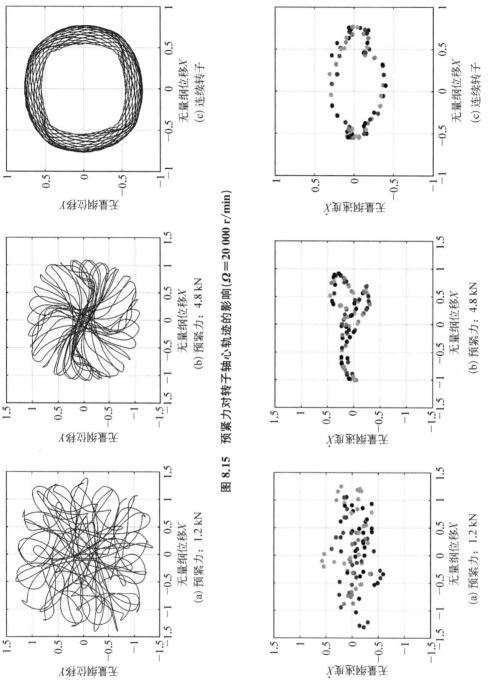

图 8.15　预紧力对转子轴心轨迹的影响（$\Omega = 20\ 000$ r/min）

图 8.16　预紧力对转子庞加莱映射的影响（$\Omega = 20\ 000$ r/min）

8.8.2　预紧力不均的影响

下面研究预紧力不均对拉杆转子-轴承-密封系统频率特性的影响规律,将相对位置不同的两个故障拉杆的预紧力以及其弹性模量设置为 0,目的是为了模拟转子部分拉杆出现断裂导致预紧力不均的情况,同时也研究故障拉杆的相对位置对转子-轴承-密封系统的动力学特性的影响规律。图 8.17 所示为两故障拉杆相邻时,转子-轴承-密封系统的频谱图。

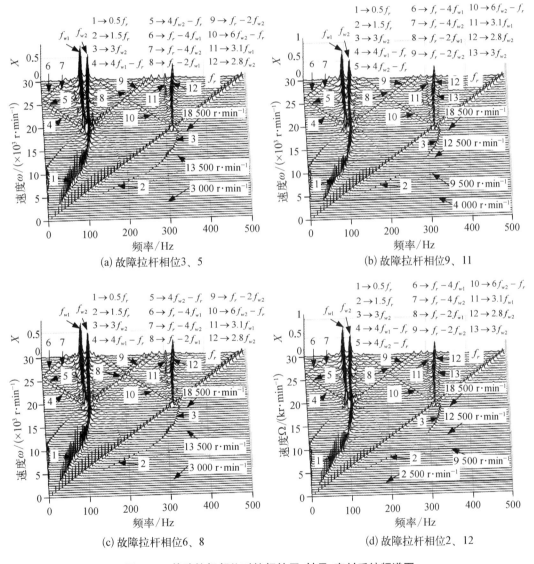

图 8.17　故障拉杆邻位时拉杆转子-轴承-密封系统频谱图

由图 8.17 可以看出,预紧力不均对于系统的组合频率成分会有重要影响,当邻位故障拉杆相位与转子轮盘质量偏心相位差为 π/2 时,随着转子转速的增加,1.5 倍工频会逐渐连续的转变为$3f_{w2}$,并且随着转子的转速继续升高到$\Omega=18\,500$ r/min 时,组合频率成分 $3f_{w2}$ 消失,系统出现了组合频率成分 $3.1f_{w1}$ 和 $2.8f_{w2}$;当邻位故障拉杆相位与转子轮盘质量偏心相位差为 0 或者 π 时,随着转子转速的增加,1.5 倍工频会在转子转速为 $\Omega=9\,500$ r/min 时消失,然后当转子的转速升至 $\Omega=12\,500$ r/min 时,组合频率成分 $3f_{w2}$ 才会出现,并且随着转子的转速继续升高到 $\Omega=18\,500$ r/min 时,组合频率成分 $3f_{w2}$ 不会消失,同时系统出现组合频率成分 $3.1f_{w1}$ 和 $2.8f_{w2}$。因为故障拉杆的相位不同转子轴承密封系统的频率成分会发生变化,所以或许可以通过频率成分的变化来判断故障拉杆的相对位置,这对于拉杆转子-轴承-密封系统的健康监测以及故障诊断具有理论指导意义。

图 8.18 所示为转子处于油膜涡动阶段时,邻位故障拉杆对转子轴承密封系统分岔特性的影响规律。对比图 8.18 和图 8.13(b)可以看出,邻位故障拉杆降低了转子发生倍周期分岔的转速阈值。当故障拉杆相位为 3、5 时,转子发生 1 倍周期运动向概周期运动的转化的转速为 $\Omega=3\,000$ r/min,当故障拉杆相位为 2、12 时,转子发生 1 倍周期运动向概周期运动的转化的转速为 $\Omega=2\,500$ r/min。除此之外,邻位故障拉杆同样改变了系统发生 2 倍周期运动和概周期运动相互转换的转速阈值。邻位故障拉杆与转子轮盘质量偏心的相对相位不仅影响转子轴承密封系统的频率特性也会影响转子的轴心轨迹。

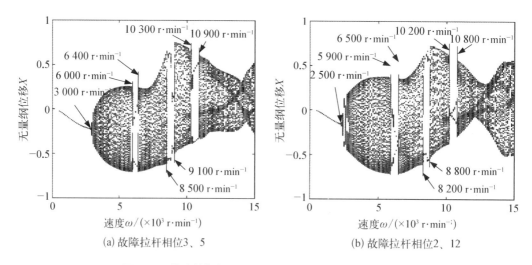

(a) 故障拉杆相位3、5　　　　　(b) 故障拉杆相位2、12

图 8.18　故障拉杆邻位时拉杆转子-轴承-密封系统分岔图

如图 8.19 所示为当转子的转速为 $\Omega=16\,000$ r/min 时,邻位故障拉杆的相位对转子轴心轨迹的影响。由图可以看出故障拉杆相位 3、5 转子的轴心轨迹与故障拉杆相位 9、11 转子的轴心轨迹相似,故障拉杆相位 6、8 转子的轴心轨迹与故障拉杆相位 2、12 转子的轴心轨迹相似,产生这种现象的原因是故障拉杆相位 3、5 与故障拉杆相位 9、11 与转子轮盘质量偏心的相位差为 $\pi/2$,两者关于转子轮盘质量偏心相位是对称的,这导致在旋转状态下,转子轮盘端面接触刚度是相等的,拉杆预紧力不均引起的广义弯曲力矩关于转子轮盘质量偏心相位是对称的,所以两种情况下转子的轴心轨迹相似。故障拉杆相位 6、8 与转子轮盘质量偏心相位差为 0,故障拉杆相位 2、12 与转子轮盘质量偏心相位差为 π,在旋转状态下,转子轮盘端面接触刚度同样是相同的,但是拉杆预紧力不均引起的广义弯曲力矩不同,这种情况下转子的轴心轨迹依旧相似,这说明高转速下预紧力不均导致的接触刚度各向异性是转子轴心轨迹出现方向性的原因。

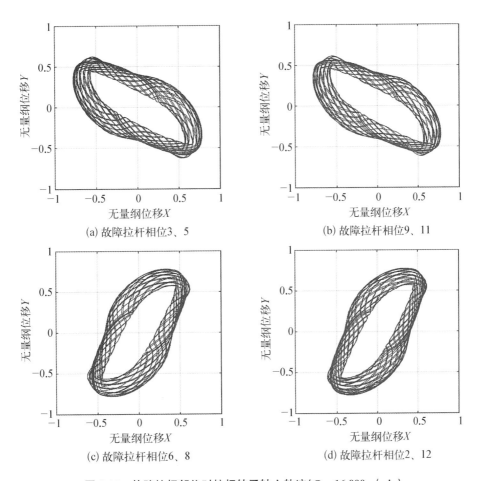

(a) 故障拉杆相位3、5

(b) 故障拉杆相位9、11

(c) 故障拉杆相位6、8

(d) 故障拉杆相位2、12

图 8.19　故障拉杆邻位时拉杆转子轴心轨迹($\Omega=16\,000$ r/min)

图 8.20 为转速为 $\Omega=25\,000$ r/min 情况下,邻位故障拉杆的相位对转子轴心轨迹的影响,由图 8.20 可以知道,当转子的转速更高时,由于密封气流激振力的影响,转子的轴心轨迹更加紊乱,这种紊乱说明了密封气流激振力使转子振动的波动变得明显。

图 8.21 所示为两故障拉杆处于对位时,转子轴承密封系统的频谱图。与故障拉杆邻位不同的是,无论对位故障拉杆的相位如何变化,随着转子转速的增加,1.5 倍工频都会逐渐连续的转变为 $3f_{w2}$,并且随着转子的转速继续升高组合频率成分 $3f_{w2}$ 依然存在,同时系统出现了组合频率成分 $3.1f_{w1}$ 和 $2.8f_{w2}$。

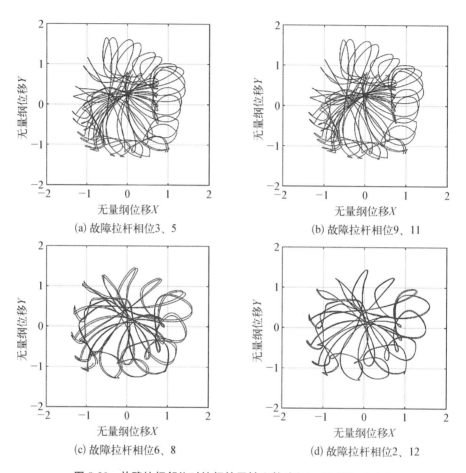

(a) 故障拉杆相位3、5

(b) 故障拉杆相位9、11

(c) 故障拉杆相位6、8

(d) 故障拉杆相位2、12

图8.20 故障拉杆邻位时拉杆转子轴心轨迹($\Omega=25\ 000$ r/min)

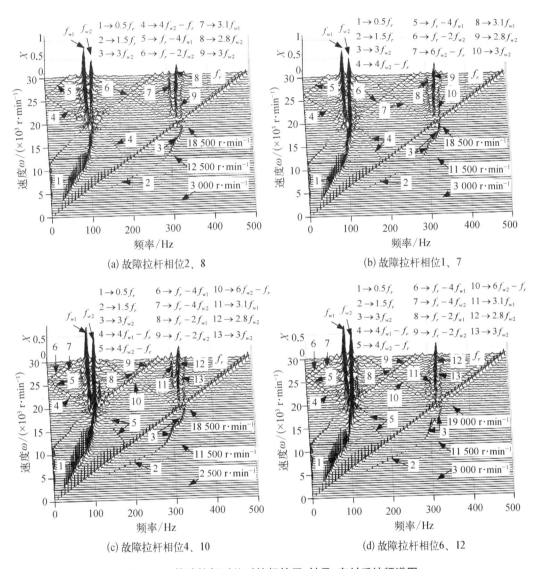

(a) 故障拉杆相位2、8

(b) 故障拉杆相位1、7

(c) 故障拉杆相位4、10

(d) 故障拉杆相位6、12

图 8.21　故障拉杆对位时拉杆转子-轴承-密封系统频谱图

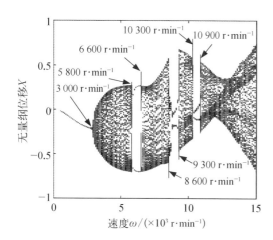

图 8.22 故障拉杆相位为 1、7 时拉杆转子-轴承-密封系统分岔图

图 8.22 所示为故障拉杆相位为 1、7 时拉杆转子-轴承-密封系统的分岔图,对比图 8.22 和图 8.18 可以知道,对位故障拉杆的相位对转子-轴承-密封系统的倍周期分岔影响较小,但是结合图 8.21 可以看出,故障拉杆的相位对转子发生油膜振荡的转速阈值影响较大,对位故障拉杆使转子发生油膜振荡的转速阈值降低。

图 8.23 所示为拉杆转子的转速为 $\Omega = 16\,000$ r/min 时,对位故障拉杆的相位对转子轴心轨迹的影响。由图可以看出,对位故障拉杆的相位不同,轴心轨迹仍然能够表现出一种方向性,由于对位故障拉杆并不会引入广义弯曲力矩,所以可以确定这种轴心轨迹的方形性是由故障拉杆引起的轮盘接触刚度各向异性导致的。

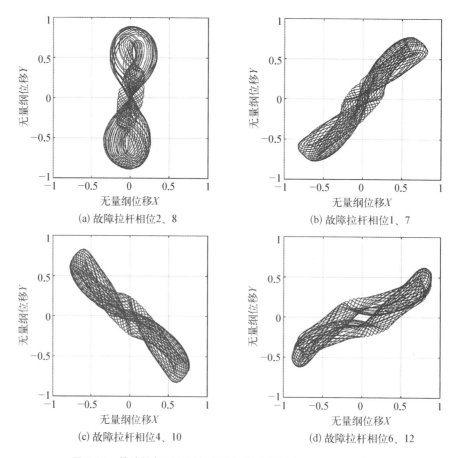

(a) 故障拉杆相位2、8

(b) 故障拉杆相位1、7

(c) 故障拉杆相位4、10

(d) 故障拉杆相位6、12

图 8.23 故障拉杆对位时拉杆转子轴心轨迹($\Omega = 16\,000$ r/min)

对比图 8.23(b) 和 8.14(c) 可以知道,相位 1、7 故障拉杆与相位 4、10 故障拉杆的相位差为 $\pi/2$,而两种转子的轴心轨迹也出现了互相垂直的现象,相位 2、8 故障拉杆与相位 6、12 故障拉杆的相位差同样为 $\pi/2$,但是转子的轴心轨迹并没有互相垂直,产生了这两种现象的原因或许是因为两种情况的故障拉杆的相位相对于转子轮盘偏心质量的相位不同导致的。

8.9　本章小结

本章建立了周向拉杆转子-可倾瓦滑动轴承-迷宫密封系统的动力学模型,分析了预紧力、转子拉杆直径等结构参数及部分拉杆故障导致的预紧力不均等对周向拉杆转子-可倾瓦滑动轴承-迷宫密封系统动力学特性及稳定性的影响规律,得到了如下结论:当预紧力较低时,由于密封激振力的作用,转子的轴心轨迹较为紊乱,同时转子的振幅也最大,随着预紧力增大,转子轴心轨迹变得更有规律性,并且转子的振幅也降低;当邻位故障拉杆相位与转子轮盘质量偏心相位差为 $\pi/2$ 时,随着转子转速的增加,1.5 倍工频会逐渐连续的转变为 $3f_{w2}$,并且随着转子的转速继续升高,组合频率成分 $3f_{w2}$ 消失,同时系统出现组合频率成分 $3.1f_{w1}$ 和 $2.8f_{w2}$,当邻位故障拉杆相位与转子轮盘质量偏心相位差为 0 或者 π 时,随着转速的升高,组合频率成分 $3f_{w2}$ 不会消失;因为故障拉杆的相位不同转子轴承密封系统的频率成分会发生变化,所以或许可以通过频率成分的变化来判断故障拉杆的相对位置,这对于拉杆转子-轴承-密封系统的健康监测以及故障诊断会有理论指导意义;预紧力不均对转子的轴心轨迹具有重要影响,当转速较低时,预紧力不均引入的广义弯曲力矩是影响转子的轴心轨迹以及振幅的主要因素。高转速时,预紧力不均引入的轮盘接触刚度的各向异性是影响转子轴心轨迹方向性的主要因素。

参 考 文 献

[1] 赵龙生,钟史明,王肖祎.H级重型燃气轮机的最新发展概况[J].燃气轮机技术,2017,30(3):27-31.

[2] 蒋洪德,任静,李雪英,等.重型燃气轮机现状与发展趋势[J].中国电机工程学报,2014,29:5096-5102.

[3] 胡晓煜.世界燃气轮机手册[M].北京:航空工业出版社,2011.

[4] 王荻,喻志强.MS6000B型燃气轮机组振动故障分析及处理[J].广东电力,2003,16(2):29-31.

[5] 张旋洲.燃气轮机运行故障及典型事故的处理[J].燃气轮机技术,2006,19(1):64-68.

[6] 汪光明,饶柱石,夏松波.拉杆转子力学模型的研究[J].航空学报,1993(8):419-425.

[7] 饶柱石,夏松波,王光明.粗糙平面接触刚度的研究[J].机械强度,1994,16(3):72-75.

[8] Yuan Q, Gao R, Feng Z, et al. Analysis of dynamic characteristics of gas turbine rotor considering contact effects and pre-tightening force[C]//Proceedings of the ASME Turbo Expo 2008: Power for Land, Sea, and Air, 2008, 5: 983-988.

[9] Gao J, Yuan Q, Li P, et al. Effects of bending moments and pre-tightening forces on the flexural

stiffness of contact interfaces in rod-fastened rotors [J]. Journal of Engineering for Gas Turbines and Power-Transactions of the ASME, 2012, 134: 102505.

[10] 达琦, 袁奇, 李浦. 燃气轮机拉杆转子非线性动力学特性研究[J]. 西安交通大学学报, 2019, 53(5): 43 – 51.

[11] Meng C, Su M, Wang S. An investigation on dynamic characteristics of a gas turbine rotor using an improved transfer matrix method [J]. Journal of Engineering for Gas Turbines and Power-Transactions of the ASME, 2013, 135: 122505.

[12] Lee A S, Lee Y S. Rotordynamic characteristics of an APU gas turbine rotor-bearing system having a tie shaft[J]. KSME International Journal, 2001, 15(2): 152 – 159.

[13] 高锐, 袁奇, 高进. 燃气轮机拉杆转子有限元模型研究及临界转速计算[J]. 热能动力工程, 2009, 24(3): 305 – 308.

[14] Jam J, Meisami F, Nia N. Vibration analysis of Tie-rod/Tie bolt rotors using FEM [J]. International Journal of Engineering Science, 2011, 3(10): 7292 – 7300.

[15] 李辉光, 刘恒, 虞烈. 考虑接触刚度的燃气轮机拉杆转子动力特性研究[J]. 振动与冲击, 2012, 31(7): 4 – 8.

[16] Qin Z Y, Wang H Y, Chu F L. Finite element modeling and dynamic analysis of rotating disc and drum connected by bolted joints[C]//Han Q, Takahashi K, Oh C H, et al. Advanced Engineering Forum, 2012, 838 – 842.

[17] Yang B, Geng H, Lu M, et al. Strength analysis of disc rotor heavy-duty gas turbine considering bolt pretension load[C]//International Conference on Mechatronics and Automation. Xi'an, China, 2010. IEEE.

[18] Zhang Y, Du Z, Shi L, et al. Determination of contact stiffness of rod-fastened rotors based on modal test and finite element analysis[J]. Journal of Engineering for Gas Turbines and Power-Transactions of the ASME, 2010, 132: 0945019.

[19] 黄文虎, 夏松波, 焦映厚, 等. 旋转机械非线性动力学[M]. 北京, 2006: 127 – 195.

[20] Zhang E, Jiao Y, Chen Z. Dynamic behavior analysis of a rotor system based on a nonlinear labyrinth-seal forces model[J]. Journal of Computational and Nonlinear Dynamics, 2018, 13(10): 101002.

[21] Liu Y, Liu H, Yi J, et al. Investigation on the stability and bifurcation of a rod-fastening rotor bearing system[J]. Journal of Vibration and Control. 2015, 21(14): 2866 – 2880.

[22] Van Der Vorst H A. BI-CGSTAB: a fast and smoothly converging variant of BI-CG for the solution of nonsymmetric linear systems[J]. Society for Industrial and Applied Mathematics, 1992, 13(2): 631 – 344.

第9章 转子-轴承-密封系统多场耦合数值解法

9.1 引言

大型旋转机械中的转子-轴承-密封系统在多激励源下运行,密封-轴承受到温度场、应力场、流场等动态耦合作用,转子系统流-固-热动力学多场耦合模型的求解问题一直难以突破。本章介绍了转子-密封系统多场耦合模型的数值求解流程,包括热耦合、移动源热耦合、挤压效应热耦合、移动热源热耦合挤压效应多物理场的数值求解模块,推导了考虑时间挤压效应的密封雷诺方程、移动摩擦热流方程、转子动力学方程,并对其有效性进行了探讨。

9.2 转子-轴承-密封系统数值模拟流程

本节描述了转子-密封数值模拟流程,摩擦热在转子-密封工作中客观存在,建立转子-密封封闭系统移动热源瞬时工况是必要的,以更加完备表征密封实际工况。

理论计算模型和数值优化方法可以对转子-密封过程的原理提供指导思想。高速转子-密封运动泵送过程中,主要有两个重要的特征,分别是转子-密封稳态特征和转子-密封微扰动态特征。这两个重要的特征可以测试转子的密封性能,同样,启停过程的转子-密封寿命公式也可以经过测试得出。转子的密封稳态特征包括了流-固-热与动力学多场耦合模型,含转子动环、流体膜以及轴腔体静环三部分的结构形式,含动力学方程、传热对流方程、能量方程以及雷诺方程的控制方程等。气体压力、扭矩阻力、泄漏率和流体膜刚度等稳态性能这些与转子-密封之前文献相同[1,2]。转子-密封微扰动特征包含了密封动力学和密封周向振动模型,稳态和挤压雷诺方程,动态特征有膜厚刚度系数和质量平衡系数,涉及刚体动力学和弹性动力学的运动学。密封性能的测试内容是利用转子-密封试验装置监测泄漏率、液膜膜厚等参数,完成密封性能验证的试验目的。而转子启停密封寿命公式的测试通过多功能启停设置等方法与监测摩擦传感器系数等参数完成,求解总流程[3,4]见图 9.1。

将系统输入膜厚等初始参数,以此计算气液体混相流体的物性,进一步通过雷诺方程得出膜厚与膜压力,并判断膜厚的相对误差是否小于标准值,如果不满足判据,则重新迭代雷诺方程,满足条件则求解气体膜温度、转子-密封体温度以及气体出口温度并分别进行相对误差值的判断,若误差不小于标准值,则重新求解,满足条件则继续(图 9.2)。通过求解收敛的转子-密封体温度可以求解出收敛的动环膜厚扰动,通过求解收敛的气体出口

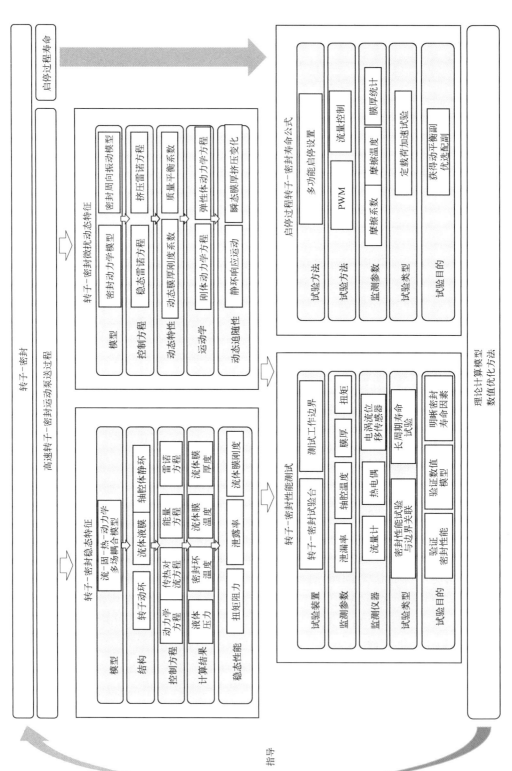

图 9.1 数值求解技术流程

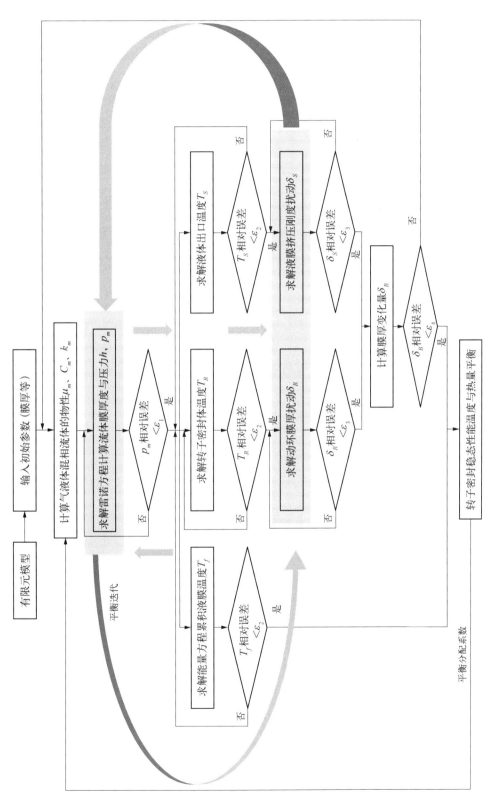

图 9.2　考虑热耦合的数值求解技术流程图

温度可提取出收敛的气体膜挤压刚度扰动,当动环膜厚扰动和挤压刚度扰动都收敛时,该方法可求解出收敛的膜厚变化量,这一变量与稳态气体膜温度共同决定了转子-密封的稳态性能[5,6]。

将系统的有限元模型输入膜厚等初始参数,以此计算气体混相流体的物性,进一步求解雷诺方程得出膜厚与膜压力,并判断膜厚的相对误差是否小于标准值,如果不满足判据,则重新迭代雷诺方程,满足条件则求解气体膜温度、转子-密封体温度以及气体出口温度并分别进行相对误差值的判断,若误差不小于标准值,则重新求解,满足条件则继续(图9.3)。通过求解出收敛的转子-密封体温度可以求解出收敛的动环膜厚扰动,通过求解出收敛的气体出口温度可以求解出收敛的气体膜挤压刚度扰动,当动环膜厚扰动和挤压刚度扰动都收敛时,可求解出收敛的膜厚变化量,这一变量与稳态气体膜温度共同决定了转子-密封的稳态性能、温度与热量的平衡移动热源特性,属于密封区别于轴承的独有现象。因为密封阻隔现象造成热源积累不可忽视[7-10],应在数值解法中考虑。

给系统输入等初始参数,以此计算气液体混相流体的物性,进一步求解雷诺方程得出气体膜压力,并判断膜厚的相对误差是否小于标准值,如果不满足,则重新计算混相流体的物性,直到满足条件。计算出气体膜压力在轴向与径向方向分布与其导数分布,求解能量方程计算出气体膜温度,并以此求解出动环温度和气体出口温度,判断参数的收敛性,求解出收敛值后可以得出收敛膜厚的变化量,最终计算出气液体混相动压密封稳态性能[11-14]。但对于挤压效应需要从雷诺方程挤压项中描述,并联合有限元多场耦合求解(图9.4)。

给系统的有限元模型输入膜厚等初始参数,以此计算气液体混相流体的物性,进一步求解雷诺方程得出膜厚与膜压力,并判断膜厚的相对误差是否小于标准值,如果不是,则重新迭代雷诺方程,满足条件则求解气体膜温度、转子-密封体温度以及气体温度后并分别进行相对误差值的判断,若误差不小于标准值,则重新求解,满足条件则继续[15-17]。通过求解出收敛的转子-密封体温度可以求解出收敛的动环膜厚扰动,当动环膜厚扰动和挤压刚度扰动都收敛时,可求解出收敛的膜厚变化量(图9.5),这一变量与稳态气体膜温度共同决定了转子-密封的稳态性能、温度与热量的平衡。

9.3 控制方程公式推导

9.3.1 雷诺方程推导

对于转子-密封,膜厚通常在$2\sim3~\mu m$,故处于混合润滑流态,考虑如下动压项稳态雷诺方程[17,18]:

$$\frac{\partial}{\partial x}\left(\frac{G_x\rho h^3}{\eta}\frac{\partial p}{\partial x}\right)+\frac{\partial}{\partial y}\left(\frac{G_y\rho h^3}{\eta}\frac{\partial p}{\partial y}\right)=\frac{U}{2}\varepsilon\frac{\partial(\rho h)}{\partial x}+\frac{\partial(\rho h)}{\partial t} \tag{9.1}$$

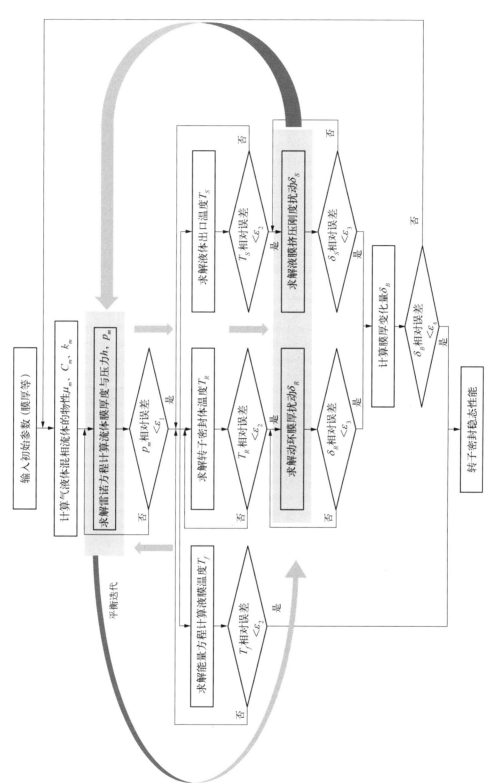

图 9.3 考虑移动热源热耦合数值求解技术流程图

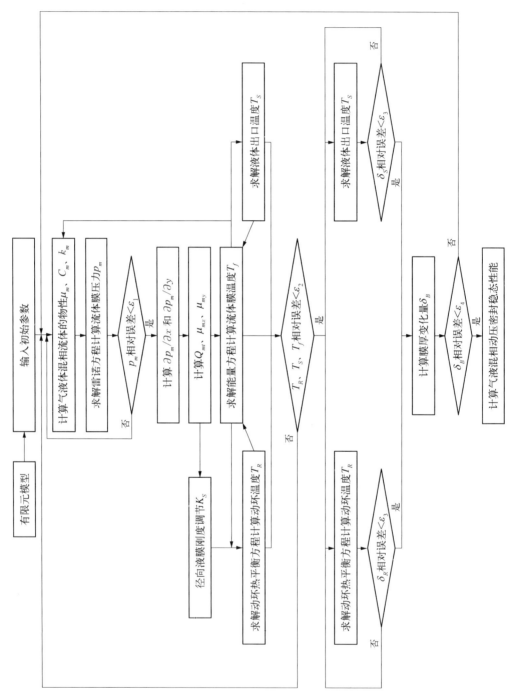

图 9.4 考虑挤压效应热耦合技术数值求解流程图

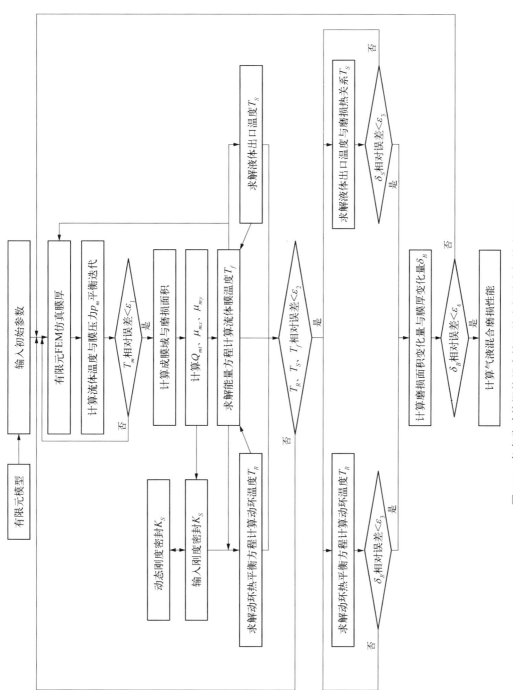

图 9.5　考虑移动热源热耦合挤压效应数值求解技术流程图

式中

$$\bar{x}=\frac{x}{L},\ \bar{y}=\frac{36y}{\pi d},\ \bar{h}=\frac{h}{h_0},\ \bar{P}=\frac{p}{p_a},\ \varepsilon=\frac{u_0 L^2}{\sigma^2 Pa},\ \varepsilon=\frac{\varepsilon}{\varepsilon_a}$$

得出如下无量纲雷诺方程:

$$\frac{\partial}{\partial X}\left(\frac{G_x \rho H^3}{\eta}\frac{\partial P}{\partial X}\right)+\frac{\partial}{\partial Y}\left(\frac{G_y \rho H^3}{\eta}\frac{\partial P}{\partial Y}\right)=\frac{U}{2}\varepsilon\frac{\partial(\rho H)}{\partial X}+\frac{\partial(\rho H)}{\partial t} \tag{9.2}$$

满足压力边界要求:

$$P(X=0,\ Y)=P_L,\ P(X=L,\ Y)=P_L$$

初始膜厚偏心公式:

$$h=h_0-e_h\cos\theta+\Gamma$$

式中,e_h 为初始偏心距离;e_v 为初始安装偏心距离;h_0 为初始膜厚。

考虑到混合润滑状态下,轴承的支撑形式将由单纯的流体动静压效应转化为接触载荷与油膜承载的混合模式,因此采用粗糙峰接触模型对混合润滑状态下的雷诺方程进行修正,进而评估接触摩擦的影响,下式为粗糙峰接触的 CW 模型轮廓分布[19],这里选取与文献粗糙峰表面参数。

$$\Gamma=0.031\,54\gamma^{-0.031\,5}\chi^{p_1}\,(Sk+1)^{-0.081\,6}K^{-0.204\,9}M^{p_2}L^{p_3} \tag{9.3}$$

式中,Γ 为平均表面间隙;K 表示峭度;Sk 为偏度;M 为杨氏模量与屈服强度的比值;L 为无量纲平均压力;γ 为长度比,相应的详细推导过程在引述文献[19]中已阐明;p_1,p_2,p_3 为对应系数,取值如下:

$$p_1=0.144\,3-0.028\,3\ln\chi$$
$$p_2=0.877\,2-0.064\,5\ln M$$
$$p_3=-0.769\,1-0.193\,8\ln(Sk+1)-0.099\,4\ln K$$
$$\quad-0.020\,8\ln L\ln(Sk+1)$$
$$\quad-0.199\,4\ln L-0.016\,6(\ln L)^2$$

将此粗糙度波度形貌分布添加到初始膜厚 h_0。

q_x 和 q_y 分别为计算域各点周向和轴向的体积流量;τ 为作用在轴颈上的切向应力;C_f 为由于紊流所造成的切向应力修正因子;U 为轴颈线速度。上述各量分别由下式计算:

$$q_x=\frac{Uh}{2}-\frac{G_x h^3}{\eta}\frac{\partial p}{\partial x} \tag{9.4}$$

$$q_y=-\frac{G_y h^3}{\eta}\frac{\partial p}{\partial y} \tag{9.5}$$

$$\tau = C_f \frac{\eta U}{h} + \frac{h}{2} \frac{\partial p}{\partial x} \tag{9.6}$$

$$C_f = 1 + 0.001\,2 \mathrm{Re}^{0.94} \tag{9.7}$$

气体膜在水平和垂直方向的承载力即为油膜压力的整体作用,通过对整体气体膜压力进行积分即可确定,下式给出了对应公式:

$$\begin{bmatrix} F_h \\ F_v \end{bmatrix} = \int_{-B/2}^{B/2} \int_0^L p \begin{bmatrix} \cos\theta \\ \sin\theta \end{bmatrix} \mathrm{d}x\,\mathrm{d}y \tag{9.8}$$

式中,B 为轴承轴向宽度;L 为对应计算域的周向角度。

$$Q\big|_{y=\pm B/2} = \int_0^L q_y\big|_{y=\pm B/2} \mathrm{d}x \tag{9.9}$$

$$Q\big|_{x=0} = \int_{-B/2}^{B/2} q_x\big|_{x=0} \mathrm{d}y \tag{9.10}$$

$$Q\big|_{x=L} = \int_{-B/2}^{B/2} q_x\big|_{x=L} \mathrm{d}y \tag{9.11}$$

$$F_t = \int_{-B/2}^{B/2} \int_0^L \tau\,\mathrm{d}x\,\mathrm{d}y \tag{9.12}$$

$$P = F_t U \tag{9.13}$$

考虑到润滑介质黏度的可变性,以 Walther 模型[17]描述润滑油的温黏特性。由以下两式确定,即:

$$\eta_0(T) = \rho \nu_0 \tag{9.14}$$

$$\mathrm{loglog}(\nu_0 + 0.7) = A - B\log T \tag{9.15}$$

式中,η_0 和 ν_0 分别为温度 T 下的动力黏度和运动黏度;ρ 为润滑气体密度;系数 A 和 B 可根据两点的温度和动力黏度进行求解。

9.3.2　移动源方程推导

热流分配关系　密封摩擦力热量 Q_f（忽视副密封如低压支撑环等摩擦热 Q_{ff}），传到密封与腔体表面（Q_{sc}，Q_{pc}）、密封气体膜 Q_{fc} 和腔体输出间隙气体膜热 Q_{ft}。转轴摩擦热被内行程运动挤出热大小 Q_{ft} 与线速度 u，计算时间 t 和密封、初始气体膜温度（T_0）及间隙气体膜温度及梯度等相关。故在热流分配项前增设 α，β，γ，δ 系数表示吸取不同热流程度（注：每次随迭代步长更新）。当转轴转速超过一定往复速度时未有充足时间与气体换热被转轴内行程挤出气体所带走,因此剩余热 ΔQ_{tp} 使其表面温度逐渐上升直至接近密封表面。同时未能被转轴带走剩余气体膜热 ΔQ_{ft},故热均传递到腔体 Q_{pc} 与间隙气体膜热 Q_{ft}。

温度平衡关系 转轴受到摩擦热温度上升,但存在对流换热,故初期温度 T_{pc} 低于密封表面温度 T_{sc},因为密封腔体缺少换热条件,表面温度一直上升。但随热量累积与其导热系数 ($\lambda_p = 50$) 远大于密封 ($\lambda_s = 0.25$),故剩余热量不断循环累计温度上升直至接近密封表面温度 T_{sc}。 其他传热形式:密封腔体与空气间导热,其热平衡关系见式(9.16)~(9.19)。

摩擦热源项分配 转轴与气体摩擦阻尼传热关系如下:

$$Q_f(u,t) = \alpha Q_{sc}(u,t) + \beta Q_{pc}(u,t) + \gamma Q_{fc}(u,t) + \delta Q_{ft}(u,t), \alpha(u,t)$$
$$+ \beta(u,t) + \gamma(u,t) + \delta(u,t) = 1 \tag{9.16}$$

剩余间隙气体膜热增量分配:

$$\Delta Q_{ft}(u,t) = Q_{ft}(u,t) - Q_{sc}(u,t) - Q_{pc}(u,t) - Q_w(u,t) \tag{9.17}$$

消去 $\delta(u,t)$,得出密封与转轴热源分配关系如下:

$$\Delta Q_{sc}(u,t) = \frac{Q_{fc}(u,t)}{\alpha} - \frac{\beta}{\alpha}\Delta Q_{pc}(u,t) - \frac{\delta}{\alpha}Q_{ft}(u,t) + c_s m_s \Delta T_{sc}(u,t) + \frac{\Delta Q_{ft}(u,t)}{\alpha} \tag{9.18}$$

$$\Delta Q_{pc}(u,t) = \Delta Q_{fc}(u,t) - \frac{\Delta Q_{sc}(u,t)}{\beta} - \delta\Delta Q_{ft}(u,t) + c_p m_p \Delta T_{pc}(u,t) + \frac{\Delta Q_{ft}(u,t)}{\alpha} \tag{9.19}$$

热量迭代满足容差条件(9.20)时终止有限元数值计算[密封界面迭代前后温度容差,转轴与密封表面热量分配容差,阻力矩不同时刻迭代容差见公式(9.20)]。所需要迭代收敛判据参照文献[20,21]。

$$Q_{sc}^k(u,t) - Q_{sc}^{k-1}(u,t) < \varepsilon_Q, \ Q_{pc}^k(u,t) - Q_{sc}^k(u,t) < \varepsilon_Q,$$
$$T_{sc}^k(u,t) - T_{sc}^{k-1}(u,t) < \varepsilon_T, \ f_c^k(u,t) - f_c^{k-1}(u,t) < \varepsilon_f \tag{9.20}$$

(1) 雷诺控制方程与数值差分方法

由于密封混合润滑流态,采用广义雷诺方程见式(9.21),该式子通过差分法作为密封有限元力载边界。

$$\nabla(\phi_x g_L \nabla p) - U\nabla(\theta(h_T - f_L)) - \frac{1}{2}\sigma U\nabla(\theta\phi_s) = 0 \tag{9.21}$$

式中,g_L 和 f_L 为剪切力与黏度梯度项。

气体区域 (Ω_{hp} 与 Ω_{lp}):$p_{sc} > p_f > p_c > p_a$;低于饱和蒸气压空穴域:$0 < p_f < p_a$。

根据式(9.1)展开为一维稳态方程如下:

$$\frac{\partial}{\partial x}\left(\phi_{xx}\eta T_{fc}\frac{h^3}{12\mu}\frac{\partial p_f}{\partial x}\right) = \frac{u}{2}\frac{\partial h}{\partial x}\eta T_{fc} + \frac{u}{2}\sigma\eta T_{fc}\left(\theta\frac{\partial\phi_{scx}}{\partial x} + \frac{\partial\phi_{xx}}{\partial x} + \varepsilon\frac{\partial\phi_{xy}}{\partial x}\right) \tag{9.22}$$

雷诺方程采用对流扩散占主导的方程并结合 JFO 空化边界条件。较薄气体膜间隙选用带流线迎风格式伽辽金（SUPG）有限单元法求解确保计算结果收敛，与弱积分形式如下：

$$\int \left(\phi_{xx}\frac{h^3}{12\mu}\frac{\partial w}{\partial x}\frac{\partial p_f}{\partial x}\right)\mathrm{d}\Omega - \int \left[\frac{U}{2}w\left(\frac{\partial(\theta h_T)}{\partial x}+\sigma\frac{\partial(\theta\phi_{scx})}{\partial x}+\sigma\frac{\partial(\theta\phi_{xy})}{\partial x}\right)\right]\mathrm{d}\Omega$$

$$+\int\frac{1}{2}\tau^{\mathrm{SUPG}}\frac{U^2}{4}\left(h_T\frac{\partial w}{\partial x}+\sigma\phi_{scx}\frac{\partial w}{\partial x}\right)\left(\frac{\partial(\theta h_T)}{\partial x}+\sigma\frac{\partial(\theta\phi_{scx})}{\partial x}+\sigma\frac{\partial(\theta\phi_{xy})}{\partial x}\right)\mathrm{d}\Omega=0$$

$$(9.23)$$

式中，w 为权函数；Ω_{hp} 和 Ω_{lp} 为求解计算域，数值稳定参数参考文献[18]。

选取插值函数 N，定义 $w=N$；$p_j=P_{fi}N_i$；$\theta_j=P_{ci}(N-N_i)$；N_i 为流体域插值函数，则弱积分线性方程组如下：

$$K_f^k p_j + K_\theta^k \theta_j = P_{sc}^k N \tag{9.24}$$

式（9.24）中刚度矩阵逐次迭代需采用松弛迭代因子 ω，上述参数求解按照文献方法[18]推导出适用本章流体域刚度 K_f 与接触域刚度 K_θ 如下：

$$\begin{cases} K_f=\int\phi_{xx}\eta(T_{fc})\dfrac{h^3}{12\mu}\dfrac{\partial N_i}{\partial x}\dfrac{\partial N_j}{\partial x}+\phi_{xy}\eta T_{sc}\dfrac{h^3}{12\mu}\dfrac{\partial N_i}{\partial x}\dfrac{\partial N_j}{\partial x}\mathrm{d}\Omega \\[3mm] K_\theta=\int N_i\dfrac{U}{2}\left(h_T\dfrac{\partial N_j}{\partial x}+\sigma\phi_{scx}\dfrac{\partial N_j}{\partial x}\right)\mathrm{d}\Omega \\[3mm] \qquad +\int\dfrac{U^2}{8}\tau^{\mathrm{SUPG}}\left(h_T\dfrac{\partial N_i}{\partial x}+\sigma\phi_{scx}\dfrac{\partial N_i}{\partial x}\right)\left(h_T\dfrac{\partial N_j}{\partial x}+\sigma\phi_{scx}\dfrac{\partial N_j}{\partial x}\right)\mathrm{d}\Omega \end{cases}\tag{9.25}$$

差分离散得到下式[20-21]：

$$\begin{cases} K_f^k=\sum_{i=1}^{N-N_i}\phi_{xx}\eta T_{fc}^i\dfrac{h_i^3}{12\mu_i}\dfrac{w_i-w_{i-1}}{\Delta x}\dfrac{w_j-w_{j-1}}{\Delta x}+\phi_{xx}\eta T_{sc}^i\dfrac{h_i^3}{12\mu_i}\dfrac{w_i-w_{i-1}}{\Delta x}\dfrac{w_j-w_{j-1}}{\Delta x} \\[3mm] K_\theta^k=\sum_{i=1}^{N_i}\dfrac{w_i-w_{i-1}}{\Delta x}\dfrac{U}{2}\left(h_T\dfrac{w_i-w_{i-1}}{\Delta x}+\sigma\phi_{scx}\dfrac{w_j-w_{j-1}}{\Delta x}\right) \\[3mm] \qquad +\dfrac{U^2}{8}\tau^{\mathrm{SUPG}}\left(h_T\dfrac{w_i-w_{i-1}}{\Delta x}+\sigma\phi_{scx}\dfrac{w_i-w_{i-1}}{\Delta x}\right)\left(h_T\dfrac{w_j-w_{j-1}}{\Delta x}+\sigma\phi_{scx}\dfrac{w_j-w_{j-1}}{\Delta x}\right) \end{cases}$$

$$(9.26)$$

式（9.26）表述流体域刚度 K_f 与接触域刚度 K_θ，具体推导过程与雷诺方程松弛迭代因子 ω 选取见文献。由于膜厚受到压力扰动很强，有必要考虑此项。

（2）密封腔体温度分布

密封、转轴界面轮廓温度，将其作为边界雷诺方程与能量方程求解出气体膜压力 p_f、膜厚 h 项数据交换到有限元模型作为载荷与温度边界。根据有限元模型求解出固体形变与界面温度，代入雷诺方程求解出承载力依次循环。但对于雷诺方程与能量方程，需以气

体膜温度 T_{fc} 为边界转轴和密封表面整体温度。

为此,根据膜厚比,将界面热传导分为接触域和混合润滑域两种情形,接触域密封与转轴热传导温度公式见式(9.27)。其中 ϕ_s 表示摩擦热源项:包括接触摩擦热(Q_f)、对流换热 $[-h_w(T_0-T_{fc})]$、因转轴热传导(λ_s,$T_{fc}-T_0$)、气体膜与转轴热传导(λ_f,$T_{fc}-T_{pc}$)、气体膜热传导(λ_f,$T_{sc}-T_0$)及腔体壁面传热(λ_c,T_c-T_0)。

根据密封移动热流传导公式:

$$\frac{\partial T_{sc}}{\partial \tau}=\lambda_s\Delta T_{sc}+\frac{\dot\phi_s}{\rho_s C_s} \tag{9.27}$$

将摩擦热流、闪电温度等热边界代入上式,展开得到如下公式[22]:

$$\begin{cases} \dot\phi_s=\dfrac{Q_f(u,t)-\alpha Q_{fc}(u,t)+T_{fl}+\beta Q_{sc}(u,t)+\gamma Q_{pc}(u,t)+\delta Q_{ft}(u,t)}{V_s} \\[3mm] \phi_s=\dfrac{\begin{aligned}&f_c u-\alpha A_s h_w(T_0-T_{pc})+T_{fl}+\beta\lambda_s LD_{\text{seal}}(T_{sc}-T_{pc})\\&+\gamma\lambda_s LD_{\text{seal}}(T_{sc}-T_{fc})+\delta R_{lc}LD_{\text{seal}}(T_{fc}-T_0)\end{aligned}}{V_s} \end{cases} \tag{9.28}$$

同理,根据相应转轴移动热流传导公式:

$$\frac{\partial T_{pc}}{\partial \tau}=a\Delta T_{sc}+\frac{\dot\phi_p}{\rho_p C_p} \tag{9.29}$$

将摩擦热流、接触闪电温度等热边界代入上式,展开得如下公式:

$$\begin{cases} \dot\phi_p=\dfrac{Q_f(u,t)-\alpha Q_{fc}(u,t)+T_{fl}+\beta Q_{sc}(u,t)+\gamma Q_{sc}(u,t)+\delta Q_{ft}(u,t)}{V_s} \\[3mm] \phi_p=\dfrac{\begin{aligned}&f_c u-\alpha A_s h_w(T_0-T)+T_{fl}+\beta R_{lc}LD_{\text{seal}}(T_{sc}-T_{pc})\\&+\gamma R_{lf}LD_{\text{seal}}(T_{sc}-T_{fc})+\delta R_{lc}LD_{\text{seal}}(T_{fc}-T_0)\end{aligned}}{V_s} \end{cases} \tag{9.30}$$

经过式(9.28)和式(9.30)积分得出密封与转轴接触域相应温度表达式。由于转轴与密封热源方程为隐式关系,因此推导 T_{sc} 与 T_{pc} 表达式需要求解方程组得出,见下式:

$$\begin{cases} T_{sc}^{k+1}(r,t)=\displaystyle\sum_{n=1}^{\infty}C_n e^{-(A_s\varsigma_n^2 Fo_s-f_c u_c+T_{fc}^k)}J_0(\varsigma_n r^*)+A_s L\dfrac{R_c^k}{R_c^k+R_f^k}\dfrac{T_{FL}+T_0}{V_s}+T_{sc}^k(\text{泵送}) \\[3mm] T_{pc}^{k+1}(t)=\displaystyle\sum_{n=1}^{\infty}C_n e^{-(A_p\varsigma_n^2 Fo_p-f_c u_c+T_{fc}^k)}J_0(\varsigma_n r^*)+A_p L\dfrac{R_c^k}{R_c^k+R_f^k}\dfrac{T_{FL}+T_0}{V_p}+T_{pc}^k(\text{泵送}) \end{cases} \tag{9.31}$$

混合润滑域转轴与密封热传导公式,对于转轴考虑对流换热 $\dot\phi_{hw}$、移动摩擦热流 $\dot\phi_f$ 和密封以及腔体传热 $\dot\phi_w$,忽略空气流动对转轴热传导影响,密封考虑转轴传热 $\dot\phi_p$ 与移动

摩擦热流 $\dot{\phi}_f$ 等见下式：

$$\frac{\partial T_{pc}}{\partial \tau} = a \Delta T_{sc} + \frac{\dot{\phi}_p}{\rho_p C_p} + \frac{\dot{\phi}_f - \dot{\phi}_{hw}}{\rho_f C_f} + \frac{\dot{\phi}_w}{\rho_w C_w} \tag{9.32a}$$

$$\frac{\partial T_{sc}}{\partial \tau} = a \Delta T_{sc} + \frac{\dot{\phi}_s}{\rho C_s} + \frac{\dot{\phi}_f}{\rho C_f} \tag{9.32b}$$

$$\dot{\phi}_p = \frac{f_\tau u - A h_w (T_0 - T)}{V_p}, \quad \phi_f = \frac{f_\tau \cdot \mu_f + f_c \cdot \mu_c}{V_s} \tag{9.32c}$$

$$\dot{\phi}_w = -h_w(T_0 - T_{fc}), \quad \phi_s = \frac{f_\tau u - A h_w(T_0 - T)}{V_s} \tag{9.32d}$$

式(9.17)与式(9.18)积分得密封与转轴接触域相应温度表达式如下：

$$\begin{cases} T_{sc}^{k+1}(t) = \sum_{n=1}^{\infty} C_n e^{-(A_s \varsigma_n^2 Fo_s - f_\tau u_f + T_{sc}^k)} J_0(\varsigma_n r^*) + \sum_{n=1}^{\infty} C_n e^{-(A_f \varsigma_n^2 Fo_s - f_\tau u_f)} J_0(\varsigma_n r^*) \\ \qquad\qquad + A_s \dfrac{T_{fc}}{V_s} + T_{sc}^k \text{（泵送）} \\ T_{sc}^{k+1}(t) = \sum_{n=1}^{\infty} e^{-(A_s \varsigma_n^2 Fo_s - f_\tau u_f + T_{sc}^k)} J_0(\varsigma_n r^*) + \sum_{n=1}^{\infty} C_n e^{-(A_f \varsigma_n^2 Fo_s - f_\tau u_f)} J_0(\varsigma_n r^*) + T_{sc}^k \text{（泵回）} \end{cases}$$

$$\tag{9.33}$$

$$\begin{cases} T_{pc}^{k+1}(t) = \sum_{n=1}^{\infty} C_n e^{-(A_p \varsigma_n^2 Fo_p + T_{fc}^k)} J_0(\varsigma_n r^*) + A_s \dfrac{T_0}{V_s} + T_{pc}^k \text{（泵送）} \\ T_{pc}^{k+1}(t) = \sum_{n=1}^{\infty} C_n e^{-(A_p \varsigma_n^2 Fo_p)} J_0(\varsigma_n r^*) + A_s \dfrac{T_0}{V_s} + T_{pc}^k \text{（泵回）} \end{cases} \tag{9.34}$$

式中，Fo_s，Fo_p，C_n，ς_n 来源见文献[14]；A_p 为转轴 $\phi 129.3\ \text{mm}$ 光轴段表面积；A_s 为密封件表面积；A_f 为对流表面积；V_s 为主密封体积；V_p 为转轴体积；t 为设定温度达到平衡时间；T_{fl} 为闪电温度；C_s 为比热容。

所推导解析式需含有前后迭代子步关系。而气体膜温度分布还需建立多项式关联以封闭与密封转轴接触温度边界。

（3）基于能量方程与气体膜温度求解

引入通用能量方程如下：

$$\begin{cases} \underbrace{\nabla(\lambda_f h \nabla T_{fc})}_{\text{热传导项}} - \underbrace{\rho c h u \nabla T_{fc}}_{\text{热对流项}} + \underbrace{f_\tau u_f + f_c u_c - Q(u,t)}_{\text{热源项}} = 0 \\ Q(u,t) = \alpha Q_{sc} + \beta Q_{pc} + \gamma Q_{fc} + \delta Q_{ft} - Q_{hw} - Q_w = 0 \end{cases} \tag{9.35}$$

式中第一项为气体膜热传导换热，第二项为气体膜对流换热，第三、四项为气体膜黏性剪切与往复摩擦力产生的热量，其余为热源项。

　　将每子步气体膜温度函数设为 5 次多项式解析解以代入能量方程,同时添加其轴向分布项与时间项完善对气体膜温度分布式表达。相比先前文献径向节点离散迭代,该多项式方法有效降低求解时间,并保证边界连续性[23-25]。由于本章所研究模型为组合静态,忽略气体膜演化随时刻间关联,因此将温度径向、轴向分布和温度分布视为独立并分离如下:

$$
\begin{cases}
T_{fc} = T_{fc}(x,\ h,\ t) = T_{fc}(x)T_{fc}(h)T_{fc}(t) \\
T_{fc} = ar^5 + br^4 + cr^3 + dr^2 + er + f
\end{cases}
\tag{9.36}
$$

$T_{fc}(x)$ 和 $T_{fc}(t)$ 需要根据雷诺方程与能量方程和有限元耦合得出,根据公式(9.34)求出分布,以得出不同时刻气体膜温度解析分布,并代入能量方程、雷诺方程及状态方程得出密封膜厚与压力。

能量方程　对式(9.35)能量方程热源项展开:

$$
\begin{cases}
\nabla_3(kh\nabla T_{fc}) - \rho_s c_s h_w u\nabla T_{fc} + f_\tau u + f_c u - \alpha Q_{sc} - \beta Q_{pc} - \gamma Q_{fc} - \delta Q_{ft} - Q_{hw} = 0\ (泵送) \\
\nabla_3(kh\nabla T_{sc}) - \rho_s c_s h_w u\nabla T_{sc} + f_\tau u + f_c u - \beta Q_{pc} - \alpha Q_{sc} - \beta Q_{pc} - \gamma Q_{fc} - \delta Q_{ft} = 0\ (泵回)
\end{cases}
\tag{9.37}
$$

对由于温度与热量为求解变量设定迭代格式如下:

$$
\begin{cases}
\nabla_3(kh\nabla T_{fc}^k) - \rho_s c_s h_w u\nabla T_{fc}^k + f_\tau^k u + f_c^k u - \alpha Q_{sc}^{k-1} - \beta Q_{pc}^{k-1} - \gamma Q_{sc}^{k-1} - \delta Q_{ft}^{k-1} - Q_{hw}^{k-1} = 0 \\
\nabla_3(kh\nabla T_{sc}^k) - \rho_s c_s h_w u\nabla T_{sc}^k + f_\tau^k u + f_c^k u - \alpha Q_{sc}^{k-1} - \beta Q_{pc}^{k-1} - \gamma Q_{sc}^{k-1} - \delta Q_{ft}^{k-1} = 0
\end{cases}
\tag{9.38}
$$

代入边界条件后,其方程化为

$$
T_{pc}^{k(2)}(r=0) = \left.\frac{\partial^2 T_{pc}^k(t)}{\partial r^2}\right|_{r=0} = -\frac{1}{k}\left(\frac{f_c^k u + f_\tau^k u}{h} - \alpha Q_{pc}^{k-1} - Q_{hw}^{k-1}\right)
$$
$$
+ \sum_{n=1}^{\infty} C_n e^{-(A_s \varsigma_n^2 Fo_s - f_\tau u_f + T_{fc}^k)} J_0(\varsigma_n r^*) T_{fc}^{k(2)} + T_{pc}^k,
$$

$$
T_{sc}^{k(2)}(r=h) = \left.\frac{\partial^2 T_{sc}^k(t)}{\partial r^3}\right|_{r=0} = -\frac{1}{k}\left(\frac{f_c^k u + f_\tau^k u}{h} - \alpha Q_{sc}^{k-1} - Q_{pc}^{k-1}\right)
$$
$$
+ \sum_{n=1}^{\infty} C_n e^{-(A_s \varsigma_n^2 Fo_s - f_\tau u_f + T_{fc}^k)} J_0(\varsigma_n r^*) T_{sc}^{k(2)} + T_{sc}^{k(2)},
$$

$$
T_{pc}^{(3)}(r=0) = \left.\frac{\partial^3 T_{pc}(t)}{\partial r^3}\right|_{r=0} = -\frac{1}{k}\left(\frac{f_c^k u + f_\tau^k u}{h} - \alpha Q_{pc}^{k-1} - Q_{hw}^{k-1}\right)
$$
$$
+ \sum_{n=1}^{\infty} C_n e^{-(A_s \varsigma_n^2 Fo_s - f_\tau u_f + T_{fc}^k)} J_0(\varsigma_n r^*) T_{fc}^{k(2)} + T_{pc}^k + T_{pc}^{k-1},
$$

$$T_{sc}^{(3)}(r=h)=\frac{\partial^3 T}{\partial r^3}\bigg|_{r=0}=-\frac{1}{k}\left(\frac{f_c^k u+f_\tau^k u}{h}-\alpha Q_{sc}^{k-1}-Q_{pc}^{k-1}\right)$$

$$+\sum_{n=1}^{\infty}C_n \mathrm{e}^{-(A_s \varsigma_n^2 Fo_s-f_\tau u_f+T_{fc}^k)}J_0(\varsigma_n r^*)T_{sc}^{k(2)}+T_{sc}^k+T_{sc}^{k-1}$$

$$(9.39)$$

将式(9.38)代入式(9.39)推解出气体膜温度 T_{fc}^k 系数 $a\sim f$ 如下：

$$a=\frac{1}{h^5}\bigg[8(T_{fc}^{k+1}-T_{fc}^k+T_{fc}^{k-1})-\frac{8}{15}(T_{sc}^{k+1}-T_{sc}^{k-1}+T_{pc}^{k+1}-T_{pc}^{k-1})$$

$$+\frac{19}{25}h^3(T_{sc}^{k(2)}+T_{pc}^{k(2)})+\frac{12}{25}h^2(T_{sc}^{k+1(3)}+T_{pc}^{k+1(3)})\bigg]$$

$$+T_{sc}^{(3)}+\sum_{n=1}^{\infty}C_n \mathrm{e}^{-(A_s \varsigma_n^2 Fo_s-f_\tau u_f+T_{fc}^k)}J_0(\varsigma_n r^*)T_{sc}^k+T_{sc}^{(2)},$$

$$b=\frac{1}{h^4}\bigg[6T_{fc}^{k+1}-4T_{fc}^{k-1}-\frac{7}{20}(T_{sc}^{k+1}-T_{sc}^{k-1}+T_{pc}^{k+1}-T_{pc}^{k-1})$$

$$+\frac{11}{25}h^3(T_{sc}^{k(2)}+T_{pc}^{k(2)})+\frac{21}{25}h^2(T_{sc}^{k+1(3)}+T_{pc}^{k+1(3)})$$

$$+\sum_{n=1}^{\infty}C_n \mathrm{e}^{-(A_s \varsigma_n^2 Fo_s-f_\tau u_f+T_{fc}^k)}J_0(\varsigma_n r^*)T_{sc}^{k(3)}$$

$$+\sum_{n=1}^{\infty}C_n \mathrm{e}^{-(A_s \varsigma_n^2 Fo_s-f_\tau u_f+T_{fc}^k)}J_0(\varsigma_n r^*)T_{pc}^{k(3)}\bigg],$$

$$c=\frac{1}{h^3}\bigg[8T_{fc}^{k+1}-5T_{fc}^{k-1}-\frac{7}{20}(T_{sc}^{k+1}-2T_{sc}^{k-1}+T_{pc}^{k+1}-2T_{pc}^{k-1})$$

$$+\frac{16}{25}h^3(T_{sc}^{k(2)}-2T_{sc}^{k-1(2)}+T_{pc}^{k(2)}-2T_{pc}^{k-1(2)})+\frac{21}{25}h^2(T_{sc}^{k+1(3)}+T_{pc}^{k+1(3)})$$

$$+\sum_{n=1}^{\infty}C_n \mathrm{e}^{-(A_s \varsigma_n^2 Fo_s-f_\tau u_f+T_{fc}^k)}J_0(\varsigma_n r^*)T_{sc}^k$$

$$+\sum_{n=1}^{\infty}C_n \mathrm{e}^{-(A_s \varsigma_n^2 Fo_s-f_\tau u_f+T_{fc}^k)}J_0(\varsigma_n r^*)T_{pc}^k$$

$$+\sum_{n=1}^{\infty}C_n \mathrm{e}^{-(A_s \varsigma_n^2 Fo_s-f_\tau u_f+T_{fc}^k)}J_0(\varsigma_n r^*)+\sum_{n=1}^{\infty}C_n \mathrm{e}^{-(A_s \varsigma_n^2 Fo_s-f_\tau u_f+T_{fc}^k)}J_0(\varsigma_n r^*)\bigg],$$

$$d=\frac{1}{h^2}\bigg[10T_{fc}-\frac{8}{15}(T_{sc}^{k+1}-T_{sc}^{k-1}+T_{pc}^{k+1}-T_{pc}^{k-1})$$

$$+\frac{3}{5}h^3(T_{sc}^{k(2)}-2T_{sc}^{k-1(2)}+T_{pc}^{k(2)}-2T_{pc}^{k-1(2)})+\frac{21}{25}h^2(T_{sc}^{k+1(3)}+T_{pc}^{k+1(3)})$$

$$+\sum_{n=1}^{\infty}C_n \mathrm{e}^{-(A_s \varsigma_n^2 Fo_s-f_\tau u_f+T_{fc}^k)}J_0(\varsigma_n r^*)T_{sc}^k$$

$$+\sum_{n=1}^{\infty}C_n \mathrm{e}^{-(A_s \varsigma_n^2 Fo_s-f_\tau u_f+T_{fc}^k)}J_0(\varsigma_n r^*)T_{pc}^k\bigg],$$

$$e = \frac{1}{h}\left[4T_{fc} - \frac{27}{40}(T_{sc}^{k+1} - T_{sc}^{k-1} + T_{pc}^{k+1} - T_{pc}^{k-1}) \right.$$

$$+ \sum_{n=1}^{\infty} C_n e^{-(A_s \varsigma_n^2 Fo_s - f_\tau u_f + T_{fc}^k)} J_0(\varsigma_n r^*) T_{sc}^k$$

$$+ \left. \sum_{n=1}^{\infty} C_n e^{-(A_s \varsigma_n^2 Fo_s - f_\tau u_f + T_{fc}^k)} J_0(\varsigma_n r^*) T_{pc}^k \right],$$

$$f = \frac{T_{sc}^{k-1} - T_{sc}^{k-1} + T_{pc}^{k-1} - T_{pc}^{k-1}}{2} + \frac{T_{sc}^{k-1(2)} - 5T_{sc}^{k-1(2)} + 3T_{pc}^{k-1(2)} - T_{pc}^{k-1(2)}}{4}$$

$$+ \frac{T_{sc}^{k-1(2)} - 5T_{sc}^{k-1(2)} + 3T_{pc}^{k-1(2)} - T_{pc}^{k-1(2)}}{8}$$

$$+ \frac{\sum_{n=1}^{\infty} C_n e^{-(A_s \varsigma_n^2 Fo_s - f_\tau u_f + T_{fc}^k)} J_0(\varsigma_n r^*) T_{sc}^k + \sum_{n=1}^{\infty} C_n e^{-(A_s \varsigma_n^2 Fo_s - f_\tau u_f + T_{fc}^k)} J_0(\varsigma_n r^*) T_{pc}^k}{4}$$

$$+ \frac{\sum_{n=1}^{\infty} C_n e^{-(A_s \varsigma_n^2 Fo_s - f_\tau u_f + T_{fc}^k)} J_0(\varsigma_n r^*) + \sum_{n=1}^{\infty} C_n e^{-(A_s \varsigma_n^2 Fo_s - f_\tau u_f + T_{fc}^k)} J_0(\varsigma_n r^*)}{4} \tag{9.40}$$

将 $a \sim f$ 项代入式(9.40)求解出得气体膜温度分布 T_{fc},而后再代入雷诺方程求解出密封压力与膜厚。根据文献推导出本章相应泄漏率公式如下:

$$Q_s = \sum_{i=1}^{i=m} \frac{h^3(i)\lambda_p}{12\eta L}\left[5T_{sc}^k(i) - 3T_{sc}^{k-1}(i) + \frac{9}{20}T_{pc}^k(i) - \frac{11}{20}T_{pc}^{k-1}(i) + \frac{14}{25}\overline{h}^3 \Delta T_{sc}^k(i) \right.$$

$$\left. - \frac{11}{25}\overline{h}^3 \Delta T_{sc}^{k-1}(i) - \frac{14}{25}\overline{h}^3 \Delta T_{sc}^k(i) - \frac{11}{25}\overline{h}^3 \Delta T_{sc}^{k-1}(i) + \frac{21}{25}\overline{h}^2 \nabla_3 T_{sc}^k(i) \right] \tag{9.41}$$

式中,m 为旋转总次数;$\overline{h}$ 为特定时刻密封轴向平均膜厚。

边界与约束方程关系 针对转轴、密封和气体膜界面需建立彼此间温度分布方程式(9.41)边界与约束方程,以封闭其膜温多项式确保计算结果唯一性。

气体膜强制位移边界约束:初始时刻界面温度转轴、密封和气体膜三体间与初始气体间温度相等,即:

$$T_{fc}(x, r=h, t=0) = T_{pc}(x, r=h, t=0) = T_{sc}(x, r=h, t=0) = T_{fc}(t) = T_0 \tag{9.42a}$$

仿真时间推进:由于密封体周边缺乏散热性,故密封体温度一直上升,而转轴前段热对流,因此温度关系如下式:

$$T_{pc}(x, r=h, t=0) \leqslant T_{fc}(x, r=h, t=0) \leqslant T_{sc}(x, r=h, t=0) \tag{9.42b}$$

仿真终止时刻:密封与转轴接触域温度相等,而气体膜表面温度通过计算接近于转轴与密封界面温度:

$$T_{pc}(x_{\Omega_m}, r=h, t=t_0) \approx T_{sc}(x_{\Omega_m}, r=h, t=t_0),$$

$$T_{pc}(x_{\Omega_m}, r=h, t=t_0) \approx T_{fc}(x_{\notin\Omega_m}, r=h, t=t_0) \approx T_{sc}(x_{\Omega_m}, r=h, t=t_0)$$

$$(9.42c)$$

热边界：密封与转轴温度梯度与热流关系再需考虑对流换热作用，这里由于热量与温度耦合相关还需引入如下自然边界：

$$-\lambda_p \frac{\partial T_{pc}}{\partial n}\bigg|_{z=0,\,h} = Q_c - Q_{fc} - Q_{hw} - Q_w \tag{9.42d}$$

9.3.3　动力学方程推导

干气密封转动阻尼力矩方程如下：

$$M_x = -\iint_\Omega py\sin\theta\,\mathrm{d}x\mathrm{d}y,\ M_y = -\iint_\Omega py\cos\theta\,\mathrm{d}x\mathrm{d}y,\ M = \sqrt{M_x^2 + M_y^2} \tag{9.43}$$

阻尼力矩公式见式(9.44)。

当轴倾斜时，沿轴向流体膜的压力分布是不对称的，从而产生偏心力和力矩流体膜对轴的影响，倾角与速度倾角。在 x 方向和 y 方向上，由于扰动量需要得到倾斜动态系数[26]。因此，将 8 个系数模型的动态特性扩展到 32 个系数模型如下：

$$\begin{bmatrix} F_x \\ F_y \\ M_x \\ M_y \end{bmatrix} = \begin{bmatrix} F_{x0} \\ F_{y0} \\ M_{x0} \\ M_{y0} \end{bmatrix} + \begin{bmatrix} K_{xx} & K_{xy} & K_{x\theta_x} & K_{x\theta_y} \\ K_{yx} & K_{yy} & K_{y\theta_x} & K_{y\theta_y} \\ K_{\theta_x x} & K_{\theta_x y} & K_{\theta_x\theta_x} & K_{\theta_x\theta_y} \\ K_{\theta_y y} & K_{\theta_y y} & K_{\theta_y\theta_x} & K_{\theta_y\theta_y} \end{bmatrix} \begin{bmatrix} x \\ y \\ \theta_x \\ \theta_y \end{bmatrix} + \begin{bmatrix} C_{xx} & C_{xy} & C_{x\theta_x} & C_{x\theta_y} \\ C_{yx} & C_{yy} & C_{y\theta_x} & C_{y\theta_y} \\ C_{\theta_x x} & C_{\theta_x y} & C_{\theta_x\theta_x} & C_{\theta_x\theta_y} \\ C_{\theta_y x} & C_{\theta_y y} & C_{\theta_y\theta_x} & C_{\theta_y\theta_y} \end{bmatrix} \begin{bmatrix} \dot{x} \\ \dot{y} \\ \dot{\theta}_x \\ \dot{\theta}_y \end{bmatrix}$$

$$(9.44)$$

$$K_{yy} = \frac{F_{y1} - F_{y2}}{2\Delta y},\ C_{yy} = \frac{F_{y5} - F_{y6}}{2\Delta y},$$

$$K_{xy} = \frac{F_{x1} - F_{x2}}{2\Delta y},\ C_{xy} = \frac{F_{x5} - F_{x6}}{2\Delta y},$$

$$K_{yx} = \frac{F_{y3} - F_{y4}}{2\Delta x},\ C_{yx} = \frac{F_{y7} - F_{y8}}{2\Delta x},$$

$$K_{xx} = \frac{F_{x3} - F_{x4}}{2\Delta x},\ C_{xx} = \frac{F_{x7} - F_{x8}}{2\Delta x},$$

$$K_{\theta_y\theta_y} = \frac{M_{y1} - M_{y2}}{2\Delta\theta_y},\ C_{\theta_y\theta_y} = \frac{M_{y5} - M_{y6}}{2\Delta\theta_y},$$

$$K_{\theta_x\theta_y} = \frac{M_{x1} - M_{x2}}{2\Delta\theta_y},\ C_{\theta_x\theta_y} = \frac{M_{x5} - M_{x6}}{2\Delta\theta_y},$$

$$K_{\theta_y\theta_x} = \frac{M_{y3} - M_{y4}}{2\Delta\theta_x},\ C_{\theta_y\theta_x} = \frac{M_{y7} - M_{y8}}{2\Delta\theta_x},$$

$$K_{\theta_x\theta_x} = \frac{M_{x3} - M_{x4}}{2\Delta\theta_x},\ C_{\theta_x\theta_x} = \frac{M_{x7} - M_{x8}}{2\Delta\theta_x} \tag{9.45}$$

式中，K_{yy}，K_{xy}，K_{yx}，K_{xx} 为平移刚度系数；$K_{\theta_y\theta_y}$，$K_{\theta_x\theta_y}$，$K_{\theta_y\theta_x}$，$K_{\theta_x\theta_x}$ 为转动刚度系数，C_{yy}，C_{xy}，C_{yx}，C_{xx} 为阻尼平移刚度系数；$C_{\theta_y\theta_y}$，$C_{\theta_x\theta_y}$，$C_{\theta_y\theta_x}$，$C_{\theta_x\theta_x}$ 为阻尼转子刚度系数。

动力学刚度矩阵与雷诺方程以及考虑移动热源热累积效应耦合，联立有限元求解出密封界面参数。

9.4　试验测试原理与理论验证

如图 9.6 所示，转子-密封测试需要提取探头温度 T_{he}、阻力矩 M_e 和电涡流传感器 h_e，分别测试密封膜厚温度、旋转力矩与膜厚。该平台测试了密封膜厚与阻力可封闭雷诺数与验证理论模型。测试原理与方法：将密封膜厚涡流传感器等效为径向跳动膜厚变化位移，采用平均值处理以弱化转子不平衡问题。建议采用 4 支传感器以分别测试膜厚，如下式所示：

$$\overline{\Delta h_{si}^{(1)}} = \frac{\mid \Delta h_{s1}^{(1)} \mid + \mid \Delta h_{s2}^{(1)} \mid + \mid \Delta h_{s3}^{(1)} \mid + \mid \Delta h_{s4}^{(1)} \mid}{4} \tag{9.46}$$

$$h_s = h_{si} = h_0 - \frac{1}{5}\sum_{k=1}^{5}\sum_{j=1}^{4}\sum_{i=1}^{4}\frac{\overline{\Delta h_{si;\,k}^{(1)}}}{20} \tag{9.47}$$

式中，i 表示膜厚传感器测试数量，通常周向采集 4 次；j，k 分别表示周向与轴向测试次数，h_s 表示测试膜厚，$\overline{\Delta h_{si}^{(1)}}$ 表示测试一次膜厚变化值。

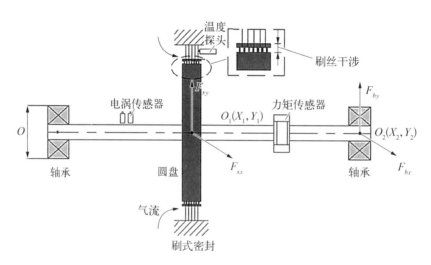

图 9.6　转子-密封试验测试原理

图 9.7 表示转子-密封测试流程，该测试需要调节电机转速与控制界面温度与发热功率。测试出物理量膜厚（h_e）、压力（p_s）、磨损率（w_s）、泄漏（q_s）、阻力（M）、温度（T_{fe}），分别采用涡流传感器、力传感器、形貌测试、压力传感器、力矩传感器和温度探头。采集好数

据通过采集卡 ACD 传输到 PC 电脑,以显示数据。测试组分为 7 个模块:① 密封系统;② 密封参数;③ 传感器类型;④ 采集卡;⑤ 模拟量输出;⑥ PLC 采集;⑦ 理论试验验证。摩擦阻力(M)与温度可以直接测取即可。

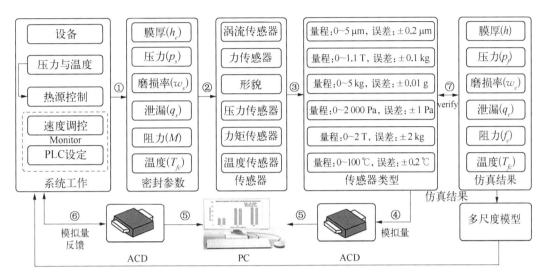

图 9.7　转子-密封试验流程

① 密封系统;② 密封参数;③ 传感器类型;④ 采集卡;⑤ 模拟量输出;⑥ PLC 采集;⑦ 理论试验验证。

测试出物理量膜厚(h_e)、压力(p_s)、磨损率(w_s)、泄漏(q_s)、阻力(M)、温度(T_{fe}),分别验证膜厚、入口气体压力、密封长时间跑和形貌、寿命与扭矩等参数。该测试物理量论证理论模型与数值算法有效性。同时也验证出考虑移动热源必要性,凸显出密封与轴承数值求解流程区别。此外该测试搭建方法也为其他类型密封形式提供参考价值。至于试验与计算数值误差,可以多测量调节传感器方位以减少测试误差,理论模型后续完善也是必要的。

但需要说明的是:尽管密封测试方法与水轴承测试具备一致相似性,但实际测试以区别为主。具体如下:① 密封参数;水轴承由于散热流道实现泄漏,气体循环充足,故可忽视热源效应。② 密封由于起到泄漏阻隔作用,故泄漏率不充分,因此需要考虑热源效应。③ 温度测试由于密封转动部件,只能测试表面温度,膜厚通常间接测试[27,28]。

9.5　本章小结

本章给出了转子-密封系统数值分析计算的流程,其主要包含移动热源与磨损条件,对于移动热源热效应是密封特有工况。由于气膜厚相对薄,因此挤压效应应该考虑。因此,本章推导了考虑挤压效应的转子-密封雷诺方程,建立了修正的移动源方程,在此基础上,进一步发展了转子-密封耦合系统动力学理论,提出了考虑轴颈倾角和速度倾斜度的动力学特性系数分析方法,最后给出了转子-密封的试验测试原理与理论验证方法,并提出了试验设计方案以更加完备表征密封实际测试工况,本章的内容可为转子-密封耦合系统动力学分析和优化提供坚实的理论基础。

参 考 文 献

[1] 何立东.转子-密封系统反旋流抑振的数值模拟[J].航空动力学报,1999,14(3):293-296.
[2] 姚德臣,殷玉枫,朱建儒.非线性松动转子-密封系统的耦合振动分析[J].机械科学与技术,2009(10):1379-1383+1388.
[3] 张普义.新型转子-密封装置设计与制造的若干问题[J].橡胶技术与装备,1992(6):24-26+5.
[4] 方志,李志刚,王天昊,等.动密封转子动力特性谐波激励实验测试方法[J].西安交通大学学报,2022,56(6):85-96.
[5] 叶晓琰,杨孟子.考虑环形密封的转子系统临界转速计算与分析[J].水处理技术,2022,48(3):40-45.
[6] 何立东.转子-密封系统流体激振的理论和实验研究[D].哈尔滨:哈尔滨工业大学,1999.
[7] 陈景仁.流体力学及传热学[M].北京:国防工业出版社,1984.
[8] 杨秀芝,余圣甫,姚润钢,等.双移动热源热流值的计算和加载[J].华中科技大学学报(自然科学版),2010,38(5):101-104.
[9] 刘支会.基于移动网格方法的移动热源热方程的数值模拟[J].西安文理学院学报(自然科学版),2021,24(1):1-7.
[10] 郑力.移动热源的数值模拟方法与程序设计[D].成都:西南交通大学,2008.
[11] 吴承伟.表面粗糙度对平行挤压膜的影响[J].机械设计与制造,1990(6):41-44+46.
[12] 刘成龙,栗心明,郭峰,等.单个微油滴弹流润滑行为的试验研究[J].摩擦学学报,2017,37(3):340-347.
[13] 郭峰,黄柏林,杨沛然.定制边界滑移平行轴承的挤压效应[J].青岛理工大学学报,2009,29(1):1-10.
[14] 商浩,陈源,李孝禄,等.膜厚扰动下的非线性效应对干气密封性能影响研究[J].化工学报,2021,72(4):2213-2222.
[15] 徐华.机械密封的静动特性及其对转子轴承系统动力学性能影响的研究[D].西安:西安交通大学,2003.
[16] 祝敏.基于摩擦学的螺杆真空泵动密封研究与优化[D].合肥:合肥工业大学,2016.
[17] 李志刚,方志,李军.液相和多相环境下环形动密封泄漏流动和转子动力特性的研究进展[J].西安交通大学学报,2020,54(9):1-22.
[18] 刘奇,孙虎儿,王志武.深井水泵水润滑推力轴承润滑性能数值计算[J].煤矿机械,2013,34(2):25-27.
[19] 邓啸,邓礼平,黄伟,等.水润滑推力轴承全流态润滑性能数值模拟分析[J].核动力工程,2015(3):94-98.
[20] Burkhart D, Schollmayer D, Vorst B, et al. Development of an online-wear-measurement for elastomer materials in a tribologically equivalent system for radial shaft seals[J]. Wear, 2021, 46:203671.
[21] Gani M, Santos I F, Arghir M, et al. Model validation of mechanical face seals in two-phase flow conditions[J]. Tribology International, 2022, 167:107417.
[22] 徐鲁帅.上游泵送机械密封瞬态动力学特性研究[D].青岛:中国石油大学(华东),2018.
[23] Sun J, Gui C. Hydrodynamic lubrication analysis of journal bearing considering misalignment

caused by shaft deformation[J]. Tribology International，2004，37(10)：841－848.

[24] Xie Z，Liu H. Experimental research on the interface lubrication regimes transition of water lubricated bearing[J]. Mechanical Systems and Signal Processing，2020，136：106522.

[25] Xie Z，Zhang Y，Zhou J，et al. Theoretical and experimental research on the micro interface lubrication regime of water lubricated bearing[J]. Mechanical Systems and Signal Processing，2021，151：107422.

[26] Xie Z，Shen N，Zhu W，et al. Theoretical and experimental investigation on the influences of misalignment on the lubrication performances and lubrication regimes transition of water lubricated bearing[J]. Mechanical Systems and Signal Processing，2021，149：107211.

[27] Xie Z，Wang X，Zhu W. Theoretical and experimental exploration into the fluid structure coupling dynamic behaviors towards water-lubricated bearing with axial asymmetric grooves[J]. Mechanical Systems and Signal Processing，2022，168：108624.

[28] Xiang G，Wang J，Han Y，et al. Investigation on the nonlinear dynamic behaviors of water-lubricated bearings considering mixed thermoelastohydrodynamic performances[J]. Mechanical Systems and Signal Processing，2022，169：108627.